贺兰山东麓葡萄酒生产废水废物处理与资源化

郑兰香　等/编著

中国环境出版集团・北京

图书在版编目（CIP）数据

贺兰山东麓葡萄酒生产废水废物处理与资源化/郑兰香等编著. —北京：中国环境出版集团，2022.10

ISBN 978-7-5111-5156-8

Ⅰ. ①贺… Ⅱ. ①郑… Ⅲ. ①贺兰山—葡萄酒—食品工业废水—工业废水处理②贺兰山—葡萄酒—废物处理 Ⅳ. ①X792

中国版本图书馆 CIP 数据核字（2022）第 083554 号

出 版 人 武德凯
责任编辑 张 颖
封面设计 岳 帅

出版发行 中国环境出版集团
（100062 北京市东城区广渠门内大街 16 号）
网　　址：http：//www.cesp.com.cn
电子邮箱：bjgl@cesp.com.cn
联系电话：010-67112765（编辑管理部）
发行热线：010-67125803，010-67113405（传真）

印　　刷 北京中科印刷有限公司
经　　销 各地新华书店
版　　次 2022 年 10 月第 1 版
印　　次 2022 年 10 月第 1 次印刷
开　　本 787×960 1/16
印　　张 13
字　　数 208 千字
定　　价 62.00 元

《贺兰山东麓葡萄酒生产废水废物处理与资源化》

撰写委员会

主　　编： 郑兰香

副 主 编： 王　芳　高　礼　陶　红　袁春龙　潘涔轩　于莉芳

参编人员：（按姓氏拼音排序）

陈浩楠　陈晓艺　常　洁　窦广玉
刘世秋　李文慧　李媛媛　林妍敏
毛　艳　涂　倩　王　侨　王　泽
文　栩　杨桂钦　袁佳璐　赵博超
赵占宁　张伽瑞　张婧雯　朱克松
周书博

内容简介

基于我国葡萄与葡萄酒产业发展现状，分析了葡萄酒生产废弃物的国内外研究进展，系统总结了宁夏贺兰山东麓葡萄酒生产中废水废物排放特征和废水废物处理现状，重点凝练了葡萄酒生产废水处理技术、葡萄酒生产废水废物资源化利用技术等研究成果，并针对贺兰山东麓葡萄酒生产废水废物管控存在的问题提出管控对策，通过努力探索葡萄酒生产优化管理的新途径，积极助力贺兰山东麓葡萄及葡萄酒产业高质量绿色发展。

本书从内容上力求深度、广度适宜，注意理论联系实际，突出创新应用，是葡萄与葡萄酒工程、生态环保等领域科研和教学人员的良好读本，也可为葡萄与葡萄酒相关从业者和地方管理部门提供参考。

前 言

贺兰山东麓位于北纬37°43′～39°23′，东经 105°45′～106°47′地带，被公认为是世界上最适合栽培葡萄及酿酒的地区之一，地理区位十分优越，具有“东方波尔多”之称。截至2020年年底，贺兰山东麓酿酒葡萄种植面积达49.19万亩[①]，占全国酿酒葡萄种植面积的比例超过1/4。酒庄100余家，贺兰山东麓是全国最大的酿酒葡萄集中连片产区，也是我国第一个真正意义上的酒庄酒产区。葡萄酒产业已成为宁夏回族自治区（本书简称宁夏）独具特色的“紫色名片”。

2016年和2020年，习近平总书记两次在宁夏考察调研时对贺兰山东麓的葡萄酒产业作出重要指示，并寄予厚望。2021年7月，中国首个葡萄酒综合试验区“宁夏国家葡萄及葡萄酒产业开放发展综合试验区”正式挂牌。建设黄河流域生态保护和高质量先行区的时代重任，赋予了宁夏贺兰山东麓发展的新路径，就是探索走一条以生态优先、绿色发展为导向的高质量发展新路径。

酒庄在种植酿酒葡萄和酿造葡萄酒的过程中会产生生产废水和葡萄剪枝、葡萄皮渣、酒泥等固体废物。在综合集成国家重点研发项目“宁夏贺兰山东麓葡萄酒产业关键技术研究与示范”（No.2019YFD1002500）的子课题“宁夏贺兰山东麓葡萄酒生产废水处理与资源化利用研究”“葡萄废弃物综合利用”，宁夏现代园区重点项目“宁夏酒庄葡萄酒清洁生产及废水

① 1亩≈0.066 7 hm^2。

废物管控（防控）研究”（No.2019BBF02024）以及第四批“宁夏青年科技人才托举工程”（TJGC2019003）等项目研究成果的基础上，我们组织编写了本书，旨在助力贺兰山东麓葡萄及葡萄酒产业高质量绿色发展。

本书基于我国葡萄与葡萄酒产业的发展现状，分析葡萄酒生产废弃物的国内外研究进展，剖析宁夏贺兰山东麓葡萄酒生产中废水废物的排放特征和处理现状，重点介绍了葡萄酒生产废水处理技术、葡萄酒生产废水用于绿化林带及葡萄园灌溉技术和葡萄固体废物资源化利用技术等方面的研究成果，并针对贺兰山东麓葡萄酒生产废水废物管控存在的问题提出对策。通过成果总结，力争为贺兰山东麓的生态环境保护，为宁夏葡萄酒的“当惊世界殊”贡献绵薄之力。

本书是众多科研人员集体智慧的结晶。前言部分由郑兰香负责撰写；第1章由王芳、郑兰香负责编写；第2章由高礼、郑兰香、陶红负责编写；第3章由陶红、郑兰香、潘涔轩负责编写；第4章由郑兰香、王芳、袁春龙、于莉芳负责编写；第5章由郑兰香、袁春龙、陶红负责编写。郑兰香和王芳共同完成全书的统稿和校对。本书的编写得到宁夏大学、宁夏回族自治区科学技术厅、宁夏回族自治区生态环境厅、宁夏贺兰山东麓葡萄酒产业园区管委会、中国葡萄酒产业技术研究院、中国环境科学研究院、西北农林科技大学、西安建筑科技大学等有关单位和部门给予的大力支持，以及张军翔教授、李华院长的悉心指导，在此表示诚挚的谢意！

本书撰写过程中参考了大量中外书籍和报刊文献，在此一并向相关作者表示衷心感谢！由于编者学识有限，书中难免存在不足之处，恳请读者朋友们不吝赐教，我们将在今后的工作中不断改进。

编者于宁夏大学
2022年4月

目 录

第1章 绪 论

1.1 我国葡萄酒产业发展现状

葡萄与葡萄酒产业是朝阳产业，具有生态约束性、地域聚集性、产业关联性、发展可持续性和文化属性等特点。随着社会的进步和相关产业的融合，葡萄酒产业的可持续发展问题，主要体现在生产、经济、生态、社会等领域协调发展的方面（韩永奇，2020）。葡萄酒产业的规模化和迅速发展是近百年来发生的事情，如今葡萄酒产业已遍布全球五大洲。

我国的葡萄酒产业迅速发展，葡萄酒产量和产业景气度持续提高，葡萄酒生产和消费快速增长。我国葡萄酒消费市场成为国际上葡萄酒消费增长最快的市场，我国在较短的时间内一跃成为葡萄酒大国。我国葡萄酒产业大致可分为以下 4 个发展时期（产业信息网，2022）：①半汁葡萄酒时期（1978—1993 年）。这一时期是半汁葡萄酒（原汁含量＜50%）全面发展的时期，半汁葡萄酒市场占有率为 80%以上。②全汁葡萄酒时期（1994—1999 年）。由于 1994 年全汁葡萄酒国家标准的发布，以及取消了半汁酒的生产，促进了市场从以甜型酒、半汁酒为主向以全汁、干型酒为主的转变。③快速发展期（2000—2012 年）。随着我国经济的快速发展，居民人均可支配收入持续提高，居民消费观念逐步转变，我国葡萄酒行业进入快速发展时期。④调整发展期（2013 年至今）。这一时期，国内主要葡萄酒企业都在向渠道层级压缩、渠道利润合理化等精细化管理方向转型，以便在调整发展中抢占市场份额。

1.1.1 葡萄酒产业链

葡萄酒产业所处的产业链（图 1-1）以产区生态为条件，以葡萄种植为基础，以葡萄酒生产及其副产物资源利用为保证，涉及葡萄种植、葡萄酒酿造、葡萄酒包装，以及零售卖场、餐饮行业、消费者经济收入与消费偏好等众多环节和领域。

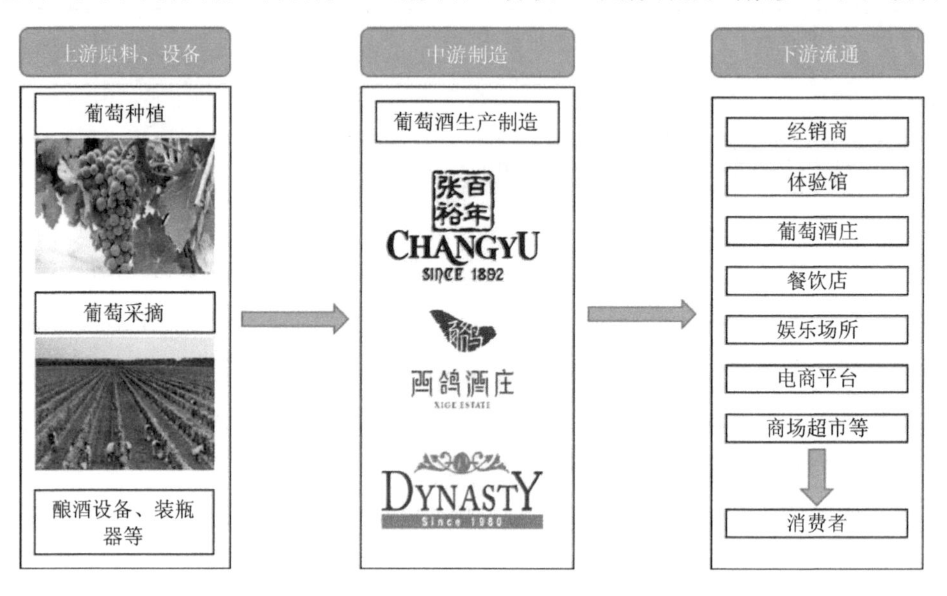

图 1-1 产业链示意

1.1.1.1 葡萄酒产业上游分析

（1）种植区域

我国葡萄酒产区主要集中于北纬 38°～53°的黄金带上，分布在华北地区、沿海一带以及新疆维吾尔自治区和甘肃省等地，由东向西，梯次布局。我国已形成河北省昌黎产区（包括河北的昌黎县、卢龙县、抚宁区、青龙满族自治县等），宁夏贺兰山东麓产区（包括宁夏回族自治区银川市、青铜峡市、石嘴山市、红寺堡区等），胶东半岛产区（包括山东的烟台市、平度市、蓬莱区、龙口市等），山西清徐产区（包括山西省的清徐县），西南产区（包括云南省的弥勒市、蒙自市、东川区和呈贡区等），甘肃产区（包括甘肃省的武威市、民勤县、古浪县、张掖市等），东北产区（包括长白山麓和东北平原），新疆产区（包括吐鲁番市的鄯善县，玛纳斯平原和石河子市等）8 个葡萄酒产区，其中宁夏回族自治区、山东、甘肃、新疆、河北等地的葡萄酒生产总量和种植总面积占全国总量和总面积的80%以上，胶东半岛产区和新疆产区的葡萄种植面积最大。

“好葡萄酒是种出来的”这一重要观念已被中国各葡萄酒生产基地公认，各产区地理环境的差异导致葡萄酿酒的风格不同（张红梅，2014）。对比分析地理位置及气候条件，河北昌黎产区属于半湿润大陆性气候，宁夏贺兰山东麓产区属于温带干旱、半干旱气候，胶东半岛产区属于半湿润、暖温带季风大陆性气候，新疆产区属于温带干旱、半干旱气候。这 4 个产区是我国最重要的葡萄酒原料主产地，土质比较相似，以砾石和沙质地为主，其中宁夏贺兰山东麓产区还有独特的灰钙土，土质多样化使培育的葡萄品种多样（表 1-1）。胶东半岛产区葡萄成熟季节降水量大，年降水量 500～700 mm，葡萄酸度偏高，糖度偏低，适合种植晚熟、极晚熟酿酒葡萄品种。整体而言，自然条件最优越的产区首推西北地区的宁夏贺兰山东麓产区，活动积温（3 100～3 500℃）充足，日照时长（3 000～3 200 h）适当，降水量（150～200 mm）适中，土质以灰钙土为主，为沙砾结合型土，适合早熟、中熟葡萄品种；其次是甘肃、新疆产区，由于夏季温度过高，日照时间过长，葡萄成熟迅速，糖度较高而酸度较低。

表 1-1　不同产区的葡萄品种和葡萄酒代表企业

主产区	主要葡萄品种	葡萄酒代表企业（简称）
河北昌黎	赤霞珠、梅鹿辄	张裕、威龙、长城
宁夏贺兰山东麓	赤霞珠、品丽珠、蛇龙珠	玉泉、贺兰山
胶东半岛	意斯林、赤霞珠	华夏长城、野力
东北	野生山葡萄、甜型红葡萄	通化、通天、长白山
新疆	赤霞珠、梅鹿辄、霞多丽	西域、楼兰、新天
甘肃	赤霞珠、解百纳弗朗	莫高、皇台
山西清徐	龙眼、赤霞珠、梅洛	怡园酒业
西南地区	玫瑰蜜、梅鹿辄、赤霞珠	香格里拉、云南红

新兴的西部葡萄酒产区的面积目前已经占到了全国产区面积的一半左右，各产区无论是种植面积还是葡萄酒产量都有大幅度提高（Li et al.，2017）。随着我国

东部地区劳动力成本和土地使用成本不断增加，葡萄酒产业呈现显著的西移态势，东部地区一些知名酒厂纷纷在西部地区建立自己的葡萄种植基地，如近年来王朝、中粮长城、张裕三大酒业均在宁夏贺兰山东麓产区建立葡萄酒厂或基地。国际酒业巨头保乐力加（中国）贸易有限公司也看中了贺兰山东麓的资源优势，2012 年在宁夏成立了保乐力加贺兰山（宁夏）葡萄酒业有限公司。

（2）葡萄种植面积与葡萄产量

我国是全球葡萄种植面积第二大的国家，如图 1-2 所示，2016—2020 年我国葡萄园面积由 716.21×10^3 hm^2 增加至 730.65×10^3 hm^2，面积增长幅度稳定，葡萄产量整体呈增加趋势。

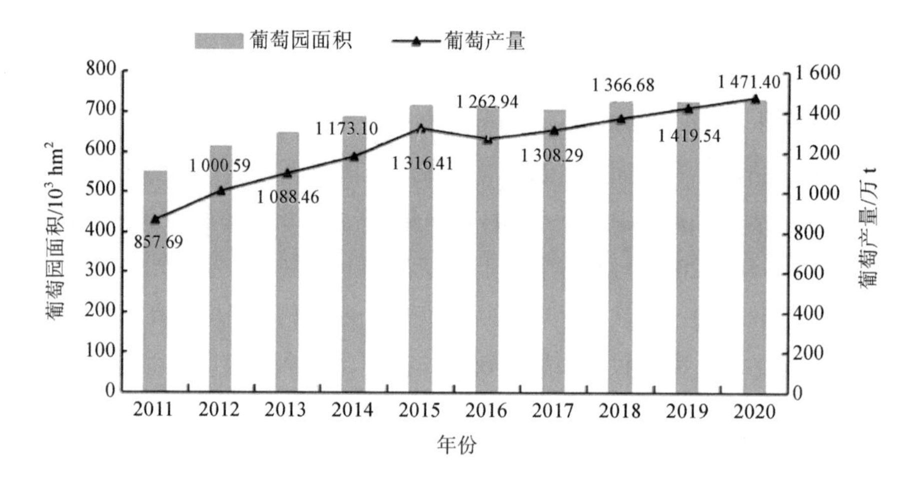

图 1-2　2011—2020 年中国葡萄园面积及葡萄产量

资料来源：国家统计局（http：//www.stats.gov.cn/）。

1.1.1.2　葡萄酒产业中游分析

（1）葡萄酒分类

葡萄酒的品种很多，因葡萄栽培方式、葡萄酒生产工艺条件的不同，葡萄酒产品风格各不相同。按葡萄酒的颜色来分主要有三大类，即红葡萄酒、白葡萄酒和桃红葡萄酒（表 1-2）。

表 1-2 葡萄酒分类

种类	介绍
红葡萄酒	由皮红肉白或皮肉皆红的葡萄经葡萄皮和汁混合发酵而成；酒呈自然深宝石红、宝石红、紫红或石榴红色，凡呈黄褐、棕褐或土褐色的，均不符合红葡萄酒的色泽要求
白葡萄酒	由白葡萄或皮红肉白的葡萄分离发酵制成；酒的颜色微黄带绿，近似无色或呈浅黄、禾秆黄、金黄色，凡呈深黄、土黄、棕黄或褐黄等色的，均不符合白葡萄酒的色泽要求
桃红葡萄酒	由带色的红葡萄带皮或皮肉分离发酵制成；酒的颜色为淡红、桃红、橘红或玫瑰色，凡色泽过深或过浅的，均不符合桃红葡萄酒的色泽要求；这一类葡萄酒在风味上具有新鲜感和明显的果香，含单宁不宜太高；玫瑰香、黑比诺、佳利酿、法国蓝等葡萄品种都适合酿制桃红葡萄酒；另外红、白葡萄酒按一定比例勾兑也可算是桃红葡萄酒

（2）葡萄酒产量

虽然我国葡萄产量不断增长，但葡萄酒产量的变化趋势恰恰相反。国家统计局的统计数据显示，2011—2020 年，除个别年份外，我国葡萄酒产量总体呈下降趋势，2013 年以后呈负增长态势（梅军霞等，2015）（图 1-3）。

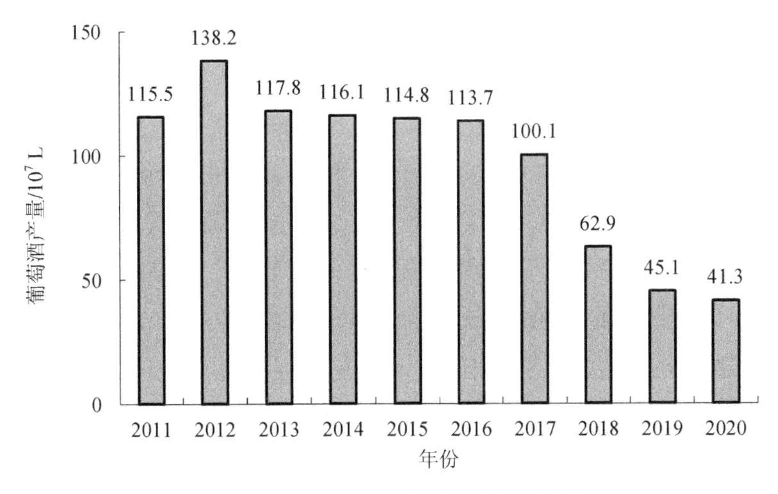

图 1-3 2011—2020 年我国葡萄酒产量

资料来源：国家统计局（http：//www.stats.gov.cn/）。

（3）市场规模

我国葡萄酒行业市场规模呈持续增长的态势。如图 1-4 所示，2016—2020 年，我国葡萄酒行业市场规模由 803 亿元增长至 1 036.2 亿元，年复合增长率为 6.6%。

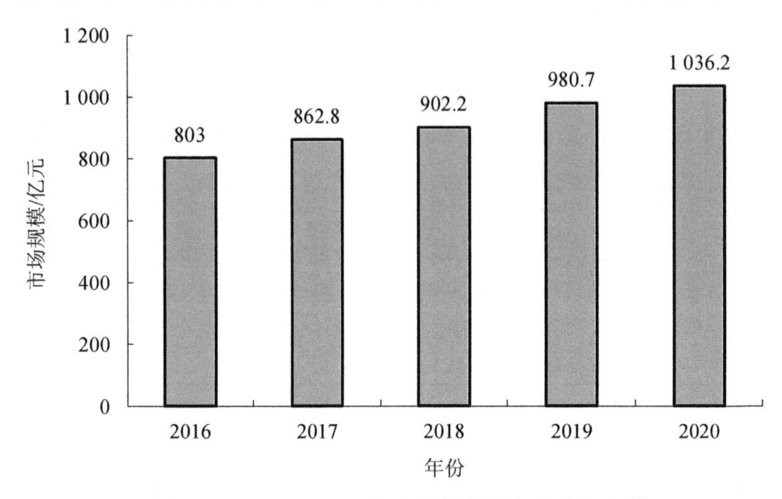

图 1-4 2016—2020 年我国葡萄酒行业市场规模

资料来源：国家统计局（http：//www.stats.gov.cn/）。

1.1.1.3 葡萄酒产业下游分析

（1）消费原因

南澳大学商学院营销研究人员贾斯汀·科恩（Justin Cohen）就中国葡萄酒消费者的消费行为，对我国 913 名年龄为 18～50 岁的葡萄酒饮用人群进行调查。调查发现，77%的消费者饮用葡萄酒的原因是健康需求，51%的消费者饮用葡萄酒的原因是社交需要，而受潮流推进影响的消费者比例仅有 26%（图 1-5）。

（2）消费量

从葡萄酒消费量来看（图 1-6），2016—2020 年我国国产葡萄酒消费量下降，但整体消费量高于我国葡萄酒产量，说明我国葡萄酒市场对进口的依赖较大。2020 年我国葡萄酒消费量约为 62.1×10^{7} L，这是由于我国本土葡萄酒产业长期受进口葡萄酒的冲击，同时 2020 年新冠肺炎疫情期间，节日聚会、家庭聚餐均被限制，餐饮业受到了极大的影响，葡萄酒的需求在短期内大幅度下降。

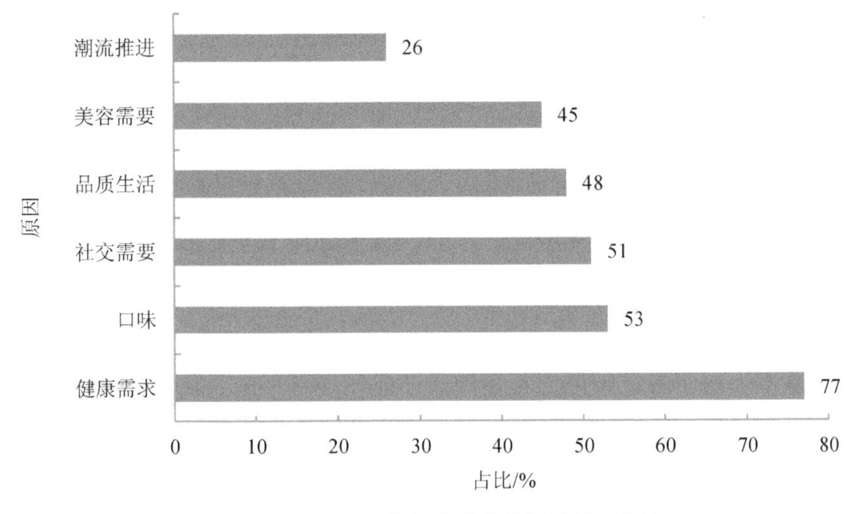

图 1-5 我国消费者饮用葡萄酒的原因分析

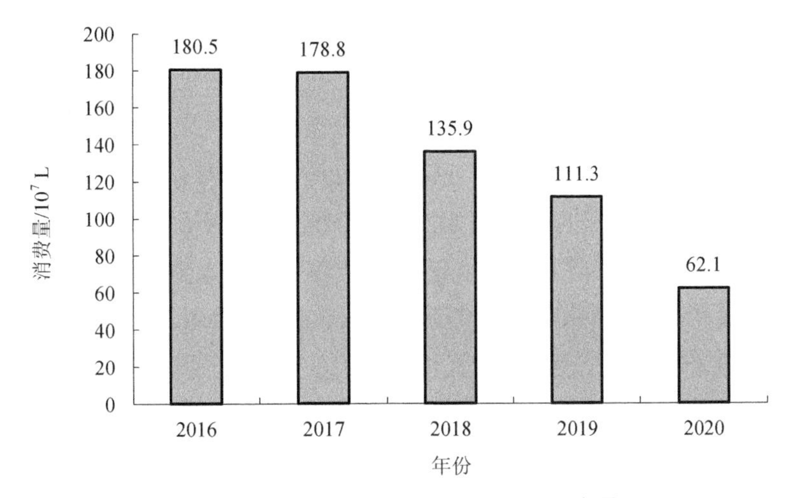

图 1-6 2016—2020 年我国葡萄酒消费量

资料来源：中商产业研究院数据库。

总体来看，葡萄酒产业对地区社会经济的推动作用越来越大，尤其在西北、西南地区，有力地促进了当地农户就地就业率、收入和地方财政收入的提高。

1.1.2 中国葡萄与葡萄酒产业发展现状分析

近年来，我国葡萄酒产业发展现状具体存在以下 4 个方面的突出问题：

①投资回报期较长导致产业发展慢，产业升级受限制。首先，建设葡萄酒庄需要的资金非常多，投资大，回报期长。其次，葡萄酒庄内先进的设备价格较贵，葡萄采收、运输、筛选、除梗破碎、发酵、成熟等环节需要多个现代化的设备，一个酒庄的投入至少为数千万元。最后，投入产出比不高严重影响了我国葡萄酒产业的发展速度。

②资源不均与资源配置能力不足导致产业发展不平衡。我国葡萄酒产业发展不平衡，从葡萄酒产量东西部地区占比来看，东西部地区葡萄酒产量之比约为 17∶5。东部地区可用于葡萄种植的土地不多，原料供给受到约束，土地成为东部地区葡萄酒产业发展的瓶颈。而新疆、甘肃、宁夏等省、自治区所处的西部地区土地资源多，光热等条件有利于葡萄种植，但产业发展受资金、市场、技术等方面的制约。

③产业绿色发展的生态环保意识不够强。在葡萄酒生产经营实践中，从业者生态环境保护观念淡薄，生态意识不强，重效益、轻生态环境保护的现象普遍存在。在从葡萄种植到加工出厂的产业链里，每一个环节都存在着环境风险和生态危机，给环境与生态带来影响。例如，农田有机质含量不足，大部分果农出于效益和产量的考虑，大量施用化肥、农药，给土壤、地下水资源带来了严重污染，给葡萄酒质量和安全带来了挑战（赵珊珊等，2020）。然而，随着新时代的到来，我国社会主要矛盾发生了变化，居民消费方式从模仿排浪式消费向个性多样化消费转变，安全健康消费逐渐成为越来越多消费者的首选。大量施用化肥、农药，严重地影响了国内葡萄酒的消费安全，倒逼消费者选择购买国外酒。葡萄酒产业保持生态平衡的意识不太强。洗瓶、冲刷发酵罐、管道和橡木桶等环节产生的废水随意排放；对葡萄皮、果梗、葡萄籽等废弃物的资源化综合利用不够充分，污染周边环境和农田河道；奢侈的豪华包装等问题对环境与生态的影响很大（李金成等，2016）。重经济效益、轻生态环境保护制约了我国葡萄酒业的发展。

④生产管理和综合经营水平仍须进一步提升。长期以来，我国葡萄酒产业质量认证管理体系滞后，导致葡萄酒质量参差不齐。葡萄酒产业是一个关联度高、

亲和力强的产业，具有高度的融合性。近年来，各地产业融合抓不住要领，达不到目的和应有的效果。

1.2 贺兰山东麓葡萄酒产业现状

我国西部地区酿酒葡萄主要产区的葡萄品质总体高于东部地区。而贺兰山东麓地区相较于新疆在自然环境等各方面都处于优势水平，适合种植高质量早熟酿酒葡萄，是我国不可多得的高质量酿酒葡萄生产基地。独特的地理位置和气候条件，使这里成为世界上少数几个能生产优质高端葡萄酒的产区之一。目前，贺兰山东麓酿酒葡萄种植面积占全国酿酒葡萄种植面积的 1/4 以上，是全国最大的酿酒葡萄集中连片产区，也是我国第一个真正意义上的酒庄酒产区（王燕华，2021）。葡萄酒成为宁夏耀眼的“新兴地标”和“紫色名片”。

宁夏葡萄酒产业发展始于 20 世纪 80 年代初。2021 年年初印发的《自治区党委办公厅　人民政府办公厅关于印发自治区九大重点产业高质量发展实施方案的通知》（宁党办〔2020〕88 号），以建设黄河流域生态保护和高质量发展先行区为统揽，把葡萄酒产业纳入重点发展的九大产业，提出把贺兰山东麓打造成“葡萄酒之地”的目标（李述成等，2021）。

1.2.1 贺兰山东麓自然环境

1.2.1.1 地理位置

贺兰山东麓位于北纬 37°43′～39°23′，东经 105°45′～106°47′地带，葡萄酒产区资源禀赋得天独厚，地处银川平原西部，贺兰山东麓洪积扇下部，处于世界葡萄种植的“黄金地带”之间，背靠雄伟的贺兰山，它阻挡了来自西伯利亚和蒙古高原寒冷空气的侵袭，地理环境独特，被公认是世界上最适合葡萄栽培和酿造葡萄酒的地区（北纬 30°～45°）之一，被誉为“中国酿酒葡萄种植最佳生态区”“世界上能酿造出最好葡萄酒的地方”，被国际葡萄与葡萄酒组织（OIV）评为世界葡萄酒“明星产区”。

1.2.1.2 气候环境

贺兰山东麓位于温带大陆性干旱、半干旱气候区，也位于中温带干旱气候区，干燥少雨，光照充足，昼夜温差大，具备生产优质酿造葡萄的气候条件。规划区年降水量为 193.4 mm，降水主要集中在 6—8 月，其降水量占年降水量的 65%。全年日照时数为 2 851～3 106 h，≥10℃的有效积温为 1 534.9℃，7—9 月有效积温为 961.6℃，无霜期长达 170 d。另外，宁夏贺兰山东麓葡萄产区在全国生态功能区划中属于西鄂尔多斯—贺兰山—阴山生物多样性保护与防风固沙重要区，具有十分重要的水源涵养和防风固沙功能；在全国主体功能区规划的农业战略格局中属于河套灌区主产区，灌溉条件优越；光热水气条件好，是中国乃至世界酿酒葡萄的优势产区。

虽然宁夏年降水量不到 200 mm，但拥有黄河水的灌溉和丰富的地下水资源。因此，宁夏也被称作“天旱而地不旱”的地区，足以保障葡萄生长用水，且灌溉条件便利。葡萄采收前一个月的雨量与葡萄酒的质量呈负相关，贺兰山东麓 8—9 月葡萄浆果成熟期间的降雨量较少，所以葡萄酒的质量较好。独特的气候条件，使种植的葡萄具有病虫害少、果实品质优越的自然优势。

1.2.1.3 土壤条件

贺兰山东麓地区系冲积扇三级阶梯，成土母质以冲积物为主，地形起伏较小，地势较平坦，沟壑小而浅，土壤侵蚀度轻，土壤为淡灰钙土，土质多为沙土，有些土壤含有砾石，土层深为 40～100 cm，pH＜8.5，土壤中有机质含量较少，影响了葡萄植株的营养生长和产量，使葡萄浆果质量较高。砾石混合沙土可种植酿造具有淡雅香气的高质量白葡萄酒和红葡萄酒的葡萄；沙土可种植出酿造酒味醇厚、耐储藏的白葡萄酒和红葡萄酒的葡萄。土壤条件造就了贺兰山东麓地区葡萄酒的高质量和特色，适宜栽种的品种为赤霞珠、品丽珠、蛇龙珠等。另外，宁夏贺兰山东麓土壤的有害金属含量均低于全国平均值，符合绿色有机认证对土壤环境的要求（宁夏葡萄产业发展局，2022）。

1.2.2 产区产业现状

贺兰山东麓葡萄酒产区位于宁夏黄河冲积平原和贺兰山冲积扇之间，西靠贺兰山脉，东临黄河，北接石嘴山，南至红寺堡，区域总面积 20 多万 hm^2，涉及银川市、吴忠市、中卫市、石嘴山市 4 个地级市的 12 个县（县级市、市辖区）和 5 个农垦农场（图 1-7），初步形成了贺兰县金山、西夏区镇北堡、永宁县玉泉营、青铜峡市甘城子及鸽子山、红寺堡区肖家窑的酒庄集群地，成为全国葡萄酒庄最集中的产区之一。

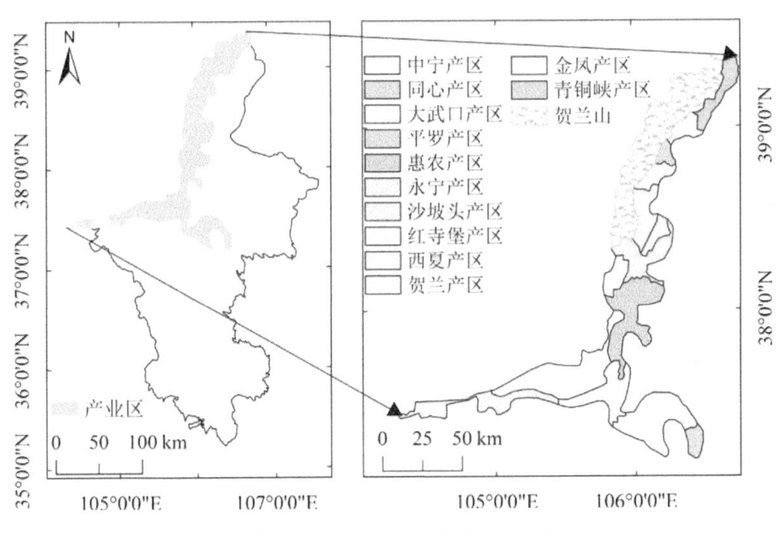

图 1-7 宁夏贺兰山东麓葡萄酒产业分布现状

1.2.2.1 规模化发展水平不断提高

如表 1-3 所示，截至 2020 年年底，产区酿酒葡萄种植面积达 49.19 万亩[①]，占全国酿酒葡萄种植面积近 1/3，是全国集中连片规模最大的酒庄酒产区。已建和在建酒庄 211 家（其中建成 101 家、在建 110 家），年产葡萄酒近 10 万 t（约 1.3 亿瓶），综合产值达 261 亿元。酿酒葡萄种植面积较大和葡萄酒庄数量较多的区域

① 1 亩≈0.066 7 hm^2。

主要集中在银川市和吴忠市，两市的种植面积约占产区种植总面积的 85.75%，酒庄数量占总数量的 84.16%；农垦集团的种植面积占产区种植总面积的 12.42%，酒庄数量占总数量的 12.87%；中卫市和石嘴山市的种植面积占产区种植总面积的 1.83%，酒庄数量占总数量的 2.97%。

表 1-3 2020 年贺兰山东麓产区葡萄产业发展现状统计

区 域	酿酒葡萄种植面积/万亩	葡萄酒庄数量/家
银川市	17.54	47
金凤区	0.52	2
西夏区	4.33	26
永宁县	10.56	7
贺兰县	2.13	12
吴忠市	24.64	38
青铜峡市	11.88	19
利通区	0.09	0
红寺堡	10.81	19
同心县	1.86	0
中卫市	0.2	1
沙坡头区	0.2	1
石嘴山市	0.7	2
大武口区	0.24	1
惠农区	0.30	1
平罗县	0.16	0
农垦集团	6.11	13
合计	49.19	101

根据《葡萄酒产业高质量发展实施方案》，未来 5 到 10 年，宁夏贺兰山东麓酿酒葡萄基地规模将达到 100 万亩，年产优质葡萄酒为 25 万 t（3 亿瓶）以上，实现综合产值 1 000 亿元。葡萄酒产业发展重点要放大产区优势，提升品牌价值，打造领军企业，把贺兰山东麓打造成“葡萄酒之地”，成为中国葡萄酒高质量发展的引领区、“葡萄酒+”融合发展的创新区、生态治理的示范区，以及“一带一路”交流合作和宁夏对外开放的重要平台，让宁夏葡萄酒“当惊世界殊”。

1.2.2.2 产区品牌影响明显提升

“贺兰山东麓酿酒葡萄”产区入选第四批中国特色农产品优势区名单，产区50多家酒庄的葡萄酒在品醇客国际葡萄酒大赛、布鲁塞尔国际葡萄酒大奖赛、巴黎国际葡萄酒大赛等大赛中获得上千个奖项，葡萄酒获奖数占全国同类获奖总数的60%以上，远销40多个国家和地区。“贺兰山东麓葡萄酒”的品牌价值被中国品牌建设促进会评定为281.44亿元，位列中国地理标志产品区域品牌榜第九位，并写入《中华人民共和国政府与欧洲联盟地理标志保护与合作协定》。《纽约时报》将宁夏评为全球“必去”的46个最佳旅游地之一。

1.2.2.3 产业发展效益初步显现

在经济效益方面，先期建成的酒庄，每亩酿酒葡萄酿出的葡萄酒销售缴税在5 000元以上，未来税收潜力很大。在社会效益方面，葡萄酒产业每年为生态移民及产区周边农户提供季节性和固定用工岗位13万个，季节工人均收入为0.6万～1万元/a，固定工人均收入2万～3万元/a，酒庄（企业）年支付工资性收入约10亿元，当地农民收入的1/3来自葡萄酒产业，有力带动了农民增收致富。在生态效益方面，酿酒葡萄种植使35万亩山荒地变成“绿色长廊”，酒庄绿化及防护林建设大幅度提高了产区的植被覆盖率，葡萄园“深沟浅种”种植模式有效提升了水土保持能力，美丽的葡萄园和风格迥异的酒庄成为贺兰山东麓亮丽的风景线和生态屏障。

1.2.2.4 科技支撑能力显著增强

在标准制定方面，坚持用标准引领产区发展，成立宁夏葡萄与葡萄酒产业标准化委员会，发布了《贺兰山东麓葡萄酒　技术标准体系》（DB64/T 1553—2018），制定了30多项技术标准。在关键技术研发方面，实施优新品种选育、栽培关键技术研究、酿造工艺关键技术研发、产区风土条件与葡萄酒特异性研究、葡萄酒质量监测指标体系及技术平台构建等一批科技研发和实践项目，集成推广了浅清沟、斜上架、深施肥、病虫害统防统治及高效节水灌溉等一批关键技术，创建了以葡萄酒产业为主导的自治区级农业高新技术产业示范区，建设6个自治区创新平台、2 个自治区农业科技示范展示区和 30 家试验示范酒庄。在葡萄酒教育方面，建设自治区葡萄酒产业人才高地，组建宁夏国家葡萄及葡萄酒产业开放发展综合试验区专家委员会，成立宁夏大学食品与葡萄酒学院、宁夏葡萄酒与防沙治沙职业技术学院、宁夏贺兰山东麓葡萄酒教育学院，不断深化与国内外院校人才的培训合作，建立了葡萄酒学历教育、职业技能教育和社会化教育培训三级体系。

1.2.2.5 政策扶持力度持续加大

宁夏先后出台了《宁夏回族自治区贺兰山东麓葡萄酒产区保护条例》，印发《葡萄酒产业高质量发展实施方案》《关于创新财政支农方式加快葡萄产业发展的扶持政策暨实施办法》等文件，为产业发展提供了政策支撑。自治区及相关市、县（区）先后投入 60 多亿元，配套建设了“水、电、路、林”等产区基础设施，建成了“旱能灌、园成方、林成网、路相连、网覆盖”的产区配套设施体系。

1.2.3 产区未来发展总体目标

习近平总书记两次考察宁夏时，都对宁夏葡萄酒产业作出重要指示并寄予殷切期望。宁夏国家葡萄及葡萄酒产业开放发展综合试验区、中国（宁夏）国际葡萄酒文化旅游博览会“国字号”平台相继“落户”宁夏，标志着宁夏葡萄酒产业发展开启了新纪元。为更好地贯彻落实习近平总书记的重要指示精神，加快推进宁夏葡萄酒产业转型升级和高质量发展，把贺兰山东麓打造成闻名遐迩的“葡萄酒之地”，力争使葡萄酒从贺兰山东麓走向世界，宁夏制定了《宁夏贺兰山东麓葡萄酒产业高质量发展“十四五”规划和 2035 年远景目标》。

经过 5 到 10 年的努力，葡萄酒产业布局区域化、经营规模化、生产标准化、产业数字化、营销市场化水平显著提升，酿酒葡萄基地规模效益大幅度增长，龙头企业、中小酒庄集群同步发展的格局基本形成，生产、加工、销售、溯源体系初步完善，覆盖国内、畅通国际、线上线下全渠道营销体系全面构建，葡萄酒与文化旅游、康养保健、教育体育、生态治理深度融合发展。到 2025 年，力争新增酿酒葡萄种植基地 50.8 万亩，规模达到 100 万亩；建成酒庄 270 家以上，其中，龙头酒庄企业 20 家、精品酒庄 250 家以上；年产优质葡萄酒 24 万 t

（3 亿瓶）以上，实现综合产值 1 000 亿元，“贺兰山东麓葡萄酒”品牌价值翻番。到 2035 年，力争在 2025 年的基础上再新增酿酒葡萄种植基地 50 万亩，规模达到 150 万亩，建成酒庄 370 家以上，年产优质葡萄酒 45 万 t（6 亿瓶）以上，实现综合产值 2 000 亿元，“贺兰山东麓葡萄酒”品牌价值超过 1 000 亿元，构建“一业兴”带动“百业旺”的葡萄酒产业发展多元共赢格局，将宁夏葡萄酒产区打造成黄河流域生态保护和高质量发展先行先试区，让宁夏葡萄酒飘香全国，推动中国葡萄酒走向世界。

1.3 葡萄酒主要酿造工艺及废物产生环节

葡萄酒的质量除与生产原料有关外，在很大程度上也与生产加工工艺有关。葡萄酒的品类多种多样，则需要不同的生产条件，葡萄在生产加工过程中还受环境和气候的影响，这也会或多或少地对葡萄酒质量产生影响。葡萄酒质量与原料质量、酿酒师的经验、生产加工工艺有重要关系。葡萄酒的种类很多，各类葡萄酒酿造的主要工序具有很大的相似性。随着物质生活水平的提高，消费者对葡萄酒的要求越发严格，相关产业需要积极采取有效措施提高葡萄酒质量，推动行业发展。

1.3.1 主要酿造工艺

葡萄酒酿造的原料是葡萄，葡萄酒加工工艺相对比较简单，主要包括分选、破碎、压榨、发酵、静置、二次发酵、灌装等单元。目前，宁夏葡萄酒庄加工环节的设备大多数比较先进，一般采用欧洲进口设备。个别企业在清洗环节，如采用热水或蒸汽等方面存在区别，其他工艺流程大体相同。红葡萄酒和白葡萄酒的生产工艺流程及产污环节分别见图 1-8 和图 1-9。

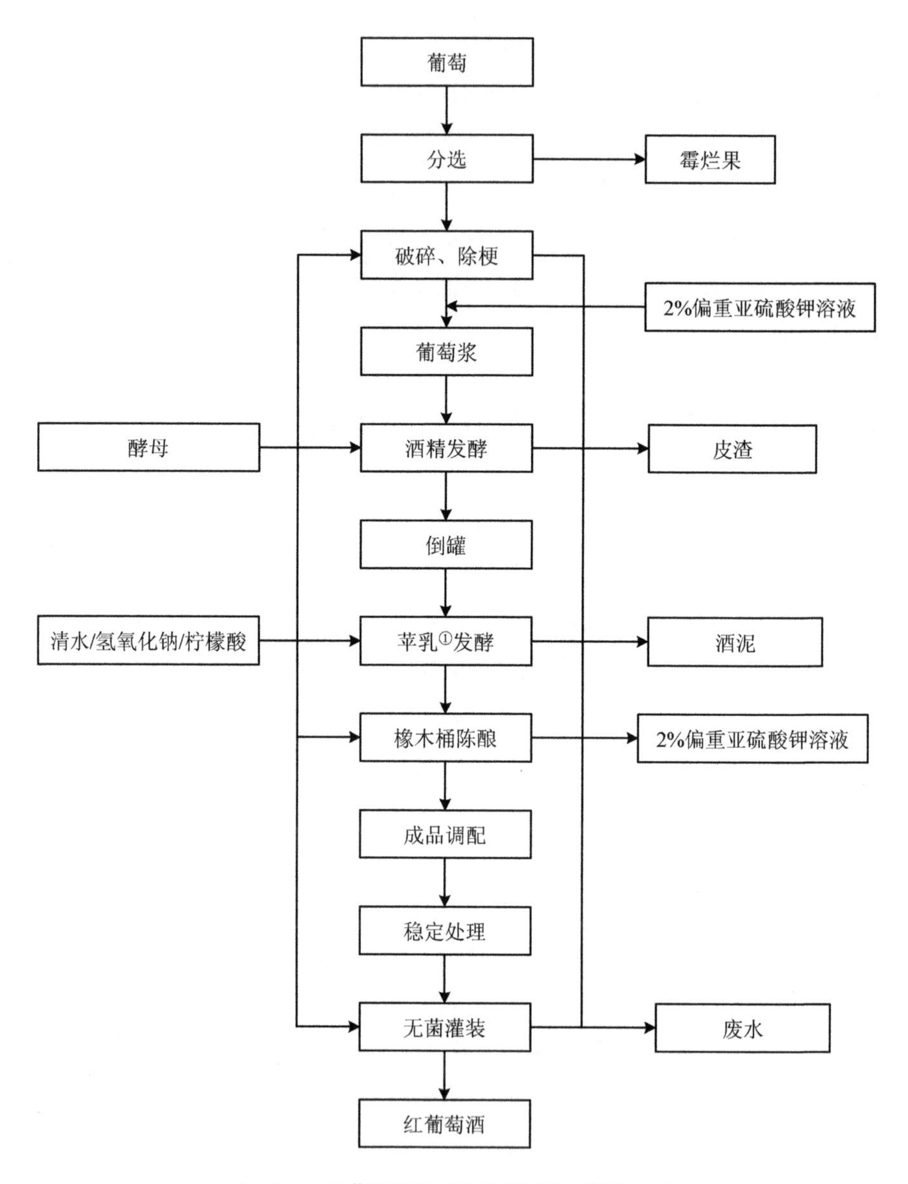

图 1-8 红葡萄酒生产工艺流程及产污环节

① 指苹果酸—乳酸。

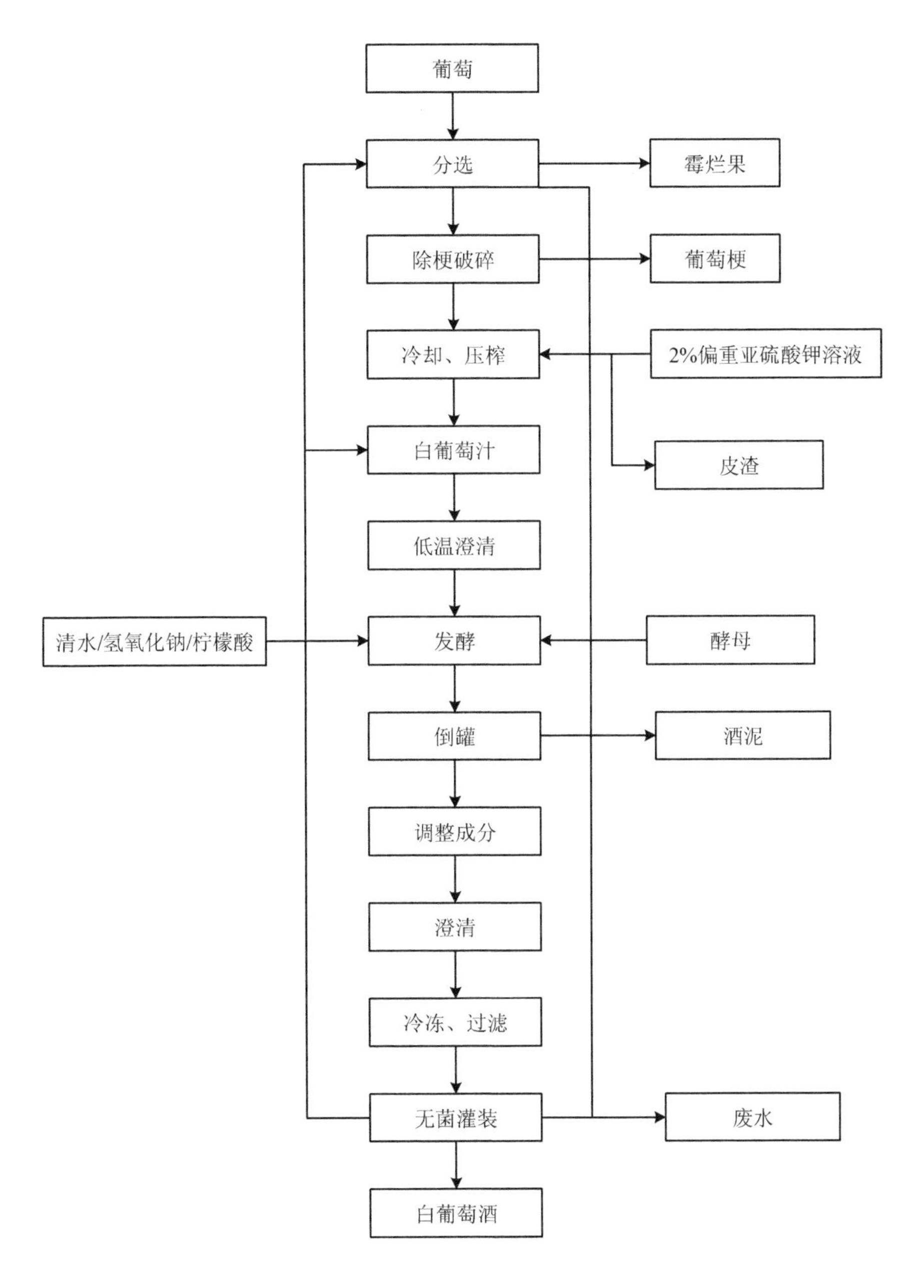

图 1-9 白葡萄酒生产工艺流程及产污环节

1.3.1.1 常见的葡萄酒酿造工艺

①冷浸渍，也称“低温浸渍”，其主要做法是将破皮的葡萄在低温环境下带皮浸泡一段时间，提取葡萄皮中的色素和风味物质。冷浸渍过程中的温度、浸渍时间由酿酒师根据葡萄品种及想要达到的效果决定。一般来说，冷浸渍的温度为4～15℃，浸渍时长为2～7 d，也有酿酒师会延长浸渍时间至10 d甚至更长。浸渍时间越长，色素和风味物质提取的量越多。

②压帽。在发酵过程中，酿酒桶内浮在酒液上面的葡萄皮等酒渣被称为酒帽，压帽就是将酒渣往下压进酒液中的过程。其主要作用是让酒液和果皮得到充分接触，从而提取出更多的单宁、色素和风味物质。压帽的实现形式也多种多样，传统的压帽方式是人工脚踩，也称为“踩皮”，某些传统的酒庄依旧保留着这种压帽方式，不过现在更多的酒庄是人工使用带桨的棍子压或直接采用机械完成的。

③淋皮。淋皮是将酒液从发酵罐的底部抽出，再重新淋到顶部酒帽上的过程。这一过程不仅可以提取色素、单宁和风味物质，还可以很好地散除酒液发酵时产生的热量，降低酒液温度。另外，淋皮还可以使酒液与空气中的氧气接触，发生氧化，从而减轻或者消除酒液中的还原性气味。

④苹果酸—乳酸发酵。酒精发酵完成之后，一些酒庄会对葡萄酒进行苹果酸—乳酸发酵，即将葡萄酒中原有的苹果酸转化为乳酸的过程。对于一些酸度过高的葡萄酒来说，这一工艺可以弱化葡萄酒的酸度，使葡萄酒的整体风味更平衡。此外，苹果酸—乳酸发酵还能给葡萄酒带来黄油和奶油等风味，使葡萄酒的口感变得更柔和。

⑤橡木桶陈酿。很多葡萄酒完成发酵后会进入橡木桶陈酿阶段。在这个阶段中，如果葡萄酒连同酒泥一起陈酿，酿酒工作人员就还需要进行适当地搅拌，使酒液与酒泥充分接触。这一过程可以使葡萄酒的风味变得更复杂，酒体更加饱满，整体更为平衡。

⑥澄清。陈酿结束后，葡萄酒一般还要经过澄清才会装瓶，不过也有一些酒庄选择直接将葡萄酒装瓶的方式。下胶就是对酒液进行澄清的过程。陈酿完成后，虽然已经除去了果皮和果籽等酒渣，但是酒液里仍悬浮着不少细小的残渣，为了获得澄清的酒液，酒庄在装瓶前会使用明胶或者蛋清等下胶剂聚集和沉积这些细

小的残渣，然后通过过滤将这些残渣去除。

1.3.1.2 葡萄酒的传统酿造工艺分析

葡萄酒从欧洲西部地区传入我国，在我国有非常长久的发展历史。我国智慧的劳动人民研究出了具有我国特点的葡萄酒酿制方法。从总体上看，传统的葡萄酒酿造工艺包括以下步骤：

①葡萄的种植与选择。葡萄原料会对葡萄酒的最终品质造成很大的影响，葡萄的种植与采收工作是葡萄酒生产的重要基础工作，要严格控制葡萄的成长时间和采收时间，避免农药残留。如果葡萄的质量不好，存在青果以及果实破损、霉变等现象，将会导致在酿造过程中出现酵母生长与繁殖，影响葡萄酒的口感，而且存在安全隐患。选出优质的葡萄原料之后，需要将葡萄根部去除，然后将葡萄捣碎。

②发酵。可以适当添加一定量的果胶酶和酵母，并根据实际需要添加一定量的二氧化硫（SO_2）。SO_2 是一种功效较好的催化剂，且能够抑制细菌繁殖，液态 SO_2 可溶解葡萄皮中的一些有效物质，增强葡萄酒的抗氧化作用。但是 SO_2 是一种对人体有害的化合物，过量添加不但起不到积极的作用，而且会对人体造成一定的伤害。

③分离和压榨。当葡萄充分发酵之后，首先对其进行分离和压榨，然后将发酵罐中的酒泥去除，葡萄酒液体中含有乳酸菌，这种乳酸菌会对葡萄进行发酵，发酵液经过澄清和过滤，便可得到红酒原浆。在传统的酿制工艺中，浸渍是关键环节，该环节的正确实施可以使葡萄酒含有更多色素，使葡萄酒的风味和颜色更佳，同时还能使葡萄酒具有芬芳的味道（刘爱国等，2021）。在传统的浸渍方法中，热浸渍法、温浸渍法、二氧化碳（CO_2）浸渍法和闪蒸工艺都是比较常见的浸渍方法。从传统工艺整体来看，葡萄酒的传统酿制工艺忽略了葡萄酒的氧化性，最终导致葡萄酒的口感与质量不好。因此，应当结合当前新技术，对葡萄酒酿制工艺进行改革，从而酿造出更多品质高、口感好的葡萄酒。

1.3.1.3 葡萄酒酿制方法中的新工艺分析

（1）冷浸工艺

随着人们生活品质的提升，人们对葡萄酒色泽和口感的要求更高。为了能够从葡萄皮中提取出更多的色素和风味物质，可在发酵前对葡萄进行冷浸处理。冷浸工艺是近些年才兴起的新工艺，也是葡萄酒酿制过程中的一个选择性步骤，一般在葡萄酒发酵之前进行。主要的做法是将破皮的葡萄在低温环境中带皮浸泡一段时间，从而将葡萄皮中的风味物质和色素提取出来。冷浸过程的时间和温度由酿酒师控制，一般而言，温度控制在 4～15℃为宜，浸泡时间一般控制在 7 d 之内。为了使冷浸效果更加明显，可在浸渍过程中适量添加酶，加速提取；也可根据需要适量加入 SO_2，抑制有害微生物的生长；还可根据酿制条件充入一些惰性气体，防止葡萄酒氧化。冷浸工艺可以推迟和延长葡萄的发酵时间，同时还能抑制腐败细菌的生长。冷浸过程是水溶性物质的萃取过程，只能从葡萄的果肉、葡萄籽中提取出色素和风味物质，但无法提取出单宁。因此，在冷浸工艺下，葡萄酒会有更加浓郁的果味，其风味有更强的复杂性，在色泽方面更加透亮，颜色更深。行业内的有关研究也表明，冷浸工艺可以使葡萄自带的酵母在低温环境下更好地生长，从而使葡萄酒展现出独特的风味，受到人们的好评（兰惠晶等，2022）。

（2）超提工艺

除冷浸工艺外，超提工艺也是葡萄酒酿制的一种新工艺。在超提工艺开始之前，要对葡萄原料进行冷冻处理，在冷冻过程中务必保证葡萄果实的完整性，在冷冻工作完成后可将这些冷冻的葡萄作为酿酒原料。在冷冻过程中，葡萄的果皮细胞在低温下会被破坏，葡萄表层的酚类物质进到葡萄汁中，迅速压榨冷冻中的葡萄，快速对葡萄进行澄清处理，可使葡萄的品质与口感得到显著提升（孙永波，2018）。这种超提工艺在白葡萄酒的酿制过程中有着非常好的应用效果，与传统的工艺相比，超提工艺酿制的白葡萄酒口感好，香味更加浓郁，酸度也明显降低。

（3）微氧酿造技术

微氧酿造技术也是一种酿造葡萄酒的新工艺。目前广义的微氧技术，主要是指在葡萄酒酿造过程中，根据工艺需要提供不同的氧量，从而保证葡萄酒酿造顺利进行的技术。葡萄酒对氧的需求量取决于葡萄的成熟度、酒泥的新鲜程度与含量、多酚的含量等，此外，还取决于葡萄的品种差异。一般来说，干红葡萄酒在酿造木桶中逐渐熟化时，吸氧量每月平均为 2.5 mg/L，白葡萄酒为 0.2 mg/L，在酿造过程中尤其需要注意的是温度对氧的吸收量影响很大，一般而言，在11℃时，葡萄酒对氧的吸收量几乎为13℃时的一半。从目前行业内的酿造情况来看，不同葡萄酒，其温度和酚类物质组成是不同的，一般情况下葡萄酒需要 8～10 d 的时间来吸收氧，所以在酿造过程中，对于氧的添加，工作人员要重视且必须小心谨慎，而且还需要定期检测葡萄酒的品质（周坤，2020）。

（4）固定化酵母发酵技术

除上述3种新工艺外，固定化酵母发酵技术简化了操作，减少了麦麸的使用。利用固定化酵母发酵技术可以对葡萄汁进行酒精发酵，缩短生产周期、提高生产能力，而且在具体操作过程中能够实现连续性操作，酵母也可以重复使用，按照人们的需求生产出各种甜型葡萄酒。就目前的技术特点来看，固定化酵母发酵技术还未大量应用于葡萄酒生产过程中，但在一些果酒的生产中有所应用。该技术作为一种新型的葡萄酒发酵生产方式已经引起国内外学者的重视。

1.3.2 废物产生环节

结合工艺流程可知，葡萄酒生产过程中产生的污染物有废水和废渣，其中废水主要为清洗废水，废渣主要为葡萄前处理、酿造过程中产生的葡萄梗、皮渣和酒泥等。葡萄酒生产过程中的产污环节及污染因子见表1-4。

表1-4 葡萄酒生产过程中的产污环节及污染因子

种类	序号	产生位置	类别	主要污染因子
废水	1	前处理设备及车间	清洗废水	化学需氧量、生化需氧量、氨氮、总氮、总磷、pH
	2	发酵罐	清洗废水	化学需氧量、生化需氧量、氨氮、总氮、总磷、pH
	3	橡木桶（不锈钢储酒罐）	清洗废水	化学需氧量、生化需氧量、氨氮、总氮、总磷、pH
	4	储酒罐	清洗废水	化学需氧量、生化需氧量、氨氮、总氮、总磷、pH
	5	灌装设备及包装瓶	清洗废水	—
废渣	1	前处理设备	固体废物	葡萄梗
	2	酒精发酵罐	固体废物	皮渣
	3	苹乳发酵罐	固体废物	酒泥

1.3.2.1 废水

废水包括生产前设备及车间清洗废水、静置澄清前后发酵罐清洗废水，发酵前后发酵罐清洗废水、陈酿前后橡木桶（不锈钢储酒罐）的清洗废水、除菌过滤前后储酒罐的洗罐废水和灌装前后设备及包装瓶的清洗废水。

其中，葡萄酒加工阶段产生的生产废水包括发酵期间、发酵后和灌装过程中的废水。发酵期间主要产生葡萄汁化的糖和脂类物质，一些酒种为了服务于工艺，需要加入一些蔗糖类物质。在发酵后的管理和灌装阶段，多糖和有机酸的含量可忽略不计，废水里主要包含的是与各种洗洁剂有关的污染物。需要关注的是，洗洁剂中的次氯酸钠和次氯酸钙等物质会影响微生物的生长，妨碍葡萄酒发酵。SO_2具有氧化性，在酸碱度调为中性的期间，也会阻碍微生物的生长，甚至与水反应生成亚硫酸，之后形成的亚硫酸盐成为指示化学需氧量（COD）的组成部分。葡萄酒加工的生产废水量，在一年四季中的差异很大。一般来说，在秋葡萄成熟期（9—11 月）进行葡萄酒发酵加工和葡萄酒灌装（灌装期每年小于 60 d），此时主要排放生产废水，其余时间排放生活污水、少量灌装线清洗和洗涤废水。生活污水的五日生化需氧量（BOD_5）为 400～2 000 mg/L，其特点是有机污染物含量多，且水质四季波动大，呈弱酸性或中性。因排放的生产废水可能偏酸性，为确保生物处理不受影响，可设置 pH 作为保障措施，必要时把生产废水 pH 调至中性。

车间清洗废水、灌装线清洗及洗瓶废水，以及各个发酵罐和储酒罐使用前的清洗废水中的污染物浓度较低。生产废水主要是生产前设备清洗废水以及酒精发酵后、苹乳发酵后、陈酿后倒罐过程中的洗罐废水，其中含有残留的葡萄汁或葡萄酒以及废酵母等物质，因此废水中污染物浓度较高。

1.3.2.2 固体废物

葡萄酒加工过程产生的固体废物包括葡萄梗、皮渣和酒泥。其中，葡萄梗来自前处理工序，由除梗破碎机将葡萄梗去除。白葡萄酒加工时产生的皮渣来自压榨工序，即葡萄压榨后，通过气囊挤压，皮渣和葡萄汁分离，葡萄汁进罐发酵，皮渣则形成固体废物。红葡萄酒加工时产生的皮渣来自发酵工艺，即葡萄压榨后，葡萄皮、葡萄籽与果肉、葡萄汁一起进入发酵罐，经酒精发酵后，皮渣沉于罐底，清理后形成固体废物。酒泥来自发酵工序，苹果酸—乳酸发酵后，上清液形成原酒，罐底的沉淀物为酒泥，清理后形成固体废物。除葡萄酒加工过程产生的固体废物外，葡萄种植和管理过程中产生的枝条、茎、叶等也属于酒庄的主要固体废物。

1.4 葡萄酒生产废水废物处理及资源化利用研究现状

根据OIV的统计，2018年世界葡萄种植总面积达740万hm^2，中国作为世界第二大葡萄种植国，种植面积达到87.5万hm^2，世界葡萄酒产量较2017年增加了17%，达到292.3 mhl（OIV，2020）。随着葡萄酒产量增加，固体废物和副产物的量也在逐年增加。葡萄园进行整形修剪和葡萄酒酿造过程中会产生大量的枝条、果梗、皮渣、酒泥和废水等。因此，对葡萄以及葡萄酒产业中的副产物开展研究，实现就地处理葡萄酒生产过程中的废弃物，并生产出其他类型产品，再服务于社会，达到资源再利用的目的，符合循环经济理念中“资源—产品—再生资源”的经济增长模式，也符合污染物排放最小化、废弃物资源化和无害化的要求（朱翠霞等，2008），可持续发展理念贯穿于葡萄酒行业，支持以最小的成本获得最大的环境效益和经济效益。

1.4.1 葡萄酒生产废水废物处理

1.4.1.1 几种常见的葡萄酒废水处理方法

葡萄酒加工生产废水中含有大量有机物，不经处理地随意排放会对环境造成不可估量的危害，国内外同行会同时采用几种不同工艺处理废水，这些工艺大致包括厌氧处理工艺、好氧处理工艺和物理化学处理工艺3种。

（1）厌氧处理工艺

葡萄酒生产废水水质和水量的季节性变化很大，厌氧处理工艺能有效地解决水量随季节周期变化的问题。这是因为厌氧细菌生命力顽强，容易存活，再次启动速率非常快，能较好地处理水量随季节变化较大的废水。非生产季由于水量较小可不使用厌氧处理工艺。上流式厌氧污泥床（Up-flow Anaerobic Sludge Bed/Blanket，UASB）反应器处理生产废水和生活污水时，重铬酸盐指数（COD_{Cr}）

去除率为 81%～82%。厌氧处理作为生物处理的一个重要方式，能有效地降低有机污染物含量，确保出水水质达到标准。由于传统的厌氧处理工艺存在许多不足，许多企业研发出了新的厌氧处理工艺，如第三代膨胀颗粒污泥床（EGSB 和 IC）反应器。新的厌氧处理工艺在实用性和操作上都有了很大的技术提升。考虑到微生物在厌氧状态下，其新陈代谢不需要外部能量供应的特征，新的厌氧处理工艺可以把污水中的大分子有机物降解成可溶性的小分子化合物和沼气［含甲烷（CH_4）、CO_2、氮气（N_2）、氢气（H_2）、氧气（O_2）、硫化氢（H_2S）等气态物质］，具有新的能源效益，可以被积极利用而产生经济价值。

厌氧降解过程如下：

①水解阶段。水解可定义为复杂的难降解的大分子化合物被转化为易降解的小分子化合物的过程。

废水中难降解的大分子化合物相对分子质量较大，容易被阻挡在细菌的细胞膜外面，不能被细菌直接利用。在水解阶段，细菌可以利用胞外酶把大分子化合物水解成易降解的小分子化合物。厌氧细菌水解速率受很多因素影响，包括温度、有机物的成分、生成小分子产物的浓度等。通常可以用动力学方程解释厌氧细菌的水解速度。

$$\rho=\rho_0/(1+K_h \cdot T) \tag{1-1}$$

式中，ρ——难溶性大分子有机物的浓度，g/L；

ρ_0——难溶性大分子有机物的起始浓度，g/L；

K_h——水解常数，d^{-1}；

T——停留时间，d。

②发酵或酸化阶段。在厌氧细菌降解大分子化合物的过程中，这些大分子化合物既可以当作电子受体也可以当作电子供体，并且这些有机化合物主要转化为挥发性脂肪酸。

在发酵和酸化阶段，厌氧细菌吸收大分子化合物在细胞内转化为小分子化合物并将其转移到细胞外。在发酵和酸化阶段会产生挥发性脂肪酸、醇类、乳酸、CO_2、H_2、氨、H_2S 等易降解且无害的小分子化合物。在此过程中，厌氧酸化细菌可吸收一些物质转化成新的细胞物质。因此，没有经过厌氧酸化细菌处理的污废水会有更多的剩余污泥。

③产乙酸阶段。在厌氧细菌把乙酸、乙酸盐、CO_2和H_2等小分子化合物转化为CH_4的阶段中，会产生两种不同类型的CH_4，即一种是由H_2和CO_2转化生成的CH_4，另一种是由乙酸或乙酸盐脱羧转化生成的CH_4，经H_2和CO_2转化生成的CH_4量占总量的1/3，乙酸或乙酸盐脱羧转化成的CH_4量占总量的2/3。

④CH_4阶段。上一过程生成的产物，乙酸、H_2、碳酸、甲酸和甲醇再次被厌氧细菌转化为CH_4、CO_2和新的细胞物质。

（2）好氧处理工艺

好氧生物法处理中低浓度的有机废水往往能达到良好的效果，该工艺具有反应速度快、耗时短、占地面积小、散发臭气少等优点。在污废水处理技术中，活性污泥法是应用最广泛的技术，它以活性污泥为主体，其中比较突出的工艺是序批式活性污泥法（Sequencing Batch Reactor Activated Sludge Process，SBR）。该方法的优点包括工艺简单、处理成本低、反应时间短、污泥不易膨胀、操作灵活、便于维护等。污水处理的生物膜法是与活性污泥法并列的一种好氧生物处理技术，这种处理法的实质是使生物膜与污水接触，膜上的微生物以废水中的有机物为营养物质，微生物分解有机物，使污水得到净化，微生物自身也得以繁殖。好氧法的有机物去除率很高，利用生物接触氧化法处理葡萄酒厂的生产废水，最终出水COD降低到80 mg/L左右，悬浮物（SS）质量浓度降低到70 mg/L左右，效果较好（李伟等，2012）。

（3）物理化学处理工艺

物理化学法主要用于去除废水中的大型固体悬浮物和盐分，去除废水中固体悬浮物的方法包括重力沉淀、离心沉淀、气浮、吸附；去除废水中盐分的主要方法有蒸发池、离子交换、反渗透。蒸发池法是应用最广的，但是工艺的占地面积大；离子交换法的能量消耗相对较低，但需要用强酸进行再生，且离子交换树脂易被氧化和污染；反渗透法的除盐效果最好，但是能量消耗大，废水需进行预处理。

1.4.1.2 葡萄酒生产废水的高级氧化处理技术

目前，废水处理中的高级氧化技术方法主要有臭氧（O_3）氧化法和芬顿（Fenton）试剂氧化法两种。

（1）O_3氧化法

O_3对废水中的多酚类化合物具有很高的选择性和反应性。当废水呈酸性时，O_3可直接氧化有机物，但是反应速度较慢，需要采用施加紫外线（UV）和投加过氧化氢（H_2O_2）等方法催化O_3分解产生羟基自由基（·OH）以提高反应速度；在碱性条件下，O_3能直接产生羟基自由基，因此反应速度会大大加快。

在不改变葡萄酒生产废水 pH 的条件下，采用多种氧化方式对葡萄酒生产废水进行处理，各处理的处理效果顺序为 $O_3/UV/H_2O_2 > O_3/UV > O_3 >$ UV-C（短波长）。试验结果显示，采用$O_3/UV/H_2O_2$工艺，当 pH 从 4 增加到 10 时，COD 去除率提高了 16%，并且处理效果与H_2O_2的投加量（w）有关，最佳 COD 和H_2O_2投加量如式（1-2）所示（Lucas et al.，2009）。

$$w(\mathrm{COD})/w(\mathrm{H_2O_2})=2 \tag{1-2}$$

采用$O_3/UV/H_2O_2$工艺处理电氧化后的葡萄酒生产废水，结果显示废水色度、浊度、SS、硫盐的去除率均超过 99%；铁（Fe）、铜（Cu）、氨的去除率均接近 98%；COD、硫酸盐的去除率分别为 77%、62%（Benitez et al.，2003），可见O_3氧化法是一种有效的处理葡萄酒生产废水的方法。

（2）Fenton 试剂氧化法

采用均相光-Fenton 氧化技术对葡萄酒生产废水进行预处理，结果显示：总有机碳（TOC）最大去除率可达 47%，其主要影响因素为三价铁离子（Fe^{3+}）和H_2O_2的用量，而初始有机物浓度和反应时间对污染物去除效率的影响则相对较小（Mosteo et al.，2006）。采用草酸铁诱导光-Fenton 方法处理葡萄酒生产废水，反应 360 min，废水中 TOC 的去除率为 61%，温度、H_2O_2浓度、草酸浓度是有机物矿化过程最重要的影响因素（Monteagudo et al.，2012）。

单独用高级氧化法（AOPs）处理葡萄酒生产废水会产生大量的氧化中间产物，因此表观上 COD 的去除率并不高；另外，采用高级氧化法的处理成本较高，限制了该法的广泛应用。通常将高级氧化法与生物处理技术结合来处理废水。

（3）“高级氧化+生物处理”组合工艺

采用 Solar-Photo-Fenton（太阳光芬顿法）对葡萄酒生产废水进行预处理，出水再经固定化生物反应器（IBR）处理 6d 后，出水 COD 低于 150 mg/L。采用自然光-Fenton/活性污泥工艺处理葡萄酒生产废水，结果显示，自然光-Fenton 工艺预处理可使原水中 COD 降至 1 000 mg/L，可满足后续好氧处理的要求，同时预处理后水中的多酚物质［以没食子酸当量（GAE）计］浓度由 99 mg/L 降至 40 mg/L，从而使好氧处理出水水质大大提高（Mosteo et al.，2008）。

单独的 O_3 预氧化对 COD 几乎无去除效果，但色度去除率可达 90%；采用 O_3/H_2O_2 组合工艺可使 COD 的去除率提高 4 倍。出水经 O_3 预处理后再经 SBR 进行好氧处理，其 COD 为 80 mg/L 以下。采用 Fenton 试剂预处理葡萄酒生产废水，COD 去除率可达 54%，其预处理出水再经 SBR 好氧处理后，经 15h 曝气，出水 COD 可降至 40 mg/L（李金成等，2014）。可见“高级氧化+生物处理”组合工艺不仅节约成本，还可提高废水处理效率，使葡萄酒生产废水处理效果达到最佳。根据葡萄酒生产废水的季节性变化特点，高级氧化技术具有处理效率高、处理效果不受水质水量变化的影响、操作灵活等优点，因此是与生物处理结合应用的最优选择。高级氧化与生物处理的组合工艺通常有以下 3 种：高级氧化预处理+厌氧+好氧工艺，厌氧+高级氧化+好氧工艺，厌氧+好氧+高级氧化后处理工艺。

1.4.1.3 葡萄酒生产废物的处理

全球每年产生数百万吨的葡萄酒生产固体废物，其数量在很大程度上取决于酒厂的规模和酿酒工艺，大约占加工葡萄总重量的 20%（Muhlack et al.，2018）。其中，酒泥量占葡萄酒总量的 25%～35%，葡萄籽量约占皮渣总量的 25%（Duba et al.，2015）。2020 年全球葡萄酒总量约为 2 600 万 t，葡萄酒固体废物量为 742.9 万～866.7 万 t，酒泥量约为 500 万 t，皮渣中葡萄籽量约为 60 万 t。2020 年我国葡萄酒产量约为 66 万 t，葡萄酒生产固体废物量为 18.9 万～22 万 t，酒泥量约为 13.2 万 t，皮渣中葡萄籽量约为 2.2 万 t（OIV，2021）。葡萄酒生产固体废物作为一种生物质资源，可以作为燃料、肥料、饲料使用，应用于生产食用油（葡萄籽油）、提取色素和功能性成分等方面，可创造巨大的经济价值，直接排放将会造成极大的资源浪费（Frenkel et al.，2009；Appels et al.，2008）。此外，从固体废物中回收有机物能够在一定程度上减少生产过程中的碳足迹（Zacharof，2017）。因此，将葡萄和葡萄酒生产固体废物作为具有商品价值的资源和替代能源，对开展可持续生产具有重要意义。

全球主要葡萄酒生产国很早就对生产固体废物利用开展了研究，新西兰作为新世界葡萄酒产区的国家之一，拥有世界上最完善的葡萄酒行业体系，他们以“节能、再利用和循环利用”为践行标准，将葡萄枝条、茎叶、皮渣和酒泥作为新的经济资产（Faria-Silva et al.，2020；Ferrari et al.，2019）。有机肥料和葡萄枝条堆肥代替合成化肥也是新西兰葡萄酒可持续发展的推广策略，可以起到调节土壤结构、维持土地保水性、缩小土壤温差的作用，该策略得到了加入 SWNZ（可持续酿酒葡萄种植）联盟的 600 多家葡萄酒厂和葡萄园的广泛应用。世界著名化妆品品牌“CAUDALIE”（欧缇丽）对葡萄酒生产过程中的固体废物进行全产业链挖掘，研发产品、打造文化、创立品牌，并将可持续发展观注入品牌文化，最终名利双收（于基隆，2013）。美国内布拉斯加大学林肯分校的研究人员发现葡萄果渣里含有酚类物质，对高油高脂食物的氧化变质有很好的抑制作用，是代替人工防腐剂的理想选择，因此他们考虑把葡萄果渣做成天然的食物防腐剂。此外，葡萄果渣里含有维生素 E、类黄酮、亚油酸等抗氧化物质，这些物质可以被提取出来做成保健品。粗酒石、果核可作为原料外售给其他科技企业，进行综合利用。目前枝条资源化处理的方式有用于功能性物质的提取、作为栽培食用菌的基质、粉碎后还田、作牲畜饲料、作为果蔬栽培的基质和开发为沼气能源等。

1.4.2 葡萄酒生产废水废物资源化利用研究现状

近年来，研究葡萄酒生产废水废物资源化利用的学者逐渐增多，研究的理论依据及利用途径不断完善，研究成果逐步应用于实际生产。面对该研究领域取得的研究成果，为了能从多元和动态的角度出发，了解当前葡萄酒生产废水废物资源化利用的研究现状，掌握国内外研究的前沿热点以及演进脉络，需要我们深度挖掘该研究领域的科学文献信息。文献计量学（Bibliometrics）被广泛地用于文献情报分析，进而实现对某领域科学发展现状及水平的评价（陈香等，2020）。笔者基于文献计量学的方法，采用 CiteSpace（引文空间）文献计量工具，绘制相关图谱，通过发文量、总被引频次等评价指标，分析 2000—2020 年葡萄酒生产废水废物资源化利用研究领域涉及的国家和地区、研究机构、期刊来源、高被引文章，构建了国家、研究机构间的合作关系。对国内外不同时间段的关键词共现网络图谱进行重点分析，从宏观视角展示该领域的研究现状，并揭示研究热点和未来发展态势，旨在为今后的相关研究提供理论依据及数据参考。

1.4.2.1 葡萄酒生产废弃物相关研究发文量与年间变化趋势

发文量可直观地反映学术界对某一研究领域的重视程度，一般情况下发文量越多，表明该领域的研究越活跃（樊贵莲等，2017）。根据发表文献数量及其变化特点（图 1-10），将葡萄酒生产废弃物资源化利用的研究分为以下 3 个发展阶段。

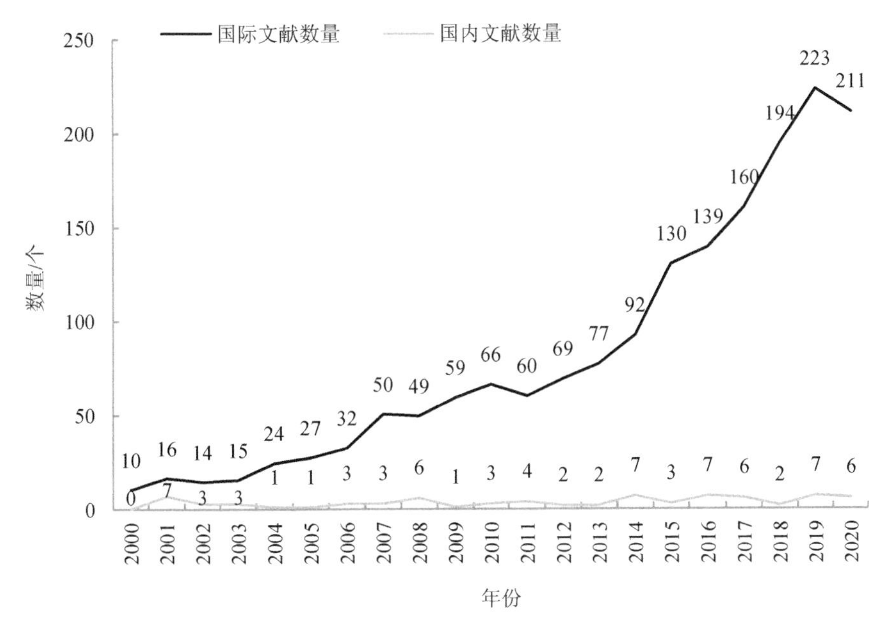

图 1-10 2000—2020 年以“葡萄酒生产废弃物的资源化利用”为研究主题的国内外文献数量变化情况

2000—2004 年，萌芽阶段。该研究领域的总体发文量较少，每年基本保持在 15 篇左右。国际研究热点主要聚焦于葡萄酒生产废水和废渣的处理利用方面。Shrikhande（2000）对葡萄酒生产废弃物中含有的酚类物质花青素进行了研究分析，旨在提取其制作营养添加剂。Barton 等（2002）采用厌氧处理技术对葡萄酒生产废水进行处理。Ferrer 等（2001）对葡萄酒生产废渣进行处理，主要采用堆肥方式，其优势在于处理无害化。这个阶段的研究为葡萄酒生产废弃物的广泛资源化利用奠定了基础。

2005—2011 年，兴起阶段。这个阶段的发文量呈现缓慢增加的态势，注重对葡萄酒生产废弃物的成分（多酚类物质、可溶性糖、花青素、果胶等）、特性（抗氧化）和回收利用价值进行探索研究。Arvanitoyannis 等（2010）对酒厂的废水、废渣进行分析，测定其营养组成，旨在利用废料生产土壤改良剂、重金属吸附剂和肥料等，充分发挥生产废弃物的经济价值。Makris 等（2007）通过葡萄酒生产废弃物与其他农业固体废物（马铃薯等）的对比，得出葡萄酒生产废弃物中抗氧化物质多酚的含量丰富，对此进行开发利用具有更高的成本效益的结论。Spigno 等（2007）对运用溶剂萃取法从葡萄酒生产废弃物中提取氧化物的可行性进行了评估验证。Ruggieri 等（2009）对葡萄酒生产废弃物资源化利用途径进行环境与经济分析，得出堆肥处理方法表现最佳的结论。这个阶段中国学者的研究方向主要集中在葡萄酒生产废水处理上，通常采用 UASB、SBR 等方法。朱翠霞等（2008）采用 UASB—接触氧化组合工艺对葡萄酒生产废水进行处理，系统运行稳定，处理效果较好。黄忠泉（2010）利用 SBR 处理酒厂生产废水，分析不同容积负荷对废水处理效果的影响。王倩等（2011）采用以 UASB+缺氧+二级接触氧化法为主体的处理工艺，对葡萄酒生产废水进行处理，出水达到《污水综合排放标准》（GB 8978—1996）一级标准，系统运行稳定，工程投资和运行费用较低。

2012—2020 年，扩散阶段。这个阶段的发文量呈现暴增态势，相关研究数量快速增多，研究重点为葡萄酒生产废弃物资源化利用途径的探索。Laurenson 等（2012）用葡萄酒生产废水进行灌溉，近年来这个方法广受关注。Vymazal（2014）研究将葡萄酒生产废水用于人工湿地的方法，实现了废弃物的综合利用。Basso 等（2016）探究利用葡萄酒废渣的水热碳化作用将其转化为固体生物燃料的方法。Beres 等（2017）对葡萄酒生产废弃物资源化利用进行综合分析，其利用途径主要集中在制作饲料、制药，以及化妆品或食品工业等领域。这一阶段我国学者也开始注重研究废弃物的资源化利用，但总体文献数量仍然较少。

对研究主题进行演进分析有助于揭示研究领域的结构脉络及特点。通过对“Web of Science”[①]检索到的文献进行聚类，用“主题词”作为聚类分析的标题依据，用对数似然法（LLR）进行聚类命名，时间跨度设置为 2000—2020 年，选择

① 一种索引型数据库。

被引词排序前十的被引词，时间切片为一年，共产生 277 个节点，439 条连线，分析的最终结果以时间线视图（Time-line view）的形式呈现。

如图 1-11 所示，同一横线上分布着相同聚类主题的文献，以同一组别横线的长短来表示该聚类所在的大致时间；高聚类文献的中心性以节点的大小表示，节点越大表明中心性越大。由图 1-11 可知，自 21 世纪以来，关于葡萄酒生产废弃物资源化利用的相关研究热度逐渐攀升，特别是 2010 年以后，相关研究主题的数量大幅度增加。但有一些研究主题持续时间较短，如聚合树脂、吸附作用和抗氧化剂，这可能是由于研究人员在研究过程中找到了更深入本质的主题。研究主题主要包括蚯蚓堆肥（Vermicomposting）、抗氧化剂（Antioxidants）、水热碳化（Hydrothermal carbonization）、农工业废弃物（Agro-industrial waste）、葡萄酒废物（Wine waste）、超声波提取（Ultrasound-assisted extraction）、葡萄藤（Grape canes）、聚合树脂（Polymeric resins）、吸附作用（Sorption）、酒糟（Wine lees）、消耗的葡萄果渣（Exhausted grape marc）、葡萄栽培（Viticulture）等。

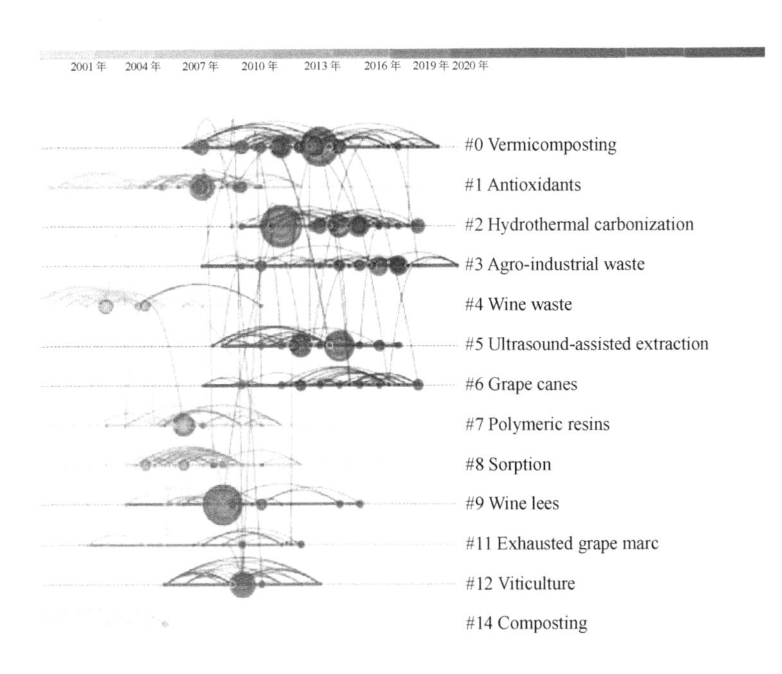

图 1-11 文献共被引网络主要聚类群组的时间线

注：#为序列号标志。Composting 为堆肥。

1.4.2.2 葡萄酒生产废弃物资源化利用研究热点及趋势

利用 CiteSpace 可视化软件对国际文献进行关键词提取和共现分析，得到2000—2020 年葡萄酒生产废弃物资源化利用相关研究的关键词共现图谱（图 1-12）。图中关键词所在年份代表该关键词首次出现的时间，点的大小表示该关键词出现的频次，连线表示在该年的一篇文章中同时出现了连线的两个关键词的关系。对样本文献的关键词进行共现分析，可以从关键词共现图谱中看出高频关键词的分布情况（Bustamante et al.，2008）。共现次数越多，说明所代表的研究内容之间的联系越紧密（肖静，2020）。关键词共现能够对研究主题或对象间的网络关系进行呈现，生成研究领域的核心知识节点，方便揭示研究主题的变化发展情况，展示研究领域的主题、热点和知识结构（刘雅各等，2019）。如果某个关键词频繁出现，则其表示的主题为研究热点（崔守奎等，2020）。

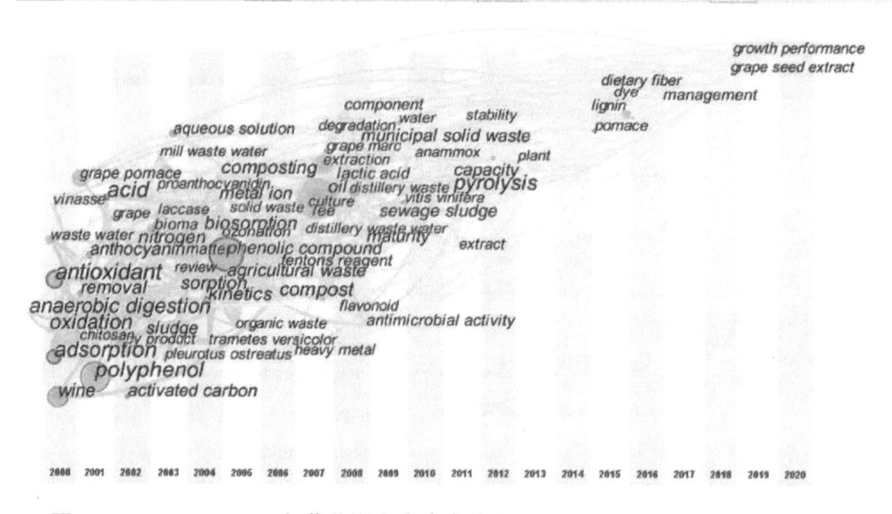

图 1-12 2000—2020 年葡萄酒生产废弃物资源化利用相关研究的关键词共现图谱

21 世纪初期，葡萄酒生产废弃物资源化利用的相关研究热点集中在“by product（副产品）”“adsorption（吸附）”“removal（去除）”“extract（提取物）”“anthocyanin（花青素）”“activated（活性化）”“digestion（消化）”等方面，主要对葡萄酒生产废弃物的组成成分进行研究，探究其吸附和去除效果，初步进行资源化利用探索，如利用废渣制备活性炭，试图提取废渣中的有用物质如花青素等。葡萄酒生产废水在这时期并没有实现资源化，相关研究方向集中于去除废水中有害物质方面，运用较多的技术是厌氧消化处理技术，优势在于能耗低、污泥的产量较少、营养需求低。随着研究不断地深入，涌现出“optimization（优化）”“compost（堆肥）”“quality（质量）”“food（食物）”“soil（土壤）”“fermentation（发酵）”等高频关键词，此阶段，废弃物资源化利用途径的研究数量有所增多。废渣可进行提取、发酵、堆肥等处理，严格控制其质量和化学组分，可应用于食品及化妆品领域。废水资源化利用的研究方向集中于处理后灌溉土壤及植物方面，重点为监测土壤相关性质，这是探索再生水利用的一种新途径。

结合高频关键词及其中心性的研究（表1-5），对关键文献、主要研究国家、人员、期刊进行综合分析和归纳总结，可以发现葡萄酒生产废弃物资源化利用相关研究目前呈现的趋势。

葡萄酒生产废弃物的处理是永恒的研究主题之一，欧美（主要为欧洲和北美）在该领域发挥着重要作用。西班牙、意大利、法国等发达国家是世界上主要的葡萄酒生产国，不可避免地要面临葡萄酒生产废弃物处理问题，相对于发展中国家，发达国家在该领域起步较早，理论和实践经验较多，相关研究成果和关注度也较多。相关学者对葡萄酒生产废弃物的组成和去除方法展开的研究，逐渐进入资源化利用领域。1980年，世界自然保护联盟首次提出了可持续发展的概念，2002年美国加利福尼亚州发布葡萄栽培酿造可持续发展的准则，2003年中国实施经济可持续发展。由此看出，可持续发展始终是葡萄酒生产废弃物相关研究的基本思想。葡萄酒庄首先应考虑生态平衡，注重发挥资源的最大效益，其次应考虑葡萄酒品质和市场需求。近年来，由于人们生活水平的提高和消费理念的转变，酿酒行业得到空前发展，葡萄酒以其健康、高品质的特点在国际社会得到快速推广。与此同时，酿酒过程产生的大量废渣、废水的处理问题引起相关部门的关注。经过20年的研究，葡萄酒生产废弃物处理基本实现资源化，其生产废渣可提取有用成分应用于食品及化妆品行业，以及制备活性炭、堆肥后用作肥料、制备沼气等方面，废水经处理后可实现排放、循环利用和灌溉等。葡萄酒生产废弃物资源化利用既满足葡萄酒庄的生产需要，又使资源的效益发挥到最大，是未来葡萄酒行业探索的重点和发展趋势。

表 1-5　2000—2020 年葡萄酒生产废弃物资源化利用研究高频关键词及其中心性

序号	频次/次	中心性	年份	关键词
1	210	0.23	2005	phenolic compound（酚类化合物）
2	192	0.21	2001	antioxidant activity（抗氧化活性）
3	162	0.13	2000	wine（酒）
4	151	0.03	2000	by product（副产品）
5	145	0.07	2007	extraction（萃取）
6	138	0.08	2001	grape pomace（葡萄渣）
7	136	0.34	2000	adsorption（吸附）
8	109	0.04	2000	waste water（废水）
9	92	0.01	2008	optimization（优化）
10	92	0.12	2003	aqueous solution（水溶液）
11	89	0.06	2001	removal（去除）
12	84	0.34	2004	kinetics（动力学）
13	76	0.23	2002	anthocyanin（花青素）
14	69	0.02	2009	fermentation（发酵）
15	64	0.10	2009	vitis vinifera（酿酒葡萄）
16	62	0.01	2015	bioactive compound（生物活性化合物）
17	58	0.05	2007	degradation（退化）
18	58	0.16	2001	activated carbon（活性炭）
19	62	0.01	2015	recovery（恢复）
20	49	0.17	2004	compost（堆肥）
21	46	0.05	2011	extract（提取物）
22	44	0.34	2002	acid（酸）
23	44	0.11	2010	quality（质量）
24	44	0.00	2012	food（食物）
25	39	0.03	2014	chemical composition（化学成分）
26	38	0.28	2000	anaerobic digestion（厌氧消化）
27	38	0.06	2006	heavy metal（重金属）
28	36	0.00	2013	performance（性能）

序号	频次/次	中心性	年份	关键词
29	34	0.03	2006	soil（土壤）
30	32	0.12	2007	oil（石油）
31	31	0.04	2011	stability（稳定）
32	30	0.05	2001	sludge（污泥）
33	30	0.05	2008	sewage sludge（污水污泥）
34	29	0.01	2011	resveratrol（白藜芦醇）
35	28	0.23	2007	flavonoid（类黄酮）
36	26	0.08	2008	carbon（碳）
37	26	0.06	2011	identification（识别）
38	26	0.00	2011	phenolics（酚醛树脂）
39	24	0.00	2015	assisted extraction（辅助提取）
40	23	0.03	2011	growth（增长）

第2章 贺兰山东麓葡萄酒废水排放特征

葡萄酒生产过程会产生大量废水，由于酿酒活动的特殊性，废水在产生量和组成成分上存在较大的季节性波动（Rončević et al.，2019；Díez et al.，2016；Bolzonella et al.，2010）。葡萄酒生产过程的废（污）水可分为发酵期间的废水、发酵后管理和灌装过程中产生的废水以及生活污水三类（张晓，2015）。葡萄酒生产废水量与葡萄的采摘和加工季节有关，一般每年的9—11月是葡萄成熟的季节，也是葡萄酒加工的旺季，这个阶段产生的废水水量大，有机物浓度高；而在其他季节，则多为倒罐和冲洗废水，水量相对较小，有机物浓度也较低。探明葡萄酒生产废水的排放特征，可以为废水处理设施的设计、运行和管理提供科学支撑，是实现废水高效处理与资源化利用的基础。

2.1 贺兰山东麓葡萄酒废水水量特征

从行政区划来看，贺兰山东麓葡萄酒庄主要分布在银川市（西夏区、贺兰县和永宁县）与吴忠市（青铜峡市和红寺堡区）。从酒庄生产规模来看，绝大多数为葡萄酒产量小于1 500 t/a的中小型酒庄。中小型酒庄废水产生量主要集中在生产季（9—12月）；大型酒庄每月持续有废水产生。

2.1.1 调研酒庄简介

对全区29家酒庄（本书将西夏王1、2统计为两家酒庄）进行深入调研，其中，银川市的酒庄有20家，吴忠市的酒庄有9家。根据实际生产规模，葡萄酒产量小于1 500 t/a的酒庄为中小型酒庄，共27家，2家为大型酒庄（西鸽、西夏王1）。参与调研的酒庄基本情况如表2-1所示。

表 2-1　调研酒庄基本情况

区域	酒庄数量/个	酒庄名称	葡萄酒产量/（t/a）	备注	区域	酒庄数量/个	酒庄名称	葡萄酒产量/（t/a）	备注
西夏区	11	贺兰晴雪	60	# *	贺兰县	4	圆润	60	*
		迦南美地	50	# *			沃尔丰	120	*
		贺兰珍堡	60	# *			仁益源	320	# *
		名麓	17	*			贺金樽	1 400	# *
		博纳佰馥	14	*	青铜峡市	4	怡园	650	# *
		留世	100	*			维加妮	80	# *
		蒲尚	20	*			华昊	130	# *
		海香苑	4	*			西鸽	1 800	# *
		兰贝	7	*	红寺堡区	5	汉森	90	# *
		志辉源石	77	#			天德	60	# *
		张裕	1 000	#			康龙	105	# *
永宁县	4	西夏王 1	4 604.4	*			中贺	100	# *
		西夏王 2	1 747.8	# *			红寺堡	320	# *
		保乐力加	800	#	金凤区	1	利思	80	# *
		鹤泉	200	#					

注：西夏王 1 指采用 2019 年的数据；西夏王 2 指采用 2020 年数据。#指进行水质测定；*指进行水量测定。

在实际调研中，由于部分酒庄的水表安装条件无法满足调研要求，本书结合实际情况对调研酒庄进行调整和补充，其中，进行水量调查的酒庄有 25 家，水质调查的酒庄有 20 家。

2.1.2　葡萄酒废水产生量

2.1.2.1　中小型酒庄废水产生量

中小型酒庄在非生产季用水量较少，有些酒庄在非生产季如果未进行葡萄酒灌装，几乎不产生废水。所调查的 22 家中小型酒庄在非生产季废水产生量最高达 1 394 t，平均废水产生量为 128 t；生产季废水产生量明显增加，9—12 月平均每月废水产生量依次为 183 t、121 t、99 t 和 59 t（图 2-1）。

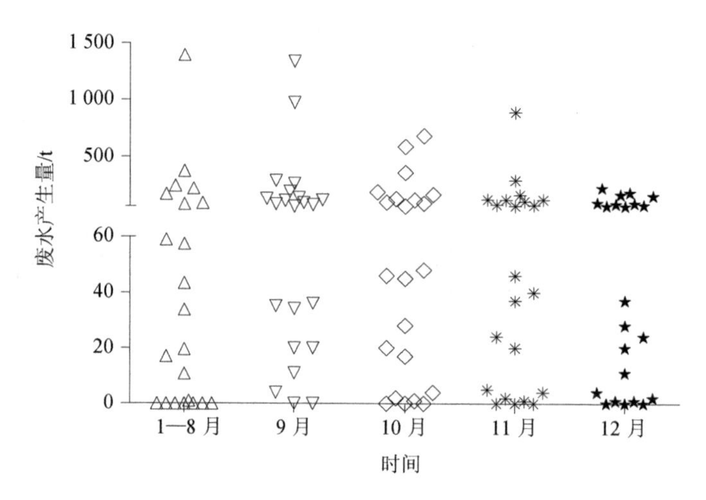

图 2-1 中小型酒庄废水产生量

从废水产生量占比来看（图 2-2），中小型酒庄非生产季废水产生量占全年废水量的 2%～47.3%，平均为 18.2%；不同酒庄生产季每月产生废水量占全年总量的比例各有差异，调查酒庄生产季每月产生废水量的占比：9 月占全年总量的 31.4%、10 月占全年总量的 23.8%、11 月占全年总量的 16.7%、12 月占全年总量的 9.8%。

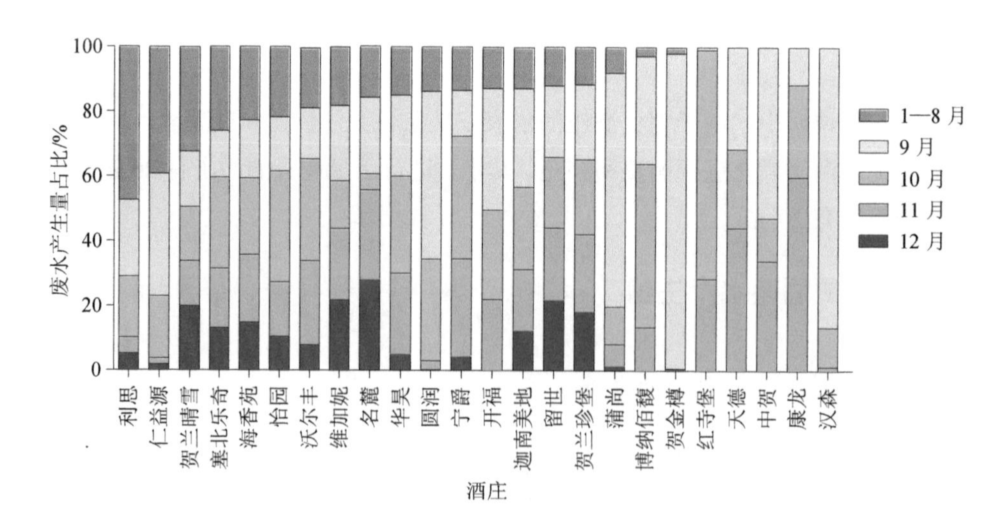

图 2-2 中小型酒庄废水产生量占比

2.1.2.2　大型酒庄废水产生量

分析实际产量在 1 500 t/a 以上的大型酒庄废水产生量的逐月变化情况（图 2-3），对比中小型酒庄数据（图 2-1）可知，大型酒庄在非生产季具有较多的废水产生量。在生产季 9—10 月进行发酵倒罐、洗罐等作业，大型酒庄亦呈现出废水产生量明显增多的趋势。大型酒庄非生产季有葡萄酒灌装作业，因此每月持续有废水产生。大型酒庄平均每月废水产生量为 878～2 356 t，不同酒庄的废水产生量差异较大，8—10 月废水产生量均较高。

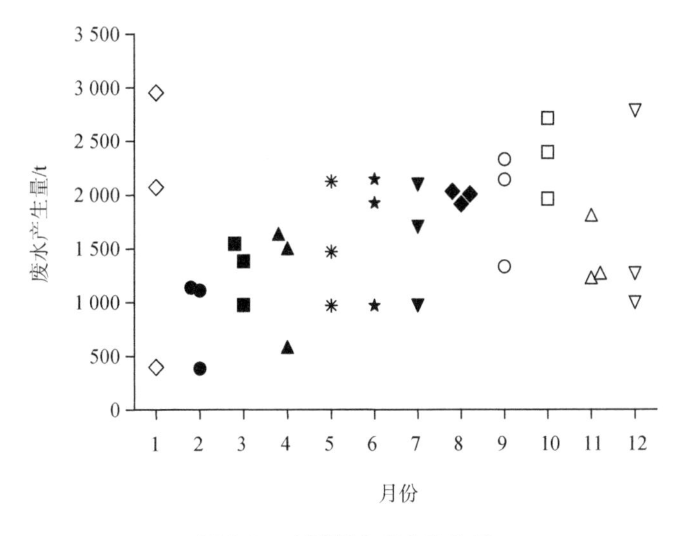

图 2-3　大型酒庄废水产生量

从大型酒庄每月废水产生量占全年总量的比例来看（图 2-4），2 月占比最小，为 4.31%；8—10 月的占比均在 10%以上，依次为 11.03%、10.03%和 12.6%。1—7 月和 8—12 月的废水产生量基本各占全年总量的 50%左右，生产季和非生产季废水产生量差异相对较小。

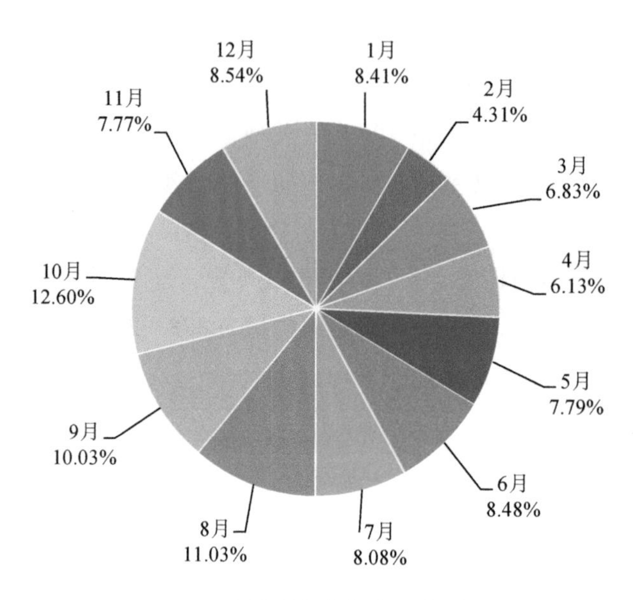

图 2-4 大型酒庄废水产生量占比

2.1.3 葡萄酒废水产生量与酒庄实际产能相关性分析

图 2-5 显示了酒庄废水产生量与酒庄实际产能之间的相关性，分析可知废水产生量与酒庄规模呈现较好的线性关系。酒庄的产能越大，产生的废水量越多，相关系数 r^2=0.714 2。

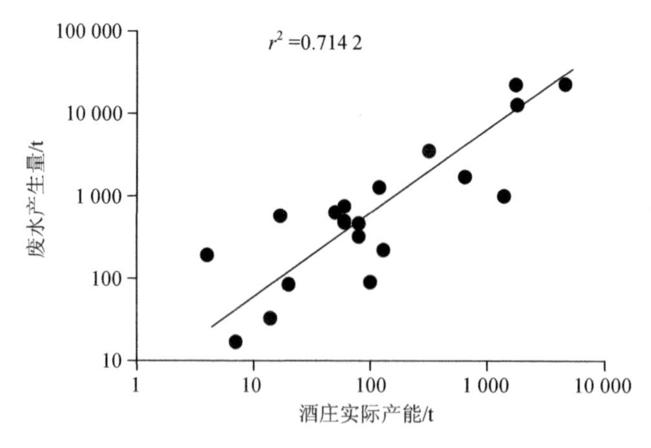

图 2-5 酒庄废水产生量与酒庄实际产能的相关性

2.2　贺兰山东麓葡萄酒废水水质特征

不同的酒庄，因葡萄酒生产规模、生产工艺及储存管理方式等存在差异，产生的废水水质不同，但其总体的特点是有机物浓度高、pH 低、可生化性好、色度高、SS 含量高（张旭，2013）。有机物中的首要成分是糖类物质，其次为有机酸（乙酸、酒石酸、丙酸）、酯类和多酚类化合物（Bustamante et al.，2005）。

2.2.1　葡萄酒废水常规水质指标

2.2.1.1　各酒庄废水常规水质指标

本节调查了 20 家酒庄生产季废水水质状况，9—12 月，对酒庄废水处理设施的进出水进行采样，每两周采样一次，测定 pH、电导率、COD、氨氮、总氮（TN）、总磷（TP）等常规指标。

生产季酒庄废水总体呈酸性（图 2-6），废水处理设施进水 pH 为 3～8.2，中值为 5.9；废水处理设施出水 pH 为 5.4～8.9，中值为 7.5。仅有 3 个水样的 pH 不符合《农田灌溉水质标准》（GB 5084—2021）（pH 为 5.5～8.5）的标准限值。

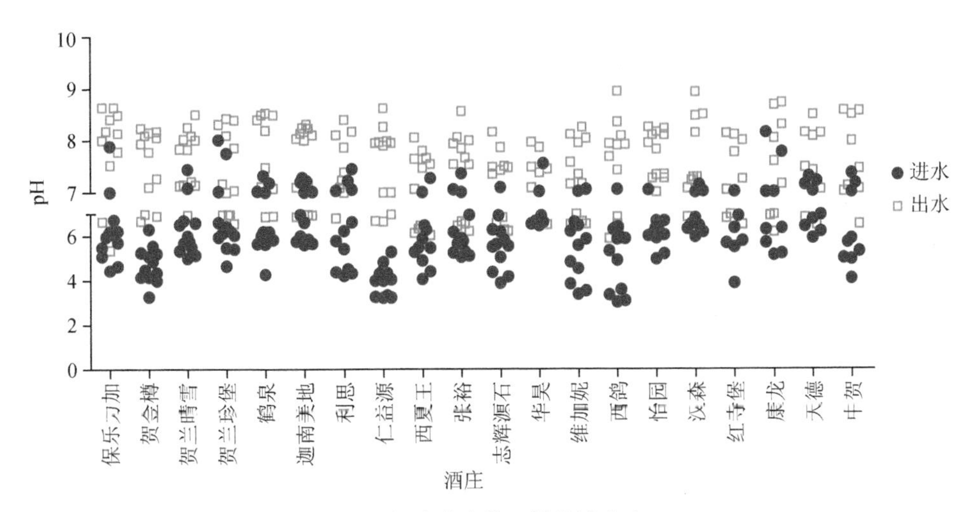

图 2-6　酒庄废水处理设施进出水 pH

20 家酒庄生产季废水处理设施进水电导率值为 380～5 790 μS/cm，中值为 1 364 μS/cm，出水电导率值为 296～4 700 μS/cm，中值为 1 063 μS/cm（图 2-7）。按电导率与全盐量比值 0.55 计，可以推算出酒庄出水的全盐量为 163～2 585 mg/L。除华昊酒庄个别出水水样超标外，其他所有酒庄废水出水全盐量均符合《农田灌溉水质标准》（GB 5084—2021）的标准限值。

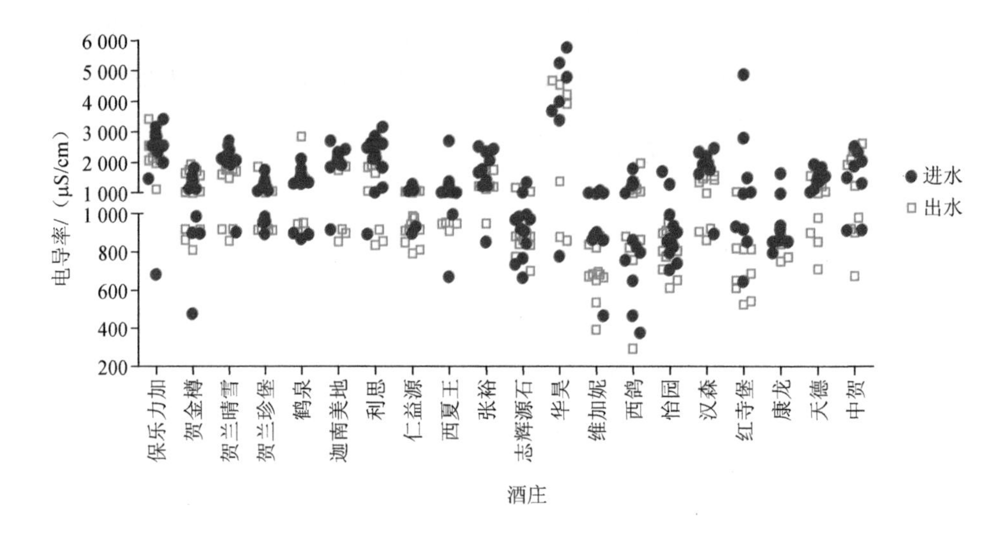

图 2-7　酒庄废水处理设施进出水电导率

各酒庄废水处理设施的进出水 COD 和氨氮、TN、TP 浓度分别如图 2-8～图 2-11 所示。生产季酒庄废水 COD 范围为 112.9～9 493 mg/L，中值为 1 440 mg/L。经废水处理设施处理后，出水 COD 下降至 10.54～1 248 mg/L，中值为 50.54 mg/L。20 家酒庄中，7 家酒庄出水存在 COD 超标现象。

《农田灌溉水质标准》（GB 5084—2021）没有规定氨氮、TN、TP 等指标的限值。生产季酒庄废水处理设施进水氨氮浓度范围为 1.329～316 mg/L，TN 浓度范围为 3.5～229.7 mg/L，TP 浓度范围为 0.057～5.937 mg/L；出水氨氮浓度范围为 0.111～77.51 mg/L，TN 浓度范围为 0.55～60.15 mg/L，TP 浓度范围为 0.016～2.380 mg/L。

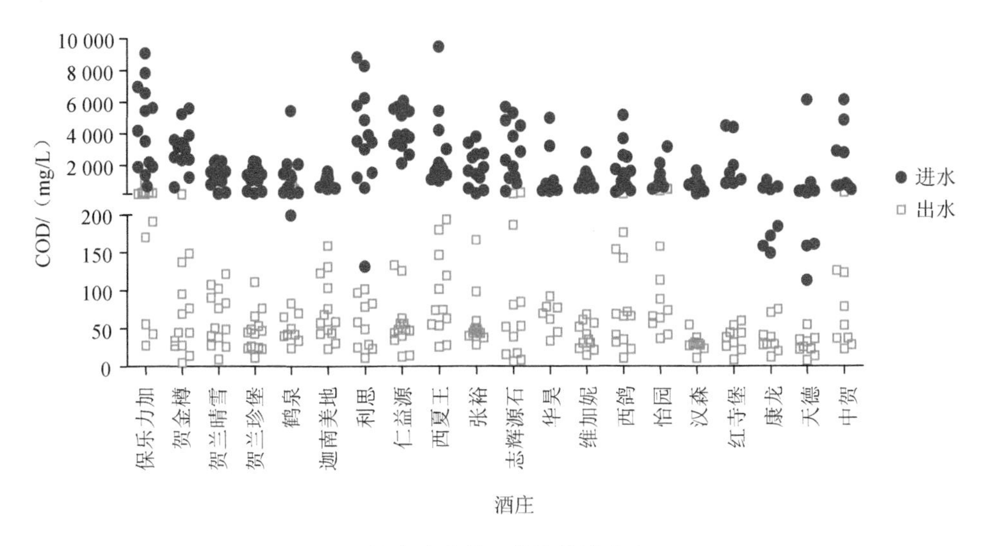

图 2-8　酒庄废水处理设施的进出水 COD

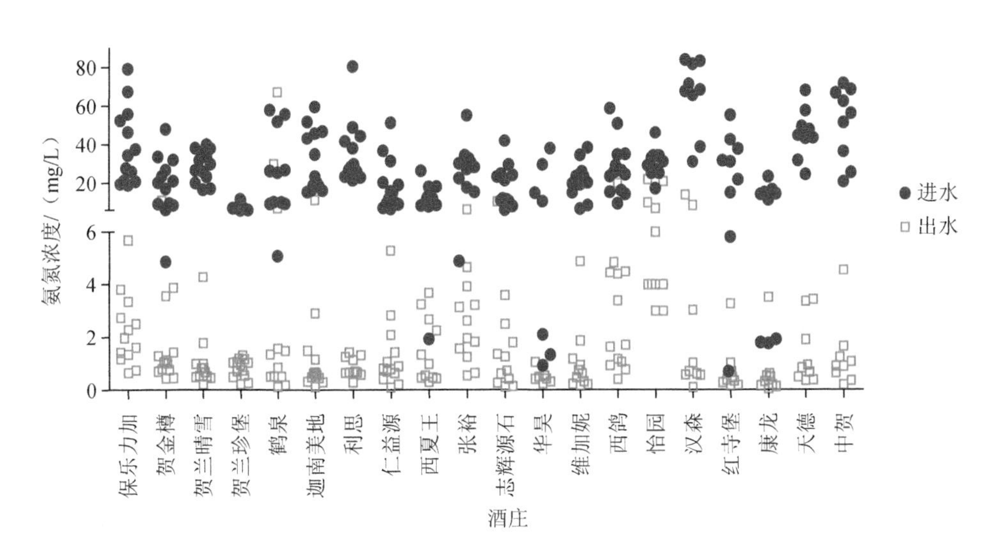

图 2-9　酒庄废水处理设施的进出水氨氮浓度

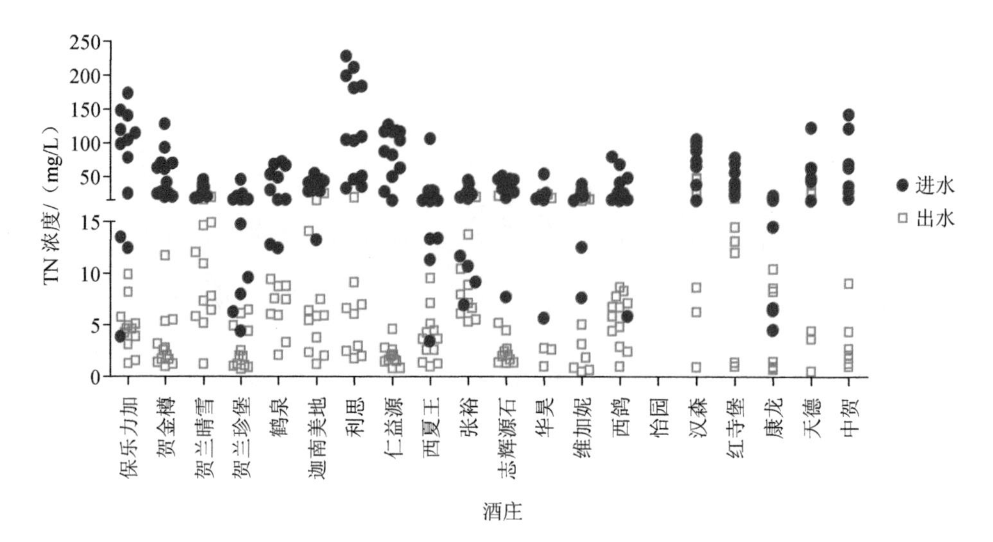

图 2-10　酒庄废水处理设施的进出水 TN 浓度

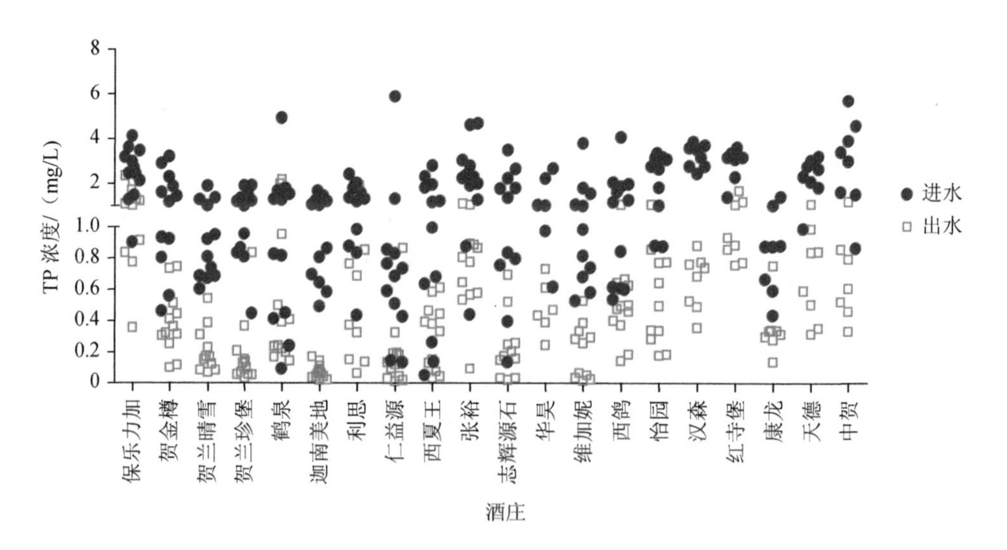

图 2-11　酒庄废水处理设施的进出水 TP 浓度

2.2.1.2　主要产区生产季废水水质指标分布

（1）pH 和电导率

将调研的酒庄按照银川和吴忠两市划分成两个主要产区，并对它们进行水质差异分析。pH 和电导率的情况如图 2-12 所示。

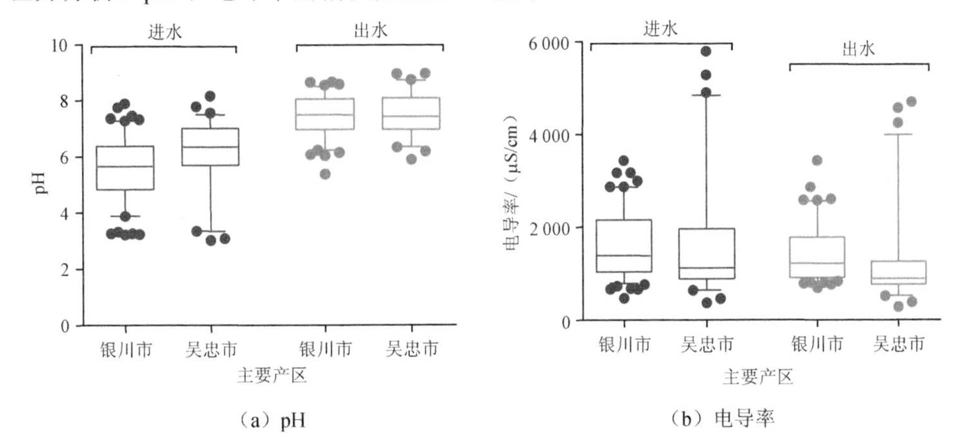

（a）pH　　（b）电导率

图 2-12　主要产区酒庄废水处理设施进出水 pH 和电导率

由图 2-12（a）可知，银川市酒庄废水处理设施进水水样的 pH 为 3.2～7.9，中值为 5.7；经废水处理设施处理后出水 pH 为 5.4～8.7。吴忠市酒庄废水处理设施进水水样的 pH 为 3～8.2，中值为 6.4，但大多数样品 pH 在 6 以上；经废水处理设施处理后出水 pH 为 5.9～8.9。统计分析结果显示，两个产区酒庄废水进水 pH 银川市显著小于吴忠市，差异具有统计学意义；但两个产区酒庄废水出水 pH 没有显著差异。

由图 2-12（b）可知，银川市酒庄废水处理设施进水水样的电导率值为 480～3 440 μS/cm，中值为 1 394 μS/cm；经废水处理设施处理后出水电导率值为 703～3 440 μS/cm。吴忠市酒庄废水处理设施进水水样的电导率值为 5.89～5 790 μS/cm，中值为 1 059 μS/cm；经废水处理设施处理后出水电导率值为 296～4 770 μS/cm。

（2）COD、氨氮、TN 和 TP

将调研的酒庄按照银川和吴忠两市划分成两个主要产区，并对它们进行水质差异分析。COD 和氨氮、TN、TP 浓度情况如图 2-13 所示。

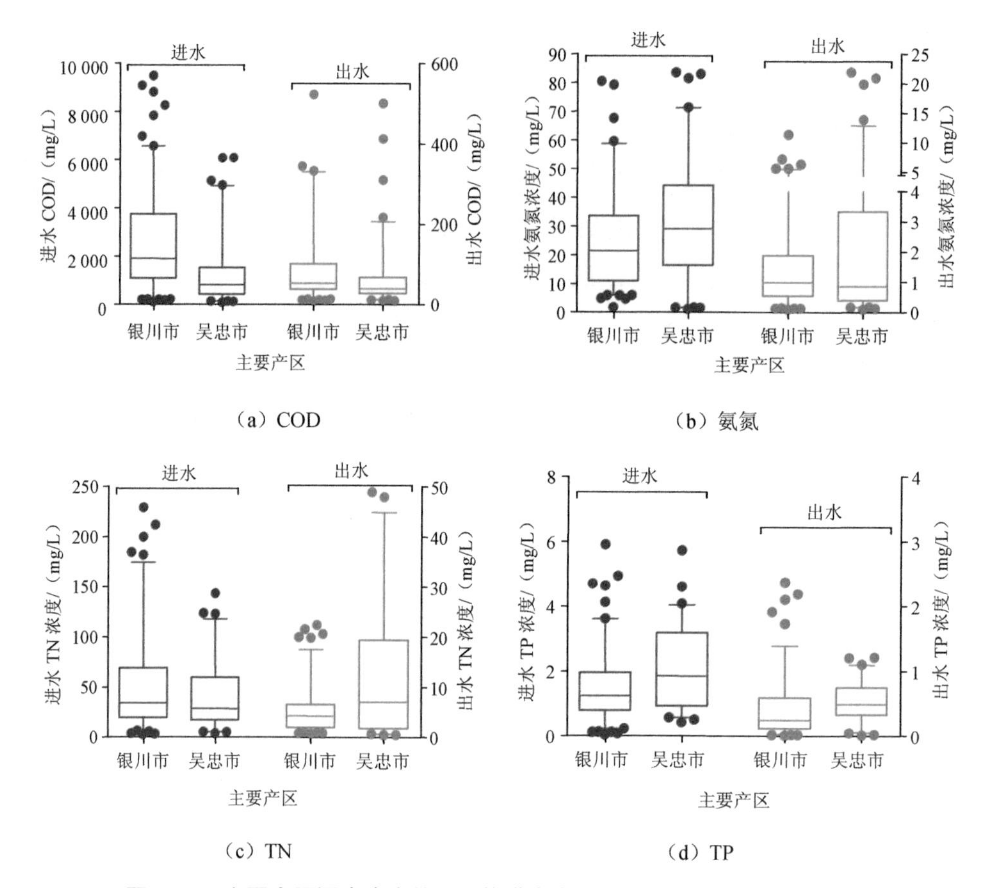

图 2-13 主要产区酒庄废水处理设施进出水 COD 和氨氮、TN、TP 浓度

从主要产区酒庄废水水质对比来看，银川市辖区内的酒庄废水 COD 显著大于吴忠市，废水处理设施进水 COD 平均值为银川市 2 662 mg/L、吴忠市 1 314 mg/L；相应地，废水处理设施出水 COD 银川市也略大于吴忠市，平均值分别为 100 mg/L 和 65 mg/L，均符合《农田灌溉水质标准》的规定，但需要注意的是，个别酒庄存在出水 COD 超标情况［图 2-13（a）］。

银川市酒庄废水的氨氮浓度显著小于吴忠市，废水处理设施进水氨氮浓度平均值为银川市 27.95 mg/L、吴忠市 32.19 mg/L；相应地，废水处理设施出水氨氮浓度银川市略小于吴忠市，平均值分别为 2.16 mg/L 和 2.51 mg/L［图 2-13（b）］。

银川市酒庄废水的 TN 浓度显著大于吴忠市，废水处理设施进水 TN 浓度平均值为银川市 54.7 mg/L、吴忠市 41.11 mg/L；但废水处理设施出水 TN 浓度银川市显著小于吴忠市，平均值分别为 6.71 mg/L 和 12.27 mg/L［图 2-13（c）］。

银川市酒庄废水的 TP 浓度显著小于吴忠市，废水处理设施进水 TP 浓度平均值为银川市 2.2 mg/L、吴忠市 3.23 mg/L；相应地，废水处理设施出水 TP 浓度银川市也显著小于吴忠市，平均值分别为 0.89 mg/L 和 1.23 mg/L［图 2-13（d）］。

2.2.1.3　废水水质指标逐月分布

酒庄废水成分具有明显的季节性变化特征，生产季压榨葡萄、酒精发酵、苹乳发酵和橡木桶陈酿等过程，均会产生高浓度的有机废水。在非生产季，酒庄废（污）水主要来源于生活污水排放，以及不定时灌装产生的低浓度清洗废水。非生产季的酒庄废水污染物浓度低，产生量小，因此在项目执行过程中需要零星检测部分酒庄 1—8 月的水质，重点对 20 家酒庄生产季 9—12 月的进出水水质进行采样检测。酒庄废水处理设施进出水 COD 和氨氮、TN、TP 浓度指标的月间变化分别如图 2-14～图 2-17 所示。

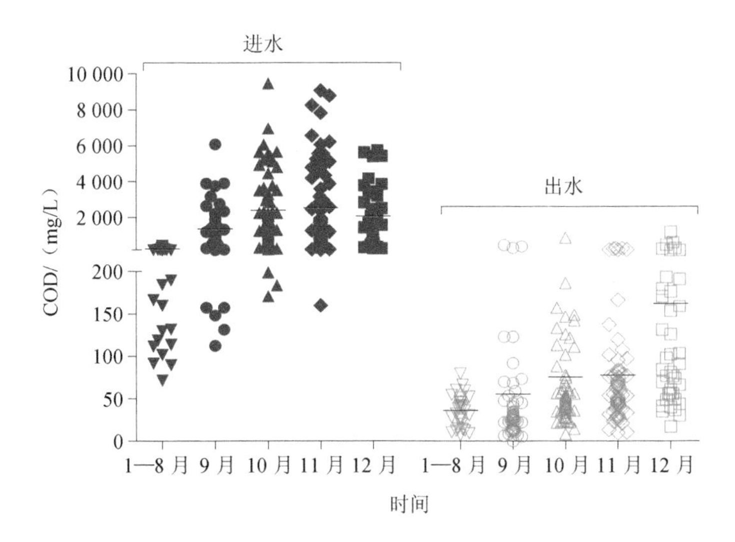

图 2-14　酒庄废水处理设施进出水 COD 月间变化

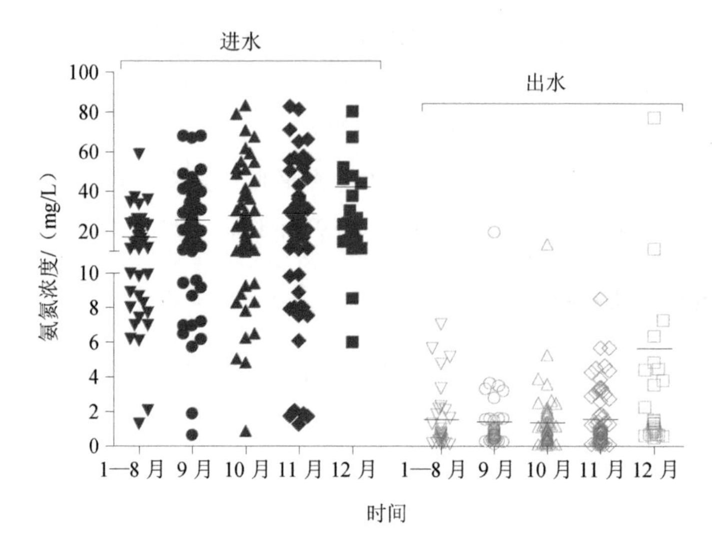

图 2-15 酒庄废水处理设施进出水氨氮浓度月间变化

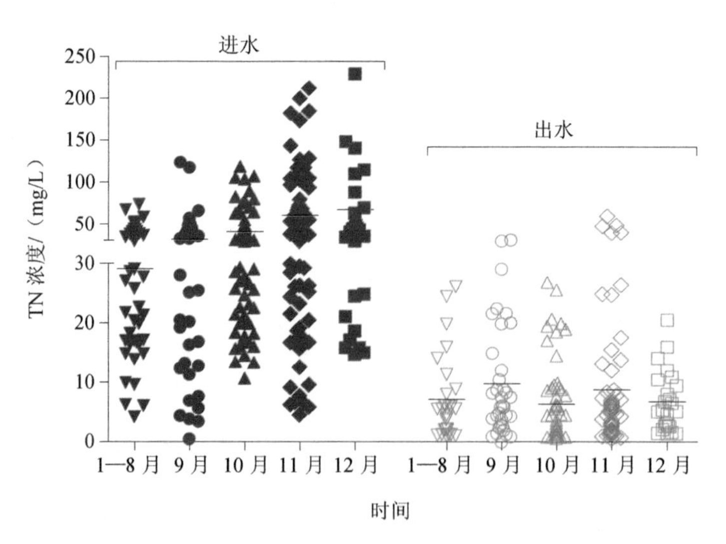

图 2-16 酒庄废水处理设施进出水 TN 浓度月间变化

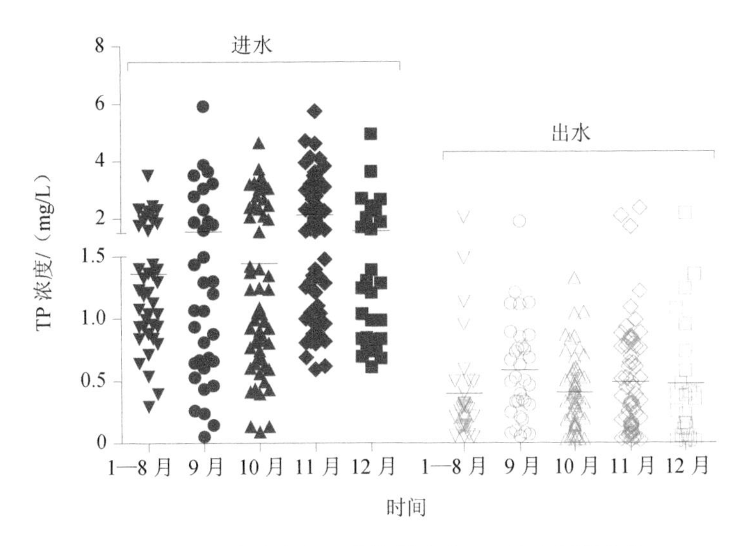

图 2-17　酒庄废水处理设施进出水 TP 浓度月间变化

非生产季 1—8 月的 COD 和氨氮、TN、TP 浓度明显小于生产季 9—12 月 4 种指标的值。其中，10 月和 11 月的 COD 平均值大于其他月份，主要由于这两个月为葡萄酒压榨生产的高峰期，10 月压榨葡萄时压榨设备的冲洗水及 11 月倒罐时发酵罐的清洗水均含有高浓度有机物，废水的 COD 大于 1 500 mg/L。大型酒庄 1—8 月非生产季的 COD 可达 1 000 mg/L 以上，但中小型酒庄非生产季的 COD 基本小于 500 mg/L，呈现出与城镇生活污水相似的水质特征。

氨氮、TN、TP 浓度 9—12 月逐月的变化未呈现出与 COD 变化一致的趋势，这可能是因为生产季废水中的氮磷来源于设备清洗水，由葡萄汁或葡萄酒中的氮磷构成，压榨设备和发酵罐上残留的氮磷量显著小于糖、醇等有机物组分的含量。并且各酒庄生产工艺不尽相同，同一取样期，各酒庄可能处于不同发酵阶段，不同发酵阶段废水中的有机物组分不同，但氮磷浓度在不同发酵阶段变化不大，加之氮磷浓度相对较低，导致氮磷浓度变化与 COD 变化不太一致。

酒庄生产季和非生产季的 COD、氨氮、TN、TP 等主要水质指标的量存在差异，废水水质指标的逐月变化对废水处理设施的运行提出更高的要求。在废水处理设施运行过程中，只有根据进水水质变化调整工艺运行参数，才能实现废水的稳定达标排放。

2.2.2 废水营养比

在废水处理过程中，碳氮磷比值大小是判断废水能否有效进行生化处理的重要指标。通常好氧生化处理的碳：氮：磷为 100：5：1，厌氧生化处理的碳：氮：磷为 200：5：1。图 2-18 和图 2-19 分别显示了各酒庄废水处理设施进水 COD/TN 和 COD/TP 的变化情况，COD/TN 基本为 10～300，COD/TP 基本为 6～5 000。与常规比值相比，酒庄废水的氮磷比值明显小于常规生活污水氮磷比值，氮磷相对缺乏。

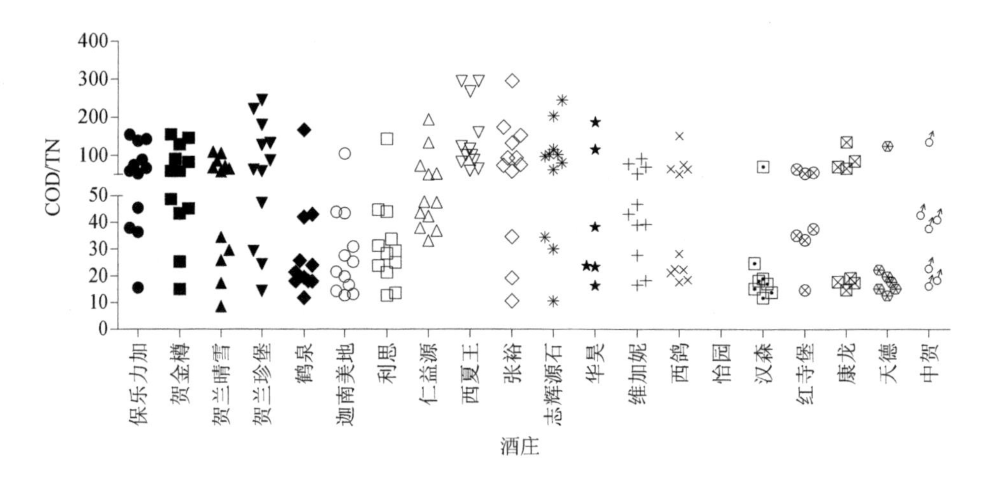

图 2-18 酒庄废水处理设施进水 COD/TN 变化

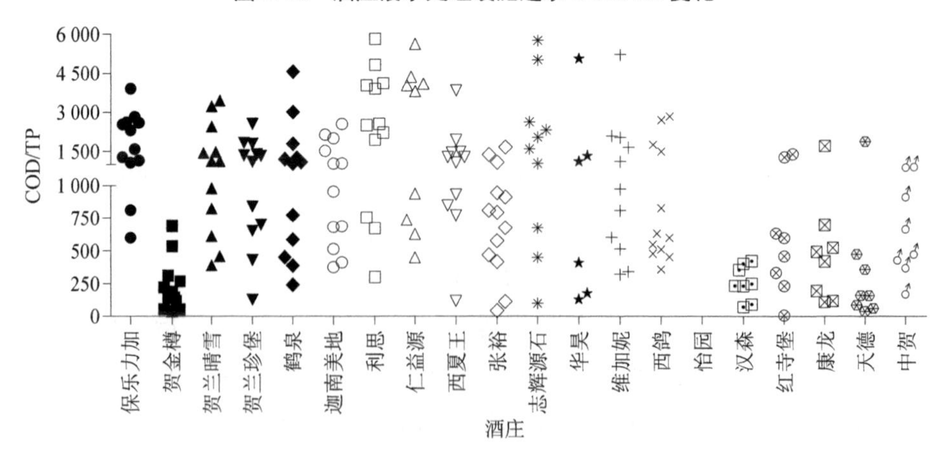

图 2-19 酒庄废水处理设施进水 COD/TP 变化

图 2-20 显示了生产季 9—12 月酒庄废水 COD/TN 和 COD/TP 的月间变化。9—12 月 COD/TN 的中位值依次为 43.05、66.33、43.84、36.47，10 月的比值最大，其他 3 个月的比值差异不大。9—12 月 COD/TP 的中位值依次为 614、850、1 009、1 156，9 月的比值明显小于其他 3 个月。由此可知，生产季各月份的废水碳氮磷营养比存在差异，废水处理设施在运行过程中要关注营养比，并依此寻求适合的运行方式。

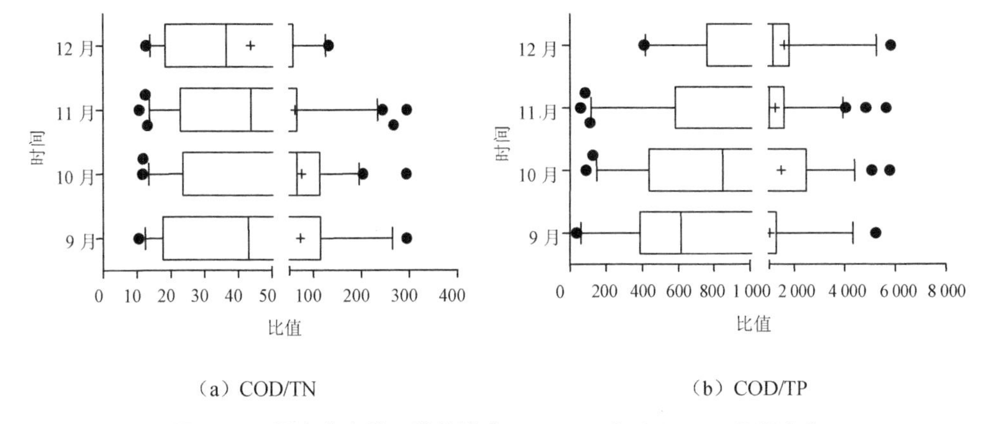

（a）COD/TN　（b）COD/TP

图 2-20　酒庄废水处理设施进水 COD/TN 和 COD/TP 月间变化

图 2-21 显示了银川市和吴忠市酒庄废水 COD/TN 和 COD/TP 的变化，银川市酒庄废水 COD/TN 和 COD/TP 中位值分别为 52.33 和 1 185，大于吴忠市酒庄的中位值（33.29 和 485.4）。因此，银川市酒庄相比于吴忠市酒庄，废水的氮磷比更加缺乏。两产区酒庄在实际运行中，应根据水质营养特征，有差异地进行运行控制。

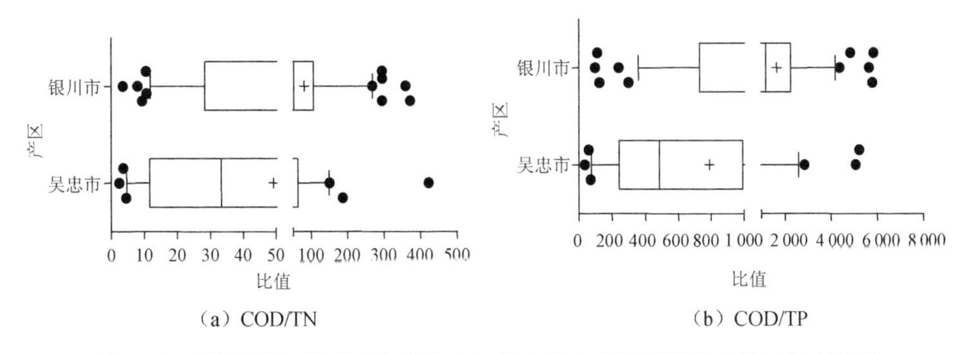

（a）COD/TN　（b）COD/TP

图 2-21　不同产区（银川市和吴忠市）酒庄废水 COD/TN 和 COD/TP 的变化

2.2.3 废水有机组分

葡萄酒生产废水中的多酚类物质对生物处理系统中微生物的活性具有抑制作用，从而影响处理效率。生物法处理废水，出水 COD 往往保持一定的值而无法降低，这部分 COD 应是难降解的多酚成分。采用福林-酚比色法测定葡萄酒生产废水中总酚的浓度（以没食子酸计）。生产季酒庄废水处理设施进水中总酚的浓度差异较大（图 2-22），浓度范围为 0.55～128.1 mg/L。比较不同月份进水中总酚浓度的结果来看，9 月、10 月总酚浓度中值相差不大，分别为 14.57 mg/L 和 14.22 mg/L；11 月进水中总酚浓度中值明显减小，为 10.72 mg/L。

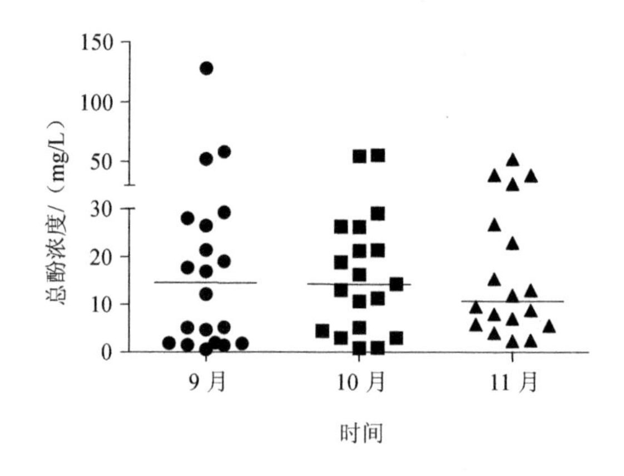

图 2-22　葡萄酒庄废水处理设施进水中总酚的浓度

对比研究了现有酒庄废水处理工艺对总酚的去除效果（图 2-23），结果表明，序批式生物膜反应器（SBBR）工艺对总酚的去除效果最好，去除率中值为 98.64%。厌氧/好氧（A/O）工艺对总酚的去除率中值为 96.61%，但有两个出水样品的总酚浓度较高，可能是管理不善导致设施运行不稳定。厌氧/缺氧/好氧（A^2/O）+膜生物反应器（MBR）工艺对总酚的去除率中值为 84.49%。

从地区差异来看（图 2-24），酒庄废水处理设施对总酚的去除效果为银川市好于吴忠市，这一差异主要可能是管理差异所致。

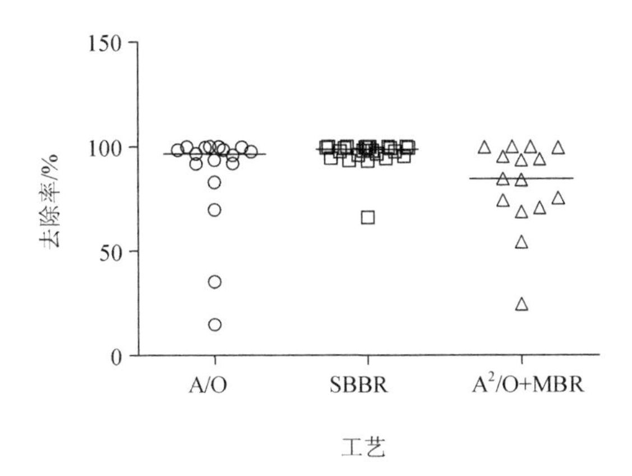

图 2-23　不同废水处理工艺对葡萄酒生产废水中总酚的去除效果

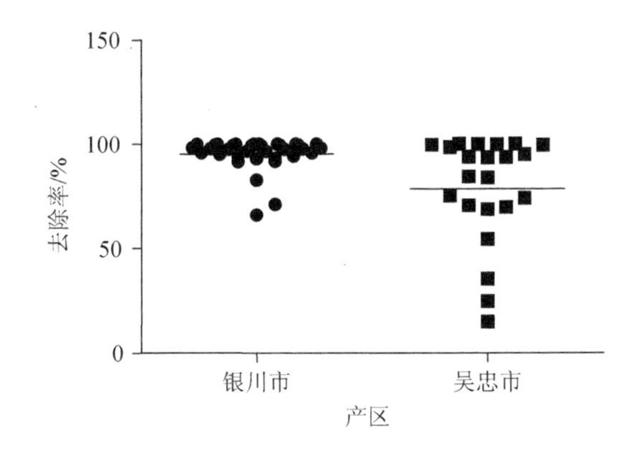

图 2-24　不同产区葡萄酒生产废水中总酚的去除效果

测定 9—11 月不同酒庄的废水处理设施进出水中糖、醇、酸等有机组分的浓度，具体结果分别见表 2-2 和表 2-3。

表 2-2　葡萄酒庄废水处理设施进水中有机组分的浓度

有机组分	最小值/（mg/L）	最大值/（mg/L）	中值/（mg/L）	平均值/（mg/L）	检出率/%
葡萄糖	17.04	223.90	102.90	97.32	100.0
果糖	2.07	347.52	46.83	48.84	99.2
甘油	0.51	150.27	50.55	59.94	88.9

有机组分	最小值/（mg/L）	最大值/（mg/L）	中值/（mg/L）	平均值/（mg/L）	检出率/%
乙醇	53.82	583.65	304.56	287.22	100.0
酒石酸	13.02	4 922.17	68.43	1 292.82	100.0
苹果酸	3.66	438.99	11.25	33.03	87.3
乳酸	6.33	498.57	15.93	76.47	67.3
乙酸	4.89	930.15	67.08	146.19	45.5
柠檬酸	3.54	241.59	5.19	20.64	42.7
丁二酸	7.26	350.61	16.44	29.37	80.0
丙酸	2.49	327.18	66.99	86.31	48.2

表 2-3　葡萄酒庄废水处理设施出水中有机组分的浓度

有机组分	最小值/（mg/L）	最大值/（mg/L）	中值/（mg/L）	平均值/（mg/L）	检出率/%
葡萄糖	2.40	49.42	25.47	23.08	96.4
果糖	1.02	25.01	6.98	8.24	87.3
甘油	0.04	26.39	8.35	9.41	69.1
乙醇	7.63	130.50	59.59	61.72	100.0
酒石酸	0.75	282.11	10.83	26.63	98.2
苹果酸	1.20	8.72	2.20	2.65	50.9
乳酸	1.82	6.75	2.59	2.93	20.0
乙酸	1.88	2.83	2.35	2.35	0.04
柠檬酸	ND	ND	ND	ND	0
丁二酸	1.98	27.23	3.33	5.00	32.7
丙酸	3.83	32.17	8.35	10.45	14.5

注：ND 表示未检出。

葡萄酒庄废水处理设施进水中的葡萄糖、酒石酸、乙醇、果糖的检出率最大，为 100%或接近 100%；其次是甘油、苹果酸和丁二酸；而乳酸、乙酸、柠檬酸和丙酸的检出率较低。出水中大部分有机组分的检出率较进水有明显降低的趋势。

2.2.4　重金属及其他污染物

对酒庄废水处理设施出水的总汞、镉、总砷、六价铬和铅 5 个指标进行检测（图 2-25）。出水中总汞的检出率为 42.9%，最大检出浓度为 0.2 μg/L，比标准值（0.001 mg/L）小。出水中镉的检出率为 19%，最大检出浓度为 0.16 μg/L，比标准值（0.01 mg/L）小。总砷只在一个酒庄出水样品中未检出，其最大检出浓度为 49.2 μg/L，比标准值（0.1 mg/L）小两个数量级。出水六价铬的检出率为 42.9%，最大检出浓度为 12 μg/L，比标准值（0.1 mg/L）小。铅在全部水样中均被检出，浓度范围为 0.29～49.7 μg/L，浓度中值为 0.625 μg/L，最大检出浓度比标准值（0.2 mg/L）小。总之，葡萄酒庄废水处理设施出水中重金属（或类金属）浓度低于《农田灌溉水质标准》（GB 5084—2021）的限值要求。

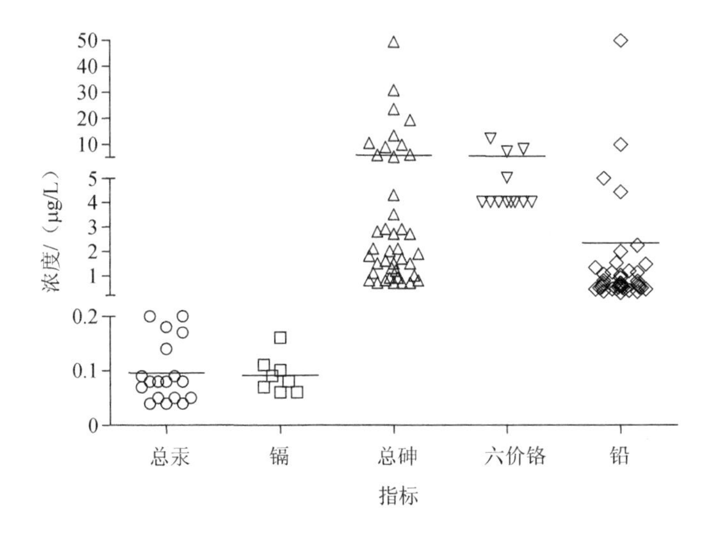

图 2-25　酒庄废水处理设施出水重金属（或类金属）的浓度

出水阴离子表面活性剂的检出率为 52.4%，最大检出浓度为 0.28 mg/L，远小于标准值（8 mg/L）。出水中硫化物的检出率为 23.8%，除一个酒庄废水样品（2.77 mg/L）中硫化物浓度超出标准值（1 mg/L）外，其他水样硫化物浓度均小于标准值（图 2-26）。

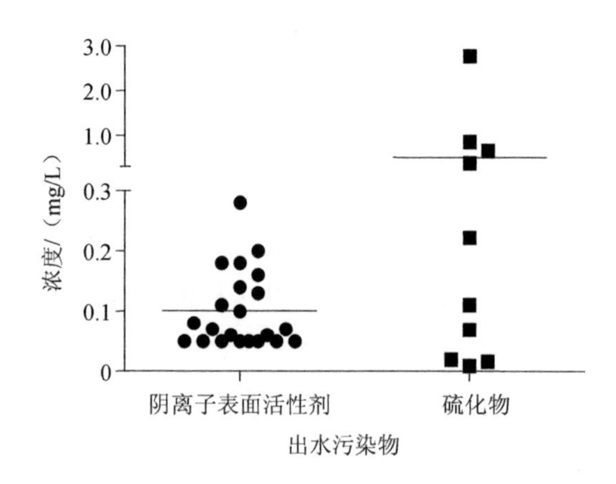

图 2-26 酒庄废水处理设施出水阴离子表面活性剂和硫化物的浓度

2.3 贺兰山东麓酒庄废水处理设施

直接排放未经处理的葡萄酒生产废水会对环境造成很大的危害；用于灌溉田园土地的废水会对土壤中微生物系统的平衡造成一定的影响（张晓，2015）。因此，选择合适的葡萄酒生产废水处理方法是必要的。

2.3.1 贺兰山东麓葡萄酒庄废水处理工艺选择

本节统计了已建成的 79 家酒庄的废水处理工艺，如图 2-27 所示。目前，贺兰山东麓葡萄酒庄废水主要采用 SBR、SBBR、A/O、A^2/O 等生化处理主体工艺，各工艺占比分别约为 22.78%、16.46%、35.44%、20.25%，另有约 5.06%的酒庄采用其他生化处理工艺。

目前，酒庄采用的废水处理工艺主要参考生活污水的处理工艺流程，各主要产区的废水处理工艺分布如图 2-28 所示。银川市酒庄主要采用 SBR 和 SBBR 工艺的占比为 70.5%，A/O 工艺占比为 20.5%。吴忠市产区内，青铜峡市酒庄全部采用 A/O 工艺，而红寺堡区全部采用以 A^2/O 为主体的工艺。

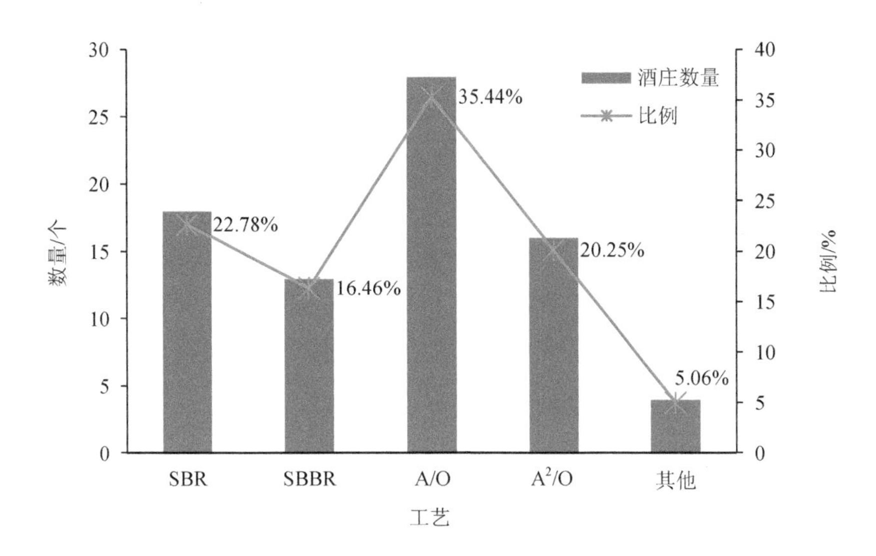

图 2-27　酒庄废水处理工艺

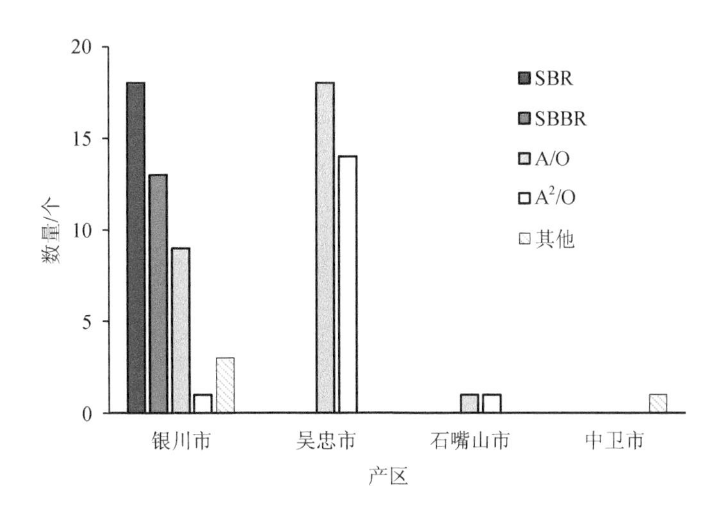

图 2-28　不同产区葡萄酒庄废水处理工艺分布

2.3.2 贺兰山东麓酒庄废水处理设施的运行管理

目前，贺兰山东麓酒庄废水处理设施主要采用第三方运行维护（简称第三方运维）和自行管理两种运行管理模式（图 2-29），且以第三方运维为主，其采用数量占全区酒庄数量的 82.3%。银川市酒庄中采用第三方运维的酒庄数量占全市酒庄数量的 84.1%，自行管理的占全市酒庄数量的 15.9%；在吴忠市产区内，青铜峡市酒庄中采用第三方运维的酒庄数量占全市酒庄数量的 77.8%，自行管理的占全市酒庄数量的 22.3%；红寺堡区酒庄全部采用第三方运维模式；石嘴山市和中卫市的 3 个酒庄则采用自行管理模式。

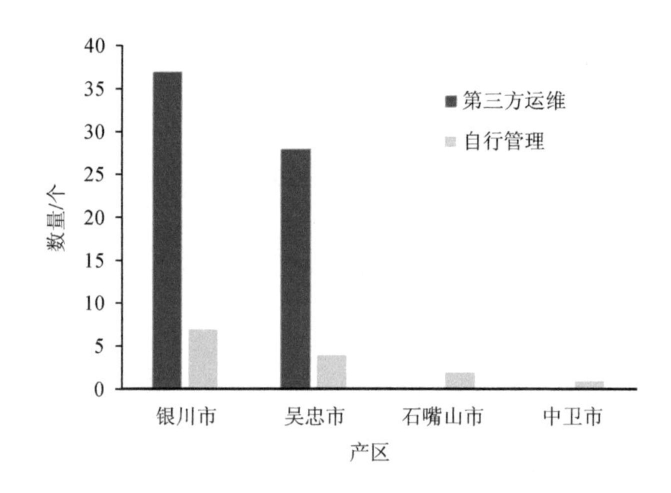

图 2-29 酒庄运行管理模式统计

2.3.3 贺兰山东麓酒庄废水处理效果

2018 年以前，由于产区没有明确规定酒庄废水的排放标准，大部分酒庄的废水经简单沉降或生化处理后用于绿化灌溉。2018 年以后，产区统一要求酒庄废水处理出水水质须达到《农田灌溉水质标准》（GB 5084—2005 或 GB 5084—2021）的要求，并确定酒庄废水处理设施的出水处理达标后全部用于绿化灌溉。对于废水排入城镇下水管网的酒庄，要求酒庄废水达到《污水排入城镇下水道水质标准》（GB/T 31962—2015）要求，获得排污许可之后，排入城镇下水管网。

从 2020 年 9 月生产季开始至 12 月底，每两周采样一次，检测分析了 20 家酒庄整改后废水处理设施运行效果（图 2-30）。

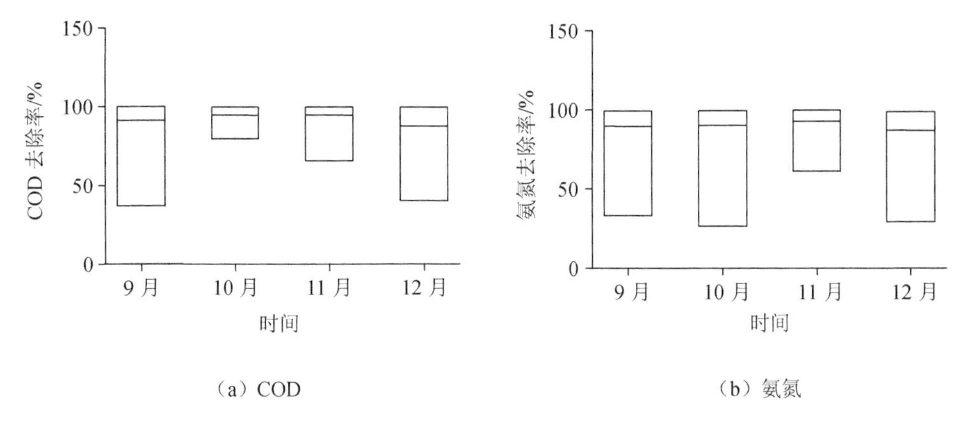

（a）COD （b）氨氮

图 2-30 生产季不同月份酒庄废水中 COD 和氨氮的去除效果

生产季 9 月废水产生量与非生产季废水产生量相比显著增加，水量冲击导致个别酒庄废水处理设施运行不稳定，9 月 COD 和氨氮去除率平均值分别为 91.4%和 89.7%；10—11 月，废水处理设施运行相对平稳，COD 去除率可达 94.5%，氨氮去除率也达 90%以上。12 月，受气温影响，生化处理效果减弱，COD 和氨氮去除率的平均值均降至 90%以下，分别为 87.6%和 87%。此外，一些酒庄特别是红寺堡区的酒庄，12 月废水处理设施停止运行，废水集中收集在集水池或调节池中。

所调查的 20 家酒庄的废水处理工艺主要包括 A/O、SBBR（或 SBR）、A^2/O+MBR 3 种（图 2-31），结果显示，3 种工艺的处理效果没有显著差异，COD 平均去除率均在 90%以上，3 种工艺的 COD 去除率分别为 92.1%、93.8%和 90.3%。从氨氮去除率来看，A/O 工艺氨氮去除率显著低于 SBBR 及 A^2/O+MBR 工艺，3 种工艺的氨氮平均去除率分别为 86.3%、91.6%和 94.5%。

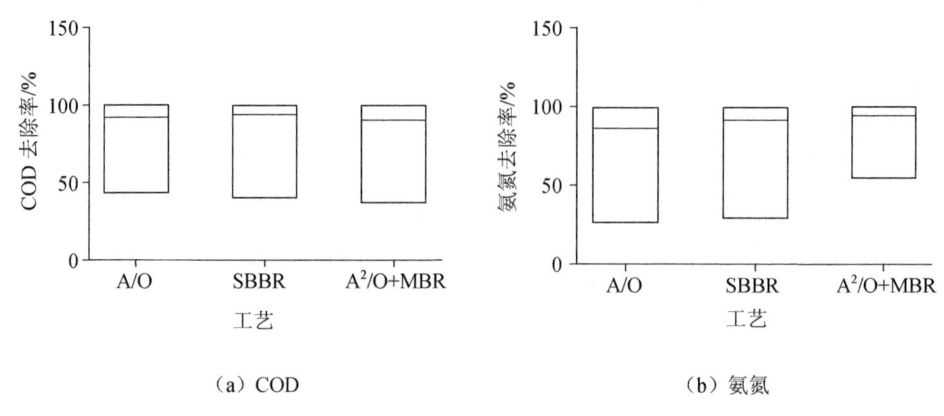

（a）COD （b）氨氮

图 2-31 不同工艺对酒庄废水中 COD 和氨氮的去除效果

2.4 贺兰山东麓葡萄酒废水产生总量及污染物排放量估算

2.4.1 单位产品废水及污染物产量核算

2.4.1.1 单位产品废水产量核算

在统计酒庄全年废水产生量和实际产能的基础上，计算 2020 年部分酒庄的每千升葡萄酒的废水产生量，结果如表 2-4 所示。以全年废水量计，贺兰山东麓代表性酒庄单位产品废水产生量范围为 0.7～47.7 t/kL，平均生产每千升葡萄酒产生废水 8.23 t；以生产季废水量计，单位产品废水产生量范围为 0.1～36.9 t/kL，平均生产每千升葡萄酒产生废水 5.96 t。名麓酒庄和海香苑酒庄的单位产品废水产生量过大，可能是酒庄实际产能较小，旅游接待产生的废水产量相对较大，导致计算结果偏大。此外，单位产品废水产生量与酒庄规模、产区没有显著相关性。

表 2-4　代表性酒庄单位产品废水产生量统计　　单位：t/kL

酒庄名称	单位产品废水产生量		酒庄名称	单位产品废水产生量	
	生产季	全年		生产季	全年
贺金樽	0.70	0.70	西夏王 1	1.60	5.00
留世	0.80	0.90	利思	3.00	5.80
汉森	0.10	1.00	圆润	5.50	6.40
华昊	1.70	1.70	西鸽	3.10	7.10
康龙	1.70	1.90	贺兰珍堡	7.30	8.30
博纳佰馥	2.30	2.40	沃尔丰	8.60	10.60
中贺	1.30	2.40	仁益源	6.70	11.10
兰贝	2.50	2.50	贺兰晴雪	8.50	12.50
红寺堡	0.90	2.50	迦南美地	11.00	12.60
怡园	2.10	2.60	西夏王 2	5.30	12.90
维加妮	3.30	4.00	名麓	28.70	34.00
蒲尚	4.30	4.30	海香苑	36.90	47.70
天德	1.10	4.80	平均	5.96	8.23

2.4.1.2　单位产品污染物产量核算

以贺兰山东麓各产区的代表性酒庄为对象，根据酒庄生产季、非生产季逐月水质指标浓度和逐月废水产生量，结合酒庄实际产能，核算单位产品的污染物产生量。核算公式如式（2-1）和式（2-2）所示。

$$P_1 = \frac{\sum_{i=1}^{12} C_i Q_i}{12 \times 1\,000} \tag{2-1}$$

$$P_2 = \frac{\sum_{i=1}^{4} C_i Q_i}{4 \times 1\,000} \tag{2-2}$$

式中，P_1 ——酒庄全年排放污染物计算的每千升葡萄酒的污染物产生量，kg/kL；

P_2 ——酒庄生产季（9—12 月）排放污染物计算的每千升葡萄酒的污染物产生量，kg/kL；

C_i ——酒庄的逐月平均水质指标浓度，mg/L；

Q_i ——逐月水量，t。

表 2-5 为酒庄单位产品污染物产生量的核算结果。

表 2-5　酒庄单位产品污染物产生量　　单位：kg/kL

酒庄名称	全年				生产季			
	COD	氨氮	TN	TP	COD	氨氮	TN	TP
贺兰晴雪	12.705	0.311	0.387	0.040	11.090	0.250	0.230	0.008
迦南美地	12.653	0.380	0.434	0.023	12.007	0.355	0.369	0.010
贺兰珍堡	10.226	0.073	0.171	0.017	9.842	0.059	0.133	0.009
仁益源	30.078	0.238	0.727	0.049	28.335	0.172	0.553	0.014
贺金樽	1.623	0.010	0.024	0.001	1.618	0.010	0.024	0.000
利思	9.487	0.144	0.353	0.026	8.397	0.104	0.244	0.004
怡园	3.119	0.068	—	—	2.889	0.059	—	—
维加妮	4.003	0.079	0.099	0.009	3.708	0.068	0.070	0.004
华昊	2.385	0.027	0.036	0.002	2.385	0.027	0.036	0.002
西夏王	12.165	0.257	0.465	0.067	9.145	0.143	0.163	0.007
红寺堡	—	—	—	—	1.647	0.031	0.031	0.002
天德	—	—	—	—	1.012	0.048	0.065	0.003
中贺	—	—	—	—	2.780	0.067	0.067	0.004
康龙	—	—	—	—	0.772	0.013	0.019	0.001
汉森	—	—	—	—	0.101	0.007	0.006	0.001
平均	9.844	0.159	0.300	0.026	6.382	0.094	0.144	0.005

注：红寺堡区的 5 个酒庄因缺少非生产季的数据，未进行全年核算。

如表 2-5 和图 2-32 所示，以酒庄全年排放污染物计算的每千升葡萄酒 COD、氨氮、TN、TP 产生量分别为 1.623～30.078 kg/kL、0.01～0.38 kg/kL、0.024～0.727 kg/kL、0.001～0.067 kg/kL，平均值分别为 9.844 kg/kL、0.159 kg/kL、0.3 kg/kL 和 0.026 kg/kL。

以酒庄生产季排放污染物计算的每千升葡萄酒 COD、氨氮、TN、TP 产生量分别为 0.101～28.335kg/kL、0.007～0.355 kg/kL、0.006～0.553 kg/kL、0.001～0.014 kg/kL，平均值分别为 6.382 kg/kL、0.094 kg/kL、0.144 kg/kL 和 0.005 kg/kL。

以酒庄生产季排放污染物计算的每千升葡萄酒的污染物产生量要小于以酒庄全年排放污染物计算的值，前者计算的单位产品 COD、氨氮、TN 和 TP 平均产生量分别是后者计算值的 64.8%、59.1%、48%和 19.2%。

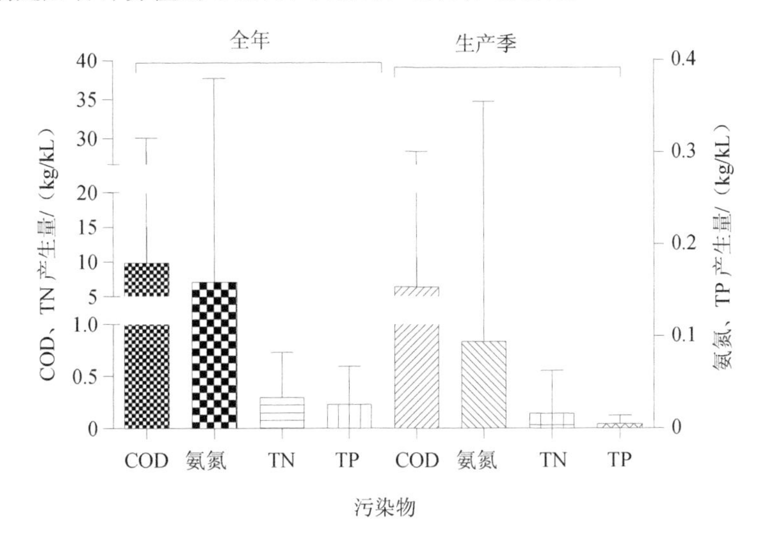

图 2-32　单位产品污染物产生量

2.4.2　各产区酒庄废水产生总量估算

以 2020 年贺兰山东麓各产区酿酒葡萄种植面积为基础，以亩产 300～500 kg 葡萄、出汁率 60%计算葡萄酒产量；结合以酒庄全年排放污染物计算的每千升葡萄酒废水产生量的平均值，估算各产区的废水产生量，结果如表 2-6 所示。

表 2-6　贺兰山东麓各产区酒庄废水产生量

区域	酿酒葡萄面积/万亩	葡萄产量/万 t		葡萄酒产量/$\times 10^7$ L	废水产生量/万 t
		300 kg/亩计	500 kg/亩计		
银川市	17.54	5.262	8.770	3.157～5.262	17.049～28.415
金凤区	0.52	0.156	0.260	0.094～0.156	0.505～0.842

区域	酿酒葡萄面积/万亩	葡萄产量/万 t		葡萄酒产量/×10^7 L	废水产生量/万 t
		300 kg/亩计	500 kg/亩计		
西夏区	4.33	1.299	2.165	0.779～1.299	4.209～7.015
永宁县	10.56	3.168	5.280	1.901～3.168	10.264～17.107
贺兰县	2.13	0.639	1.065	0.383～0.639	2.070～3.451
吴忠市	24.64	7.392	12.320	4.435～7.392	23.950～39.917
青铜峡市	11.88	3.564	5.940	2.138～3.564	11.547～19.246
利通区	0.09	0.027	0.045	0.016～0.027	0.087～0.146
红寺堡区	10.81	3.243	5.405	1.946～3.243	10.507～17.512
同心县	1.86	0.558	0.930	0.335～0.558	1.808～3.013
中卫市	0.20	0.060	0.100	0.036～0.060	0.194～0.324
沙坡头区	0.20	0.060	0.100	0.036～0.060	0.194～0.324
石嘴山市	0.70	0.210	0.350	0.126～0.210	0.680～1.134
大武口区	0.24	0.072	0.120	0.043～0.072	0.233～0.389
惠农区	0.30	0.090	0.150	0.054～0.090	0.292～0.486
平罗县	0.16	0.048	0.080	0.029～0.048	0.156～0.259
农垦集团	6.11	1.833	3.055	1.100～1.833	5.939～9.898
合　计	49.19	14.757	24.595	8.854～14.757	47.812～79.688

注：产酒量以出汁率为 60%计算。

2.4.3 各产区酒庄废水污染物产生总量估算

以 2020 年贺兰山东麓各产区酿酒葡萄种植面积为基础，以亩产 300～500 kg 葡萄、出汁率 60%计；结合以酒庄污染物全年排放情况计算的每千升葡萄酒 COD、氨氮、TN 和 TP 产生量的平均值，估算各产区的污染物产生量，结果如表 2-7 所示。

表 2-7　贺兰山东麓产区葡萄产业污染物产生量统计

区域	酿酒葡萄面积/万亩	葡萄产量/万 t		葡萄酒产量/×10^7 L		主要污染物产生量/t			
		300 kg/亩计	500 kg/亩计			COD	氨氮	TN	TP
银川市	17.54	5.262	8.770	3.157	5.262	310.795～517.991	5.020～8.367	8.524～14.207	0.726～1.210
金凤区	0.52	0.156	0.260	0.094	0.156	9.214～15.357	0.149～0.248	0.253～0.421	0.022～0.036
西夏区	4.33	1.299	2.165	0.779	1.299	76.724～127.874	1.239～2.065	2.104～3.507	0.179～0.299
永宁县	10.56	3.168	5.280	1.901	3.168	187.115～311.858	3.022～5.037	5.132～8.554	0.437～0.729
贺兰县	2.13	0.639	1.065	0.383	0.639	37.742～62.903	0.610～1.016	1.035～1.725	0.088～0.147
吴忠市	24.64	7.392	12.320	4.435	7.392	436.601～727.668	7.052～11.753	11.975～19.958	1.020～1.700
青铜峡市	11.88	3.564	5.940	2.138	3.564	210.504～350.840	3.400～5.667	5.774～9.623	0.492～0.820
利通区	0.09	0.027	0.045	0.016	0.027	1.595～2.658	0.026～0.043	0.044～0.073	0.004～0.006
红寺堡区	10.81	3.243	5.405	1.946	3.243	191.545～319.241	3.094～5.156	5.254～8.756	0.448～0.746
同心县	1.86	0.558	0.930	0.335	0.558	32.958～54.930	0.532～0.887	0.904～1.507	0.077～0.128
中卫市	0.2	0.060	0.100	0.036	0.060	3.544～5.906	0.057～0.095	0.097～0.162	0.008～0.014
沙坡头区	0.2	0.060	0.100	0.036	0.060	3.544～5.906	0.057～0.095	0.097～0.162	0.008～0.014
石嘴山市	0.7	0.210	0.350	0.126	0.210	12.403～20.672	0.200～0.334	0.340～0.567	0.029～0.048
大武口区	0.24	0.072	0.120	0.043	0.072	4.253～7.088	0.069～0.114	0.117～0.194	0.010～0.017
惠农区	0.3	0.090	0.150	0.054	0.090	5.316～8.860	0.086～0.143	0.146～0.243	0.012～0.021
平罗县	0.16	0.048	0.080	0.029	0.048	2.835～4.725	0.046～0.076	0.078～0.130	0.007～0.011
农垦集团	6.11	1.833	3.055	1.100	1.833	108.264～180.441	1.749～2.914	2.969～4.949	0.253～0.422
合　计	49.19	14.757	24.595	8.854	14.757	871.607～1 452.678	14.078～23.463	23.905～39.843	2.036～3.394

以处理效率 90%计，估算出各产区 COD、氨氮、TN、TP 总消减量分别为 784.446～1 307.411 t、12.671～21.118 t、21.516～35.86 t、1.833～3.055 t（表 2-8）；核算出各产区 COD、氨氮、TN、TP 总排放量分别为 87.159～145.268 t、1.408～2.346 t、2.391～3.985 t、0.204～0.339 t（表 2-9）。

表 2-8　贺兰山东麓产区葡萄产业污染物消减量估算　　单位：t

区　域	主要污染物削减量			
	COD	氨氮	TN	TP
银川市	279.715～466.192	4.518～7.530	7.672～12.787	0.654～1.089
金凤区	8.293～13.821	0.134～0.223	0.227～0.379	0.019～0.032
西夏区	69.052～115.086	1.115～1.859	1.894～3.157	0.161～0.269
永宁县	168.403～280.672	2.720～4.533	4.619～7.698	0.393～0.656
贺兰县	33.968～56.613	0.549～0.914	0.932～1.553	0.079～0.132
吴忠市	392.941～654.902	6.347～10.578	10.778～17.963	0.918～1.530
青铜峡市	189.454～315.756	3.060～5.100	5.196～8.661	0.443～0.738
利通区	1.435～2.392	0.023～0.039	0.039～0.066	0.003～0.006
红寺堡区	172.390～287.317	2.784～4.641	4.728～7.880	0.403～0.671
同心县	29.662～49.437	0.479～0.798	0.814～1.356	0.069～0.116
中卫市	3.189～5.316	0.052～0.086	0.087～0.146	0.007～0.012
沙坡头区	3.189～5.316	0.052～0.086	0.087～0.146	0.007～0.012
石嘴山市	11.163～18.605	0.180～0.301	0.306～0.510	0.026～0.043
大武口区	3.827～6.379	0.062～0.103	0.105～0.175	0.009～0.015
惠农区	4.784～7.974	0.077～0.129	0.131～0.219	0.011～0.019
平罗县	2.552～4.253	0.041～0.069	0.070～0.117	0.006～0.010
农垦集团	97.438～162.396	1.574～2.623	2.673～4.454	0.228～0.379
合　计	784.446～1 307.411	12.671～21.118	21.516～35.860	1.833～3.053

表 2-9　贺兰山东麓产区葡萄产业污染物排放量估算　单位：t

区　域	主要污染物排放量			
	COD	氨氮	TN	TP
银川市	31.079～51.799	0.502～0.837	0.852～1.421	0.073～0.121
金凤区	0.921～1.536	0.015～0.025	0.025～0.042	0.002～0.004
西夏区	7.672～12.787	0.124～0.207	0.210～0.351	0.018～0.030
永宁县	18.711～31.186	0.302～0.504	0.513～0.855	0.044～0.073
贺兰县	3.774～6.290	0.061～0.102	0.104～0.173	0.009～0.015
吴忠市	43.660～72.767	0.705～1.175	1.198～1.996	0.102～0.170
青铜峡市	21.050～35.084	0.340～0.567	0.577～0.962	0.049～0.082
利通区	0.159～0.266	0.003～0.004	0.004～0.007	0.000～0.001
红寺堡区	19.154～31.924	0.309～0.516	0.525～0.876	0.045～0.075
同心县	3.296～5.493	0.053～0.089	0.090～0.151	0.008～0.013
中卫市	0.354～0.591	0.006～0.010	0.010～0.016	0.001～0.001
沙坡头区	0.354～0.591	0.006～0.010	0.010～0.016	0.001～0.001
石嘴山市	1.240～2.067	0.020～0.033	0.034～0.057	0.003～0.005
大武口区	0.425～0.709	0.007～0.011	0.012～0.019	0.001～0.002
惠农区	0.532～0.886	0.009～0.014	0.015～0.024	0.001～0.002
平罗县	0.284～0.473	0.005～0.008	0.008～0.013	0.001～0.001
农垦集团	10.826～18.044	0.175～0.291	0.297～0.495	0.025～0.042
合计	87.159～145.268	1.408～2.346	2.391～3.985	0.204～0.339

2.5　小结

①贺兰山东麓中小型酒庄在非生产季用水较少，所调查的 22 家中小型酒庄在非生产季平均废水产生量 128 t，占全年废水总量的 18.2%；生产季废水产生量明显增加，各酒庄每月产生废水的量占全年各酒庄总量的比例不同。大型酒庄在非生产季往往会进行葡萄酒灌装，亦会产生较大的废水量，因而生产季和非生产季废水量差异相对较小，平均每月废水产生量为 878～2 356 t，从全年来看，1—7 月和 8—12 月的废水量基本均占全年总废水量的 50%左右。

②酒庄生产季废水处理设施进出水 COD 浓度范围为 112.9～9 493 mg/L，氨

氮浓度范围为 1.329～316 mg/L，TN 浓度范围为 3.5～229.7 mg/L，TP 浓度范围 0.059～5.937 mg/L。生产季酒庄废水存在水质变化大、总体呈酸性的特征。

③贺兰山东麓两个主要产区中，吴忠市酒庄废水 pH 高于银川市酒庄，处理后废水 pH 为 5.9～8.9；电导率值变化范围较大，吴忠市酒庄废水电导率中值为 1 059 μS/cm，银川市酒庄废水电导率中值为 1 394 μS/cm，银川市酒庄废水电导率略大于吴忠市酒庄。按电导率与全盐量比值 0.55 计，酒庄的出水含盐量基本低于标准值，个别酒庄存在超标现象。

④银川市酒庄废水 COD、TN 浓度显著大于吴忠市酒庄，银川市和吴忠市酒庄出水 COD、TN 均值分别为 100 mg/L、6.71 mg/L 和 65 mg/L、12.27 mg/L，符合农田灌溉水质标准。但需要注意的是，个别酒庄存在出水 COD 超标情况。银川市酒庄氨氮、TP 浓度显著低于吴忠市酒庄，两市氨氮、TP 浓度均值分别为 2.16 mg/L、0.89 mg/L 和 2.51 mg/L、1.23 mg/L。

⑤生产季酒庄废水处理设施进水总酚的浓度差异较大，浓度范围为 0.55～128.1 mg/L。废水总酚浓度呈现 9—10 月较高，11 月明显下降的趋势。现有工艺中，SBBR 工艺对总酚的去除效果最好，去除率中值为 98.64%，其次是 A/O 工艺，A^2/O+MBR 工艺对总酚的去除率较低。银川市酒庄废水处理设施对总酚的去除效果优于吴忠市酒庄，其主要原因可能与两地工艺选择有关，同时，运行管理水平也会对去除效果造成一定的影响。

⑥酒庄废水处理设施的出水总汞浓度为 0.04～0.2 μg/L、镉浓度为 0.06～0.16 μg/L、总砷浓度为 0.7～49.2 μg/L、六价铬浓度为 4～12 μg/L、铅浓度为 0.29～49.7 μg/L，其中总汞的检出率为 42.9%，镉的检出率为 19%，六价铬的检出率为 42.9%，铅在全部水样中均被检出，各种重金属（或类金属）浓度较低，均符合标准值；出水阴离子表面活性剂的检出率为 52.4%，硫化物的检出率为 23.8%，均低于标准值。

⑦酒庄废水中的 COD/TN 值基本为 10～300，COD/TP 值基本为 6～5 000，与常规的 C∶N∶P=100∶5∶1 相比，葡萄酒废水的氮磷量明显小于常规生活污水，氮磷相对缺乏，同时，生产季中各月份的废水碳氮磷营养比存在差异。两个主要产区中，银川市酒庄相比于吴忠市酒庄，废水中更加缺乏氮磷。在实际运行中，应根据水质营养特征，有差异地进行运行控制。

⑧贺兰山东麓酒庄废水处理设施建设率为100%，处理工艺以SBR、SBBR、A/O、A^2/O 等生化处理工艺为主，各工艺占比依次为 22.78%、16.46%、35.44%和20.25%。其中，A^2/O 占比较高。银川市的酒庄多采用SBR、SBBR、A/O等工艺，其中SBR和SBBR两种工艺占比70.5%；青铜峡市全部采用以A/O工艺，红寺堡区采样 A^2/O 为主体的工艺。废水处理设施采用第三方运行维护和酒庄自行管理两种运行管理模式，且以第三方运行维护为主。

⑨调研了20家酒庄生产季废水处理效果，9—11月COD去除率平均值达到91%以上；12月，受气温影响，生化处理效果减弱，COD去除率平均值降至90%以下。A/O、SBR或SBBR、A^2/O 等不同工艺对葡萄酒废水的处理效果没有显著差异，COD去除率平均值为90.3%～93.8%。

⑩以全年废水量计，贺兰山东麓酒庄单位产品废水产生量范围为 0.7～47.7 t/kL，平均生产每千升葡萄酒产生废水8.23 t；以生产季废水量计，单位产品废水产生量范围为 0.1～36.9 t/kL，平均每生产每千升酒产生废水 5.96 t。酒庄生产每千升葡萄酒的 COD、氨氮、总氮和总磷产生量平均值依次为 9.844 kg/kL、0.159 kg/kL、0.3 kg/kL 和 0.026 kg/kL。

⑪以 2020 年贺兰山东麓各产区酿酒葡萄种植面积为依据，按每亩产 300～500 kg 葡萄、出汁率60%计，整个产区COD、氨氮、总氮、总磷的总产生量分别为871.607～1452.678 t、14.078～23.463 t、23.905～39.843 t和2.036～3.394 t，COD、氨氮、总氮和总磷的总排放量分别为87.159～145.268 t、1.408～2.346 t、2.391～3.985 t和0.204～0.339 t。

第 3 章　贺兰山东麓葡萄酒生产固体废物处理

3.1　贺兰山东麓葡萄酒固体废物产生现状

3.1.1　贺兰山东麓葡萄酒固体废物来源

贺兰山东麓葡萄酒生产固体废物贯穿于酿酒葡萄种植、葡萄酒加工全过程，分为种植固体废物和生产固体废物两部分。种植固体废物主要由酿酒葡萄剪枝产生；生产固体废物为葡萄酒加工副产物，包括葡萄前处理、酿造过程中产生的葡萄梗、皮渣和酒泥等（Soceanu et al.，2020；朱翠霞等，2008）。

①葡萄剪枝，发生在葡萄种植过程中，从葡萄抹芽至冬末的时期；

②葡萄梗、烂果来自前处理工序，由原料分选流程、除梗破碎机将不合格颗粒、果梗去除。

③皮渣、葡萄籽的产生环节因酿制的葡萄酒类型不同而有区别，如白葡萄酒加工产生的皮渣来自压榨工序，即葡萄压榨后，通过气囊挤压，将皮渣和葡萄汁分离，葡萄汁进罐发酵，皮渣则形成固体废物；红葡萄酒加工产生的皮渣来自发酵工艺，即葡萄压榨后，葡萄皮、葡萄籽与果肉、葡萄汁一起进发酵罐，经酒精发酵后，皮渣沉于罐底，清理后形成固体废物。

④酒泥来自发酵工序，苹乳发酵后，上清液形成原酒，罐底的沉淀物为酒泥，清理后形成固体废物。

3.1.2　贺兰山东麓葡萄酒生产固体废物排放特征

为了解贺兰山东麓葡萄酒生产固体废物的产生环节和产生量，以典型小、中型葡萄酒庄为对象，通过现场测定以及工艺流程和物料平衡分析，揭示贺兰山东麓葡萄酒生产固体废物排放特征。

3.1.2.1　典型小型酒庄葡萄酒生产固体废物排放特征

（1）干红葡萄酒加工

该酒庄的干红葡萄酒产量为 258 t（2018 年）。酒庄干红葡萄酒加工工艺流程主要分为前处理、酒精发酵、苹乳发酵、贮存或陈酿、稳定性处理、灌装等部分。其工艺流程、葡萄压榨现场及工艺设备，分别见图 3-1 和图 3-2。

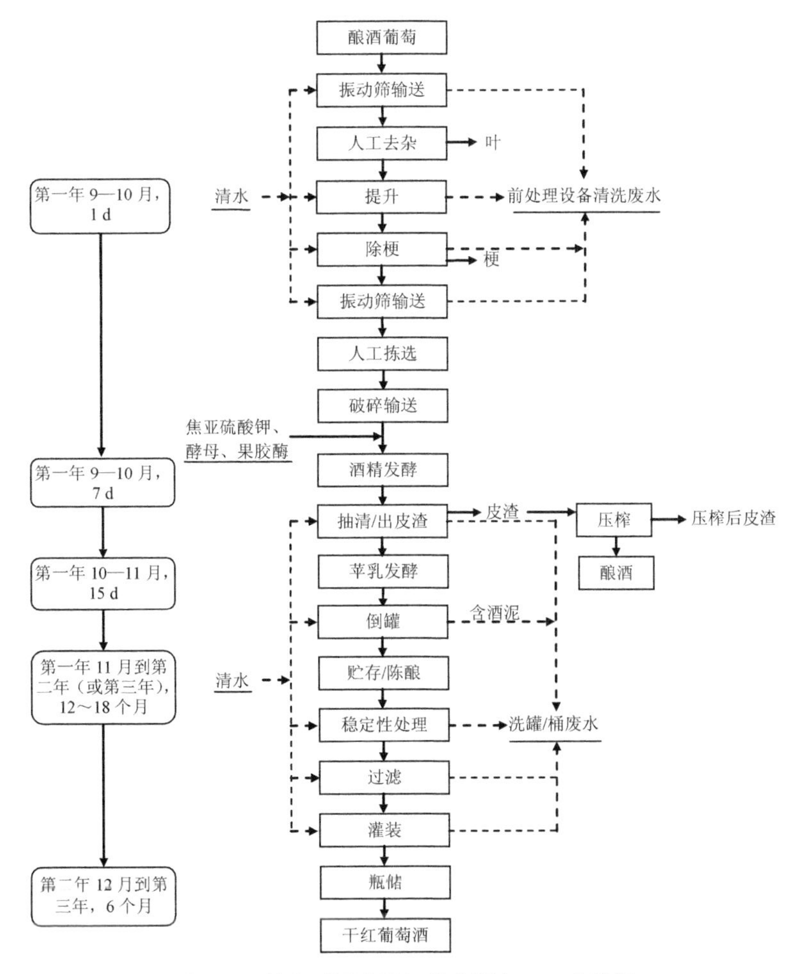

图 3-1　某小型酒庄干红葡萄酒加工工艺流程

（a）压榨现场

（b）工艺设备

图 3-2 葡萄压榨现场及工艺设备

①葡萄原料前处理。新采摘的葡萄无须清洗，先置于振动筛上，人工拣出葡萄叶，分选后的葡萄由皮带输送机送至除梗机，除去葡萄梗和部分青果，除梗的同时部分葡萄被破碎并泵入酒精发酵罐，剩余葡萄再次经人工拣选后，通过管道破碎后输送进入酒精发酵罐，同时泵入焦亚硫酸钾溶液（提供 SO_2）、果胶酶及酵母。

2019 年 9 月开展现场测试，前处理工序相关数据见表 3-1、表 3-2（原料为赤霞珠）。

表 3-1 葡萄原料重量

编号	原料重+框重/kg	框重/kg	原料重/kg
1	20.15	2	18.15
2	24.40	2	22.40
3	21.40	2	19.40
4	20.15	2	18.15
5	21.15	2	19.15
合计			97.25

表 3-2　叶、梗等杂物重量

类别	原料重+框重/kg	框重/kg	原料重/kg
青果	2.35	1.70	0.65
葡萄梗	7.90	2	5.90
叶	2.15	2	0.15

通过计算，前处理阶段各项物料占比数据见表 3-3。

表 3-3　原料中各项物料占比

编号	类别	物料重量/kg	占比/%
1	葡萄	90.55	93.11
2	青果	0.65	0.67
3	葡萄梗	5.90	6.07
4	叶	0.15	0.15

②酒精发酵及分离压榨。在泵入葡萄的酒精发酵罐中，添加葡萄酒专用发酵酵母，经浸渍后进行控温发酵，使葡萄中的糖分发酵转化为酒精，酒精发酵时间约两周（李华等，2019）。

酒精发酵结束后，葡萄浆自流导出，皮渣被收集。由于葡萄皮渣中还有一部分葡萄酒液，需要将葡萄皮渣输送至气囊压榨机中进行压榨，获得压榨酒，压榨后皮渣可外售用于饲料加工。2019 年检测了压榨后皮渣含水率，为 56.11%。2020 年补充检测了皮渣压榨前后的水分、糖、酸含量，结果表明，皮渣含水率经压榨后从 73.04%降至 57.65%。

该酒庄酒精发酵罐容积 10 kL，入料葡萄浆 9t，出清汁 6 t，对排出的皮渣使用气囊压榨机进行压榨，得到压榨汁 1 t。据此可计算得到酒精发酵出汁率（表 3-4）。

表 3-4　酒精发酵出汁率

葡萄原料/t	葡萄浆/t	清汁/t	压榨汁/t	酒精发酵出汁率/%
9.67	9	6	1	72.39

③苹乳发酵，即苹果酸-乳酸发酵。葡萄发酵完成后获得的初酿葡萄酒口感酸

涩、酒味浓烈、酸度较高，将其导入苹乳发酵罐，在乳酸菌的作用下将苹果酸转化为乳酸和 CO_2，酸度下降。二次发酵温度 20～25℃，发酵时间约半个月。

苹乳发酵罐容积 10 kL，入料 10 m^3，出清汁 9.946 m^3，排出酒泥约 54 L，酒泥不经处理，全部进入废水。全过程出汁率计算见表 3-5。

表 3-5 全过程出汁率

苹乳发酵入料/m^3	清汁/m^3	酒精发酵出汁率/%	全过程出汁率/%
10	9.946	72.39	72.00

④陈酿。苹乳发酵后的葡萄酒用泵转入橡木桶进行陈酿，酒泥随洗罐废水排出。陈酿时间为 3～18 个月。

⑤灌装。通过灌装设备，将经硅藻土过滤后的成品葡萄酒定量装入清洗后的酒瓶，分装后的瓶装酒送入酒线检测工序。检测合格的瓶装酒经烘干、贴签、缩帽、喷码后装箱打包入库，以待销售。

该酒庄葡萄酒加工工艺设备先进，特别是前处理工序基本全部采用国外或国内先进设备，前处理工序原料资源利用率高。

（2）物料平衡

根据该酒庄葡萄酒加工相关测试数据，绘制物料平衡图（图 3-3），其中，CO_2 产生量以产品中乙醇体积分数的 13.5%计算得出。

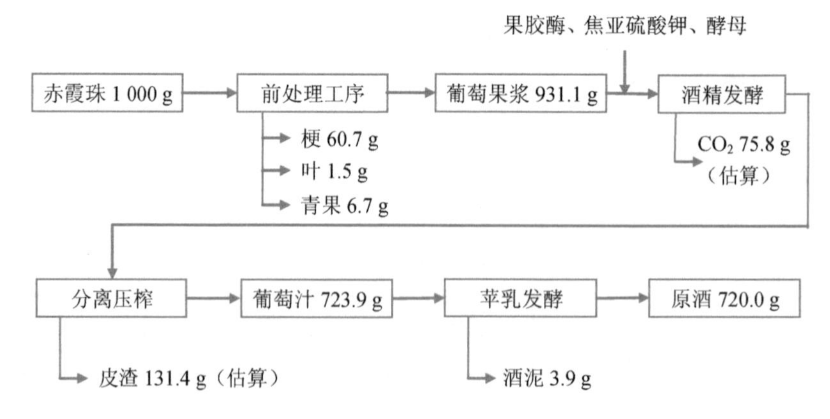

图 3-3 干红葡萄酒加工过程的物料平衡（以重量百分比计）

结合现场测试和物料平衡，该酒庄选赤霞珠作原料生产干红葡萄酒，酒精发酵出汁率约为 72.39%，全过程出汁率约为 72%，皮渣产生量约为 182.5 kg/kL 原酒，酒泥产生量约为 5.42 kg/kL 原酒。由于原酒灌装时间不定，以前几年平均出酒率计算该酒庄的出酒率，其值约为 62%，以该出酒率计算生产每千升产品的皮渣产生量，其值约为 211.94 kg/kL，酒泥产生量约为 6.29 kg/kL。

3.1.2.2　典型中型酒庄葡萄酒生产固体废物排放特征

（1）干红葡萄酒加工

该酒庄 2018 年干红葡萄酒产量为 1 100 t。酒庄的干红葡萄酒加工工艺流程主要包括前处理、酒精发酵、苹乳发酵、贮酒或陈酿、稳定性处理、灌装等部分。其工艺流程见图 3-4，压榨现场及工艺设备见图 3-5。

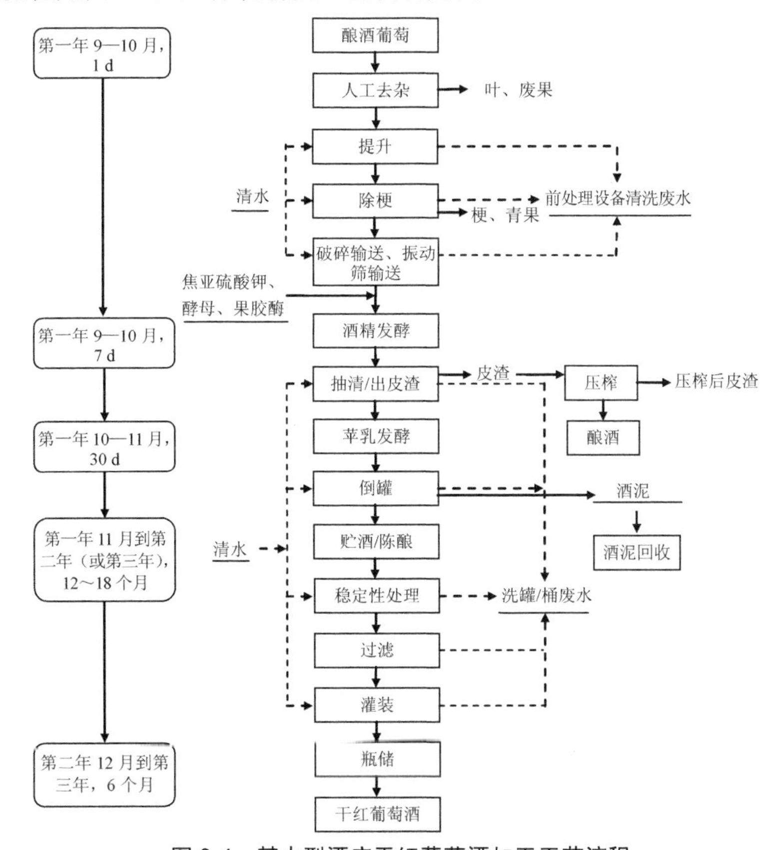

图 3-4　某中型酒庄干红葡萄酒加工工艺流程

（a）压榨现场

（b）工艺设备

图 3-5 压榨现场及工艺设备

①葡萄原料前处理。新采摘的葡萄无须清洗，在传送带上由人工拣出葡萄叶、废果，分选后的葡萄由皮带输送机提升，送至除梗机除去葡萄梗和部分青果，除梗后的葡萄浆泵入酒精发酵罐，同时泵入焦亚硫酸钾溶液（提供 SO_2）等，葡萄梗可外售。

2019 年 9 月开展现场测试，取得前处理工序数据如表 3-6 和表 3-7（原料为品丽珠）所示。

表 3-6 废葡萄及叶重量

编号	框重+废葡萄重+叶重/kg	框重/kg	废葡萄重+叶重/kg
1	26.45	2	24.45
2	23.45	2	21.45
3	27.55	2	25.55
4	8.65	2	6.65
5	6.65	2	4.65
6	8.60	2	6.6
合计			89.35

表 3-7　青果重量

编号	框重+青果重/kg	框重/kg	青果重/kg
1	18.35	2	16.35
2	27.65	2	25.65
3	15.95	2	13.95
4	17.25	2	15.25
合计			71.2

前处理阶段各项物料占比如表 3-8 所示，物料平衡如图 3-6 所示。通过计算可知，在前处理过程中进入酒精发酵工序的葡萄重量约占原料总重量的 90.86%。

表 3-8　原料中各项物料占比

编号	类别	物料重量/kg	占比/%
1	葡萄	4 144.2	90.86
2	青果	71.2	1.56
3	葡萄梗	256.45	5.62
4	废葡萄、叶	89.35	1.96

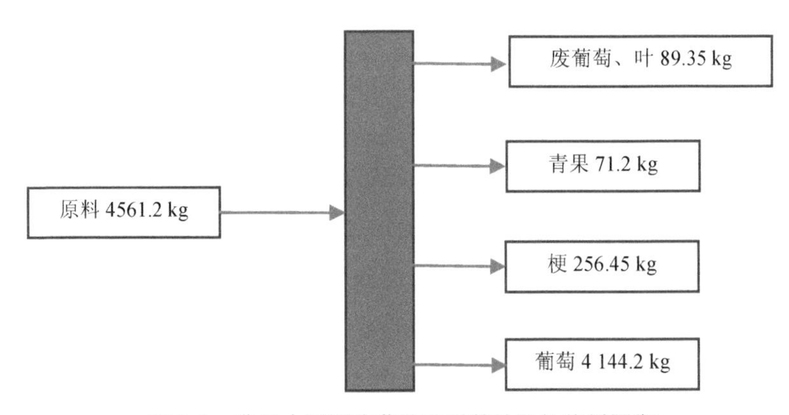

图 3-6　典型中型酒庄葡萄原料前处理的物料平衡

②酒精发酵及分离压榨。在泵入葡萄的酒精发酵罐中添加葡萄酒专用发酵酵母和果胶酶，进行控温发酵，使葡萄中的糖分发酵转化为酒精，酒精发酵时间约

两周。果胶酶可以作用于葡萄皮，促进色素、丹宁等物质的浸渍过程。

酒精发酵结束后，葡萄浆自流导出，皮渣被收集。由于皮渣中还有一部分葡萄酒液，需将皮渣输送至气囊压榨机中进行压榨，获得压榨酒，压榨后皮渣可外售用于饲料加工。

根据现场测算，酒庄酒精发酵罐容积为 50 kL，入料葡萄浆重为 42 t，对排出的皮渣使用气囊压榨机进行压榨，得到压榨汁后打入发酵罐。皮渣产生量难以现场测量，参照 2017—2019 年生产数据（表 3-9），可计算酒精发酵的出汁率。数据统计如表 3-10 所示，皮渣产生率根据企业 2017—2019 年实际记录确定为 10.39%，出汁率由计算得出，为 72.81%，酒量为不考虑挂壁等损失的葡萄酒量。

表 3-9 企业生产记录

红葡萄酒（按年份记录）	发酵皮渣产生量/t	葡萄原料年总消耗量/t	皮渣产生率/%
2017—2018 年	143.30	1 400	10.24
2018—2019 年	158.24	1 500	10.55
平均值			10.39

表 3-10 酒精发酵过程参数（单罐）

葡萄原料重量/t	葡萄浆重量/t	皮渣产生率/%	出汁率/%	葡萄汁/t
46.22	42	10.39	72.81	33.65

③苹乳发酵。酒精发酵完成后获得的初酿葡萄酒口感酸涩、酒味浓烈、酸度较高，将其导入苹乳发酵罐，在乳酸菌的作用下苹果酸转化为乳酸和 CO_2，酸度下降。二次发酵温度为 20～25℃，发酵时间约为一个月。苹乳发酵完成后，酒泥被排出，经沉降后回收上清液，并对固形物进行压榨后再次回收。

该酒庄苹乳发酵罐容积 30 kL，入料 30 m^3，出清汁约 29.79 m^3，剥离酒泥 210 L，酒泥单独收集后回收葡萄酒，因此，单罐实际出原酒量约 30 m^3，全过程出汁率与酒精发酵出汁率基本相同，为 72.81%。

④贮酒或陈酿。根据产品需要，苹乳发酵后的葡萄酒用泵转入贮酒罐进行贮存，或进入橡木桶进行陈酿。贮存或陈酿时间为 3～18 个月。

⑤灌装。通过灌装设备，将经硅藻土过滤后的成品葡萄酒定量装入清洗后的酒瓶，分装后的瓶装酒送入酒线检测工序。检测合格的瓶装酒经烘干、贴签、缩帽、喷码后装箱打包入库，以待销售。

（2）物料平衡

根据该酒庄葡萄酒加工相关测试数据，绘制物料平衡图（图3-7）。其中，CO_2产生量以产品中乙醇体积分数的13.5%计算得出，皮渣产生率根据企业实际记录确定为10.39%，计算时不考虑酒泥回收过程中的葡萄酒损失。

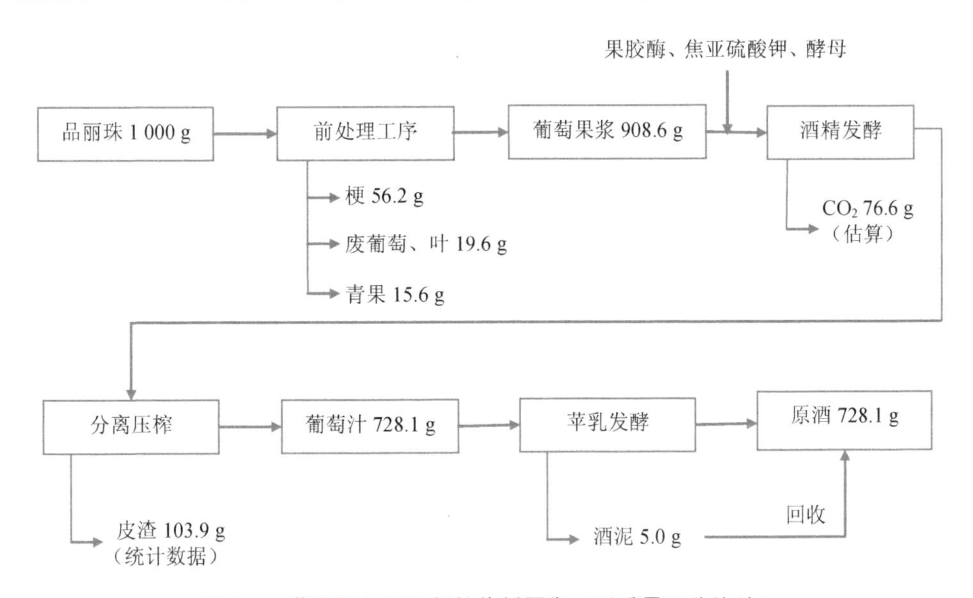

图3-7　葡萄酒加工过程的物料平衡（以重量百分比计）

结合现场测试和物料平衡，该酒庄以品丽珠作原料生产干红葡萄酒，酒精发酵及全过程出汁率约为72.81%，皮渣产生量约为142.7 kg/kL原酒，酒泥产生量约为6.87 kg/kL原酒。由于原酒灌装时间不定，以前几年平均出酒率计算该酒庄的出酒率，其值约为64%。以该出酒率计算生产每千升产品的皮渣产生量，其值约为162.34 kg/kL，酒泥产生量约为7.82 kg/kL。

3.1.3 贺兰山东麓葡萄酒生产固体废物产量核算

3.1.3.1 试验及数据分析

（1）葡萄剪枝

为了解葡萄冬季剪枝产生量，选择贺兰山东麓葡萄酒产区赤霞珠、贵人香、蛇龙珠3个主要酿酒葡萄品种的种植地，进行现场剪枝试验。赤霞珠选择3行（共31棵）作为试验样本；贵人香选择3行（共45棵）作为试验样本；蛇龙珠植株较粗，选择2行（共17棵）作为试验样本。剪枝数据见表3-11。

表3-11 不同品种葡萄单位种植面积剪枝重量

序号	葡萄品种	样地面积/m^2	葡萄棵数/棵	剪枝重量/kg	单位面积剪枝重量/（kg/m^2）
1	赤霞珠	94.60	31	14.75	0.16
2	贵人香	84.60	45	18.65	0.22
3	蛇龙珠	60.80	17	17.44	0.29

根据样地试验结果，赤霞珠、贵人香和蛇龙珠3种酿酒葡萄由于品质差异，枝条粗细长短不一，单位种植面积剪枝的平均重量分别为0.16 kg/m^2、0.22 kg/m^2、0.29 kg/m^2，以此计算出单位面积葡萄剪枝的平均产生量为0.22 kg，即0.15 t/亩。

（2）葡萄酒生产固体废物

葡萄酒生产过程产生的固体废物主要为葡萄前处理、酿造过程产生的葡萄梗、皮渣和酒泥等。通常固体废物的产生率会受酒庄生产规模、生产条件等因素的影响，其产生量会在一定范围内小幅度变化。对前文固体废物物料平衡进行综合分析（图3-8），果梗等物料的平均产生率为6.89%～9.14%，皮渣的平均产生率为10.3%～13.14%，酒泥的平均产生率为0.39%～0.5%。

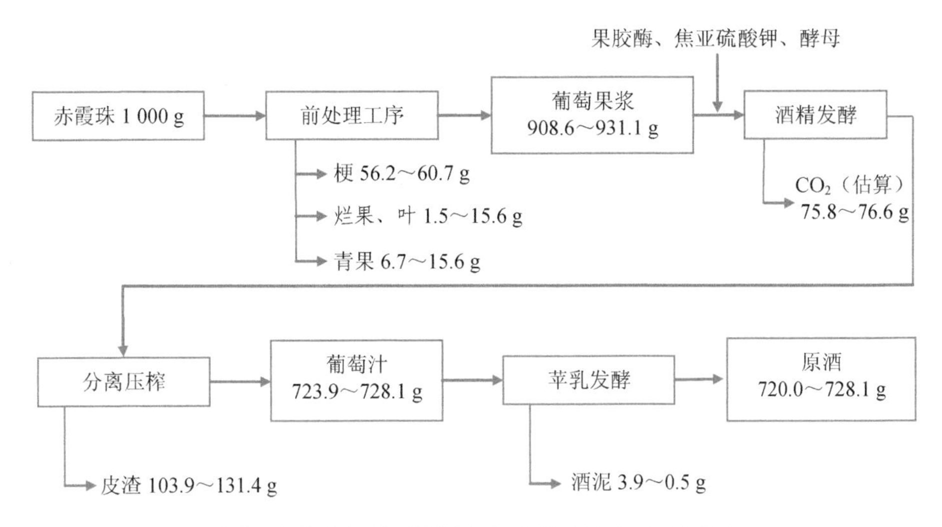

图 3-8 葡萄酒加工过程的物料平衡（以重量百分比计）

3.1.3.2 酒庄固体废物产量核算

根据 2020 年贺兰山东麓葡萄酒产区酿酒葡萄种植面积，以亩产酿酒葡萄 300～500 kg 计，推算出宁夏贺兰山东麓葡萄酒产区酿酒过程中固体废物的产生量为 2.08 万～5.61 万 t，其中，前处理过程中果梗的产生量为 1.01 万～2.25 万 t，皮渣的产生量为 1.01 万～3.24 万 t，酒泥的产生量为 0.06 万～0.12 万 t，皮渣和果梗是酿酒生产过程中的主要固体废物（表 3-12）。

表 3-12 2020 年贺兰山东麓葡萄酒及固体废物产生量

行政区域	酿酒葡萄面积/万亩	葡萄酒产量/万 t	果梗产生量/万 t	皮渣产生量/万 t	酒泥产生量/$\times 10^2$ t	葡萄剪枝重量/万 t
银川市	17.54	3.16～5.70	0.36～0.80	0.36～1.15	2.05～4.39	2.63
金凤区	0.52	0.09～0.17	0.01～0.02	0.01～0.03	0.06～0.13	−0.08
西夏区	4.33	0.78～1.41	0.09～0.20	0.09～0.28	0.51～1.08	0.65
永宁县	10.56	1.90～3.43	0.22～0.48	0.22～0.69	1.24～2.64	1.58
贺兰县	2.13	0.38～0.69	0.04～0.10	0.04～0.14	0.25～0.53	0.32

行政区域	酿酒葡萄面积/万亩	葡萄酒产量/万 t	果梗产生量/万 t	皮渣产生量/万 t	酒泥产生量/$\times10^2$ t	葡萄剪枝重量/万 t
吴忠市	24.64	4.44～8.01	0.51～1.13	0.51～1.62	2.88～6.16	3.70
青铜峡市	11.88	2.14～3.86	0.25～0.54	0.24～ 0.78	1.39～2.97	1.78
利通区	0.09	0.02～0.03	0.00～0.00	0.00～0.01	0.01～2.25	0.01
红寺堡区	10.81	1.95～3.51	0.22～0.49	0.22～0.71	1.26～2.70	1.62
同心县	1.86	0.33～0.60	0.04～0.09	0.04～0.12	0.22～0.47	0.28
中卫市	0.20	0.04～0.07	0.00～0.01	0.00～0.01	0.02～0.05	0.03
沙坡头区	0.20	0.04～0.07	0.00～0.01	0.00～0.01	0.02～0.05	0.03
石嘴山市	0.70	0.13～0.23	0.01～0.03	0.01～0.05	0.08～0.18	0.11
大武口区	0.24	0.04～0.08	0.00～0.01	0.00～0.02	0.03～0.06	0.04
惠农区	0.30	0.05～0.10	0.01～0.01	0.01～0.02	0.04～0.08	0.05
平罗县	0.16	0.03～0.05	0.00～0.01	0.00～0.01	0.02～0.04	0.02
农垦集团	6.11	1.10～1.99	0.13～0.28	0.13～0.40	0.71～1.53	0.92
合计	49.19	8.87～16.00	1.01～2.25	1.01～3.24	5.74～12.32	7.38

在各产区中，吴忠市产区酿酒固体废物的产生量最大，约占产区酿酒固体废物总产量的 27%。永宁县、青铜峡市和红寺堡区酿酒固体废物的产生量最大，三地酿酒固体废物的产生量约为产区酿酒固体废物总产生量的 36.39%。

3.1.4 小结

①贺兰山东麓典型小型酒庄干红葡萄酒出汁率约为 72%，皮渣产生量约为 182.5 kg/kL 原酒，酒泥产生量约为 5.42 kg/kL 原酒。考虑原酒灌装时间不定等因素，酒庄平均出酒率约为 62%，以该出酒率计算生产每千升产品的皮渣产生量，其值约为 211.94 kg/kL，酒泥产生量约为 6.29 kg/kL。

②贺兰山东麓典型中型酒庄酒精发酵及全过程出汁率约为 72.81%，皮渣产生量约为 142.7 kg/kL 原酒，酒泥产生量约为 6.87 kg/kL 原酒。考虑原酒灌装时间不定等因素，酒庄平均出酒率约为 64%。以该出酒率计算生产每千升产品的皮渣产生量，其值约为 162.34 kg/kL，酒泥产生量约为 7.82 kg/kL。

③单位面积葡萄剪枝的平均产生量为 0.22 kg，即 0.15 t/亩。

④经核算，2020 年宁夏贺兰山东麓葡萄酒产区酿酒过程中固体废物的产生量为 2.08 万～5.61 万 t，其中，前处理过程中果梗的产生量为 1.01 万～2.25 万 t，皮渣的产生量为 1.01 万～3.24 万 t，酒泥的产生量为 0.06 万～0.12 万 t，皮渣和果梗是酿酒生产过程中的主要固体废物。

3.2 贺兰山东麓葡萄酒生产固体废物处理处置

2019 年项目组就固体废物处理处置情况对贺兰山东麓葡萄酒产区共 70 家酒庄进行实地调研，获得有效调查问卷的酒庄有 59 家。

以酿酒固体废物产生率最大值为依据，即亩产酿酒葡萄 500 kg，皮渣的产生率为 13.14%，酒泥的产生率为 0.5%，葡萄剪枝产生量为 0.15 t/亩，分别对 59 家酒庄固体废物和副产物的产生和处理处置情况进行统计分析。

3.2.1 皮渣

59 家调查酒庄的皮渣产生量约为 1.05 万 t。酒庄皮渣的处置方式包括喂牲畜、沤肥还田、榨油及其他方式。从处置量来看（表 3-13），用于喂牲畜（自用或出售）的处置量最多，约为 0.62 万 t，占皮渣产生总量的 58.81%；其次是出售、做化妆品、用作饲料等其他方式，处置量约为 0.2 万 t，占皮渣产生总量的 18.87%；总体来看，皮渣处置方式较粗放、简单，具有高附加值的处置方式，如榨油等产业的使用量较少，仅占皮渣产生总量的 10%左右。

表 3-13　酒庄皮渣处置统计

皮渣处置方式	处置量/t	所占比例/%
喂牲畜	6 178.63	58.81
沤肥还田	1 289.36	12.27
榨油	1 055.44	10.05
其他方式	1 982.84	18.87

比较各主产区葡萄皮渣的处置量（图 3-9）可知，酿酒固体废物产生量较多的永宁、青铜峡、红寺堡三地中，永宁皮渣处置方式包括喂牲畜和其他，但以喂牲畜为主，约占该地皮渣产生总量的 95.12%；青铜峡 3 种方式均有涉及，但以沤肥还田为主，约占该地皮渣产生总量的 50.25%；红寺堡 3 种皮渣处置方式也均有涉及，但以喂牲畜为主，约占该地皮渣产生总量的 63.7%。从各酒庄处置方式差异来看（图 3-10），调研的 59 家酒庄中 67%的酒庄将皮渣直接喂牲畜；15%的酒庄将皮渣用于沤肥还田；8%的酒庄将皮渣用于榨油；10%的酒庄采用其他方式处置皮渣。

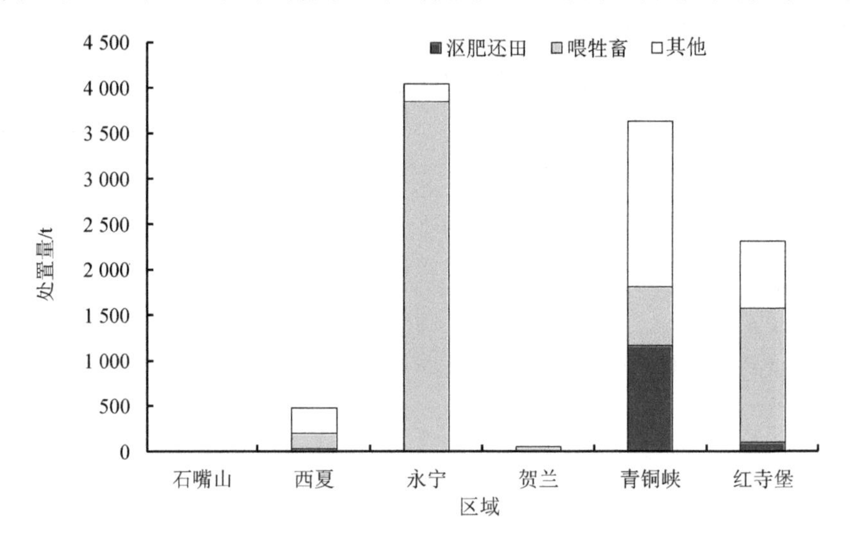

图 3-9 不同区域皮渣处置量

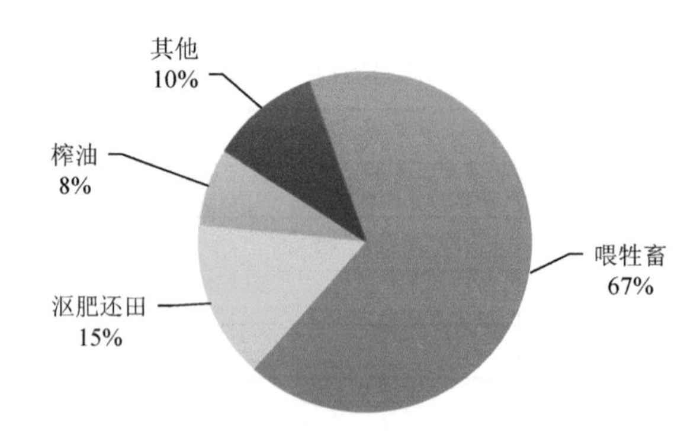

图 3-10 酒庄皮渣各处置方式占比

3.2.2 酒泥

59 家调查酒庄的酒泥产生量为 535.58 t。酒庄酒泥的处置方式包括沤肥还田、进入废水处理设施（冲入废水）、喂牲畜和其他方式。从处置量来看（表 3-14），酒泥以其他方式处置的酒泥量最多，为 248.85 t，占酒泥产生总量的 46.46%；其次是冲入废水方式，处置量为 176.15 t，占酒泥产生总量的 32.89%，使用这两种方式处置酒泥的酒泥量占其总产生量的 79.35%。总体来看，酒泥在酿酒固体废物中的占比较小，但就地农用的特征较为突出。

表 3-14 酒庄酒泥处置统计

酒泥处置方式	处置量/t	所占比例/%
沤肥还田	107.61	20.09
冲入废水	176.15	32.89
喂牲畜	2.97	0.55
其他方式	248.85	46.46

酒泥处置方式变化较大的情况同样出现在酿酒固体废物产生量最多的永宁、青铜峡、红寺堡三地，永宁酒泥的处置方式主要为排入废水处理设施和其他方式两种，两者处置量占该地酒泥产生总量的 98.95%；青铜峡市酒泥处置方式以其他方式（灌溉绿化带、交由第三方制成有机肥等）为主，处置量约占该地酒泥产生总量的 74.03%；红寺堡酒泥处置方式以沤肥还田为主，处置量约占该地酒泥产生总量的 98.44%（图 3-11）。

调研的酒庄中有 50%的酒庄将清出的酒泥用于沤肥还田；37%的酒庄将酒泥冲入废水，使其进入废水处理设施；8%的酒庄将清理出的酒泥喂牲畜；5%的酒庄采用其他方式处置酒泥，如将酒泥与自来水按 1∶15 的比例混合，然后用来灌溉绿化带、交由第三方制成有机肥等。酒庄酒泥各处置方式占比见图 3-12。

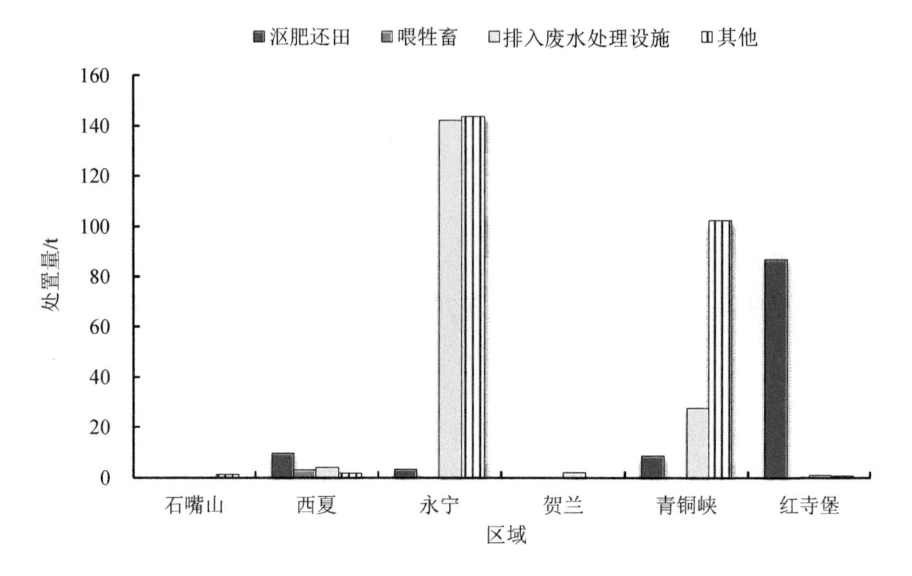

图 3-11 不同区域酒泥处理量

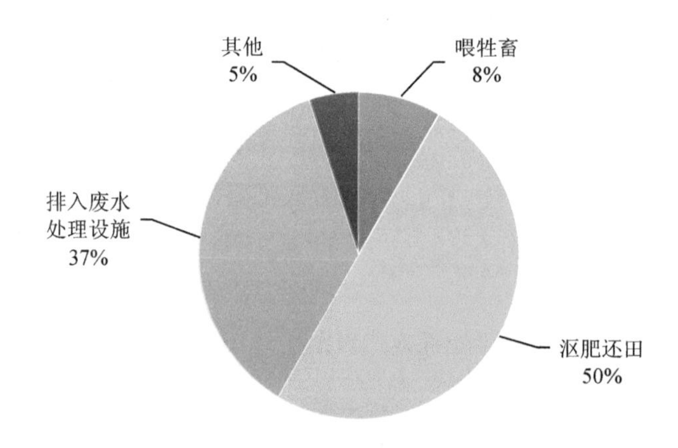

图 3-12 酒庄酒泥各处置方式占比

3.2.3 葡萄剪枝

59 家调查酒庄的葡萄剪枝的产生量约为 1.65 万 t。酒庄葡萄剪枝的处置方式包括粉碎还田、田间堆放、喂牲畜、沤肥还田和其他方式。从处置量来看（表 3-15），葡萄剪枝以粉碎还田方式进行处理的处置量最多，为 7 336.88 t，占剪枝产生总量的 44.41%；其次是喂牲畜方式，处置量为 4 095.75 t，占剪枝产生总量的 24.79%；两种方式的处置量占葡萄剪枝产生总量的 69.2%；此外，沤肥还田和其他方式的处置量均约占葡萄剪枝产生总量的 10%，田间堆放的处置量最少。从总体上看，粉碎还田和喂牲畜是葡萄剪枝处置的常用方法。

表 3-15　酒庄葡萄剪枝处置统计

处置方式	处置量/t	比例/%
粉碎还田	7 336.88	44.41
田间堆放	831.75	5.03
喂牲畜	4 095.75	24.79
沤肥还田	2 250.75	13.62
其他方式	2 006.33	12.14

各区域除青铜峡和红寺堡外，不同方式葡萄剪枝的处置量比较均衡（图 3-13）。青铜峡葡萄剪枝处置方式以粉碎还田为主，处置量为 5 602.88 t，占该地葡萄剪枝产生总量的 68.04%；红寺堡葡萄剪枝处置方式以喂牲畜为主，处置量为 3 960 t，约占该地葡萄剪枝产生总量的 74.98%。

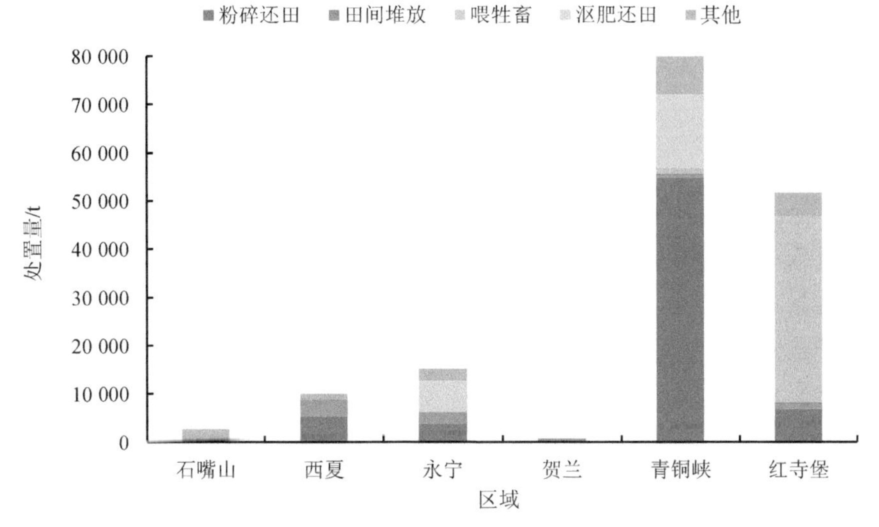

图 3-13　各区域葡萄剪枝不同方式处置量

调查酒庄中有 33%的酒庄将葡萄剪枝粉碎后还田；29%的酒庄直接将剪枝堆放在葡萄田间；14%的酒庄将其收集后和皮渣、酒泥一起喂牲畜；8%的酒庄将其用于沤肥还田；剩下 16%的酒庄采用其他方式处置葡萄剪枝（图 3-14）。

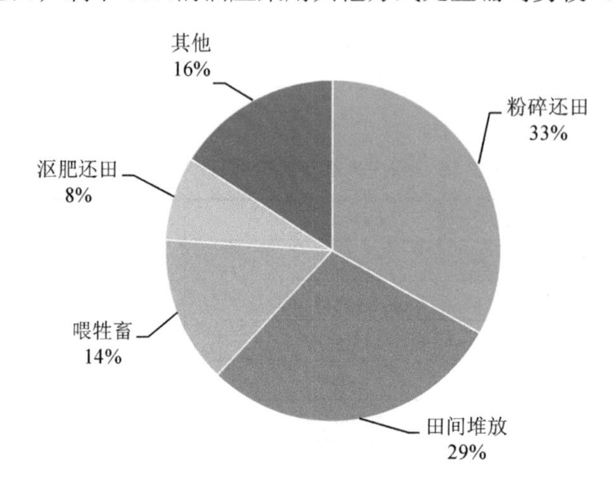

图 3-14 酒庄葡萄剪枝处置方式占比

3.2.4 小结

①贺兰山东麓葡萄酒产区酿酒固体废物的产生量为 2.08 万～5.61 万 t，其中前处理果梗的产生量为 1.01 万～2.25 万 t，皮渣的产生量为 1.01 万～3.24 万 t，酒泥的产生量为 0.06 万～0.12 万 t。在各产区中，吴忠市酿酒固体废物的产生量最多，占产区酿酒固体废物总产生量的 27%。

②贺兰山东麓葡萄酒产区酿酒皮渣的处置方式包括喂牲畜、沤肥还田、榨油及其他方式。在调查酒庄中，皮渣主要用于喂牲畜（自用或出售），其处置量占皮渣产生总量的 58.81%。

③葡萄皮渣产生量最多的是永宁、青铜峡、红寺堡三地。永宁葡萄皮渣多用于喂牲畜，其处置量占该地皮渣产生总量的 95.12%；青铜峡以沤肥还田为主，其处置量约占该地皮渣产生总量的 50.25%；红寺堡葡萄皮渣以喂牲畜为主，其处置量约占该地葡萄皮渣产生总量的 63.7%。

④贺兰山东麓酒庄酒泥的处置方式包括沤肥还田、进入废水处理设施（冲入

废水）、喂牲畜和其他方式。酒泥在酿酒固体废物中的占比总体较小，但就地农用的特征较为突出。在调查酒庄中，酒泥以其他方式和冲入废水方式处理的处置量最多，两种方式处理了酒泥总产生量的 79.36%。

⑤酒庄葡萄剪枝的处置方式包括沤肥还田、粉碎还田、喂牲畜、田间堆放和其他方式。在调查酒庄中，葡萄剪枝粉碎还田的处置量占比最大，占剪枝产生总量的 44.41%；其次是喂牲畜的处置量占比，占剪枝产生总量的 24.79%；两种方式处置量占葡萄剪枝产生总量的 69.2%。总体上，粉碎还田和喂牲畜是葡萄剪枝处置的常用方法。

第4章 贺兰山东麓葡萄酒生产废水废物处理及资源化利用技术研究

4.1 葡萄酒生产废水处理试验

葡萄酒的生产具有明显的季节性，贺兰山东麓的酒庄以中小型为主，排放的废水水质水量随季节波动较大。葡萄酒生产废水主要是压榨设备、发酵罐、橡木桶、过滤设备和灌装设备的清洗废水以及地面冲洗废水。国内外葡萄酒产区对葡萄酒生产废水的处理主要采用好氧生化法、厌氧生化法及高级氧化和膜技术等处理方法。本节主要探讨采用 Fenton 氧化、SBR、SBBR 和厌氧序批式活性污泥反应器（AnSBBR）法处理贺兰山东麓葡萄酒生产废水的试验研究结果。

4.1.1 Fenton、紫外/芬顿（UV/Fenton）氧化法处理葡萄酒废水

Fenton 氧化是在酸性溶液中，二价铁离子（Fe^{2+}）与 H_2O_2 发生作用生成·OH，·OH 氧化有机底物的过程，具有反应速率较快，反应产物无二次污染等优点，被国内外学者广泛用于葡萄酒废水的处理中。UV/Fenton 氧化是指在紫外光的照射下，通过 Fe^{2+}和 H_2O_2 之间的链反应催化生成·OH 的过程。本章在考察工艺参数 H_2O_2 投加量、Fe^{2+}与 H_2O_2 摩尔比、反应时间和 UV 照射时间对处理效果的影响的基础上，采用 UV/Fenton 氧化法处理葡萄酒生产过程中的压榨废水，探讨其处理机理，为葡萄酒生产废水的物化处理提供参考。

4.1.1.1 试验设计

①废水来源。生产葡萄酒的压榨废水（葡萄酒庄榨废水）取自贺兰山东麓某葡

萄酒庄，测定葡萄酒压榨废水的 COD，并加入蒸馏水稀释至 COD 为 10 000 mg/L，稀释后废水作为试验样水。

②Fenton 试验。在 250 ml 锥形瓶中加入 200 ml 水样和一定量的 Fenton 试剂，放入转速为 150 rpm 的摇床，常温振荡一段时间。振荡后将样品倒入离心管分离，转速 4 000 rpm 离心 5 min。待样品静置沉淀后，取上清液分析测定。

③UV/Fenton 试验。在 250 ml 锥形瓶中加入 200 ml 水样和一定量的 Fenton 试剂，放入转速为 150 rpm 的摇床，同时用波长 253.7 nm 的紫外线光照（紫外线灯管悬挂在锥形瓶上方 5 cm 处）并振荡一定时间。振荡后将样品倒入离心管，转速 4 000 rpm 离心 5 min。待样品静置沉淀后，取上清液分析测定。

4.1.1.2 结果与分析

（1）Fe^{2+}与 H_2O_2 摩尔比对 COD 去除率的影响

通过计算理论投加量，确定 H_2O_2 投加量为 636 mmol/L。设置 Fe^{2+}与 H_2O_2 摩尔比为 1/60、1/50、1/40、1/35、1/30、1/25、1/20、1/15、1/10、1/8，1/5。不同 Fe^{2+}与 H_2O_2 摩尔比的 COD 去除率和 pH 变化如图 4-1 所示。

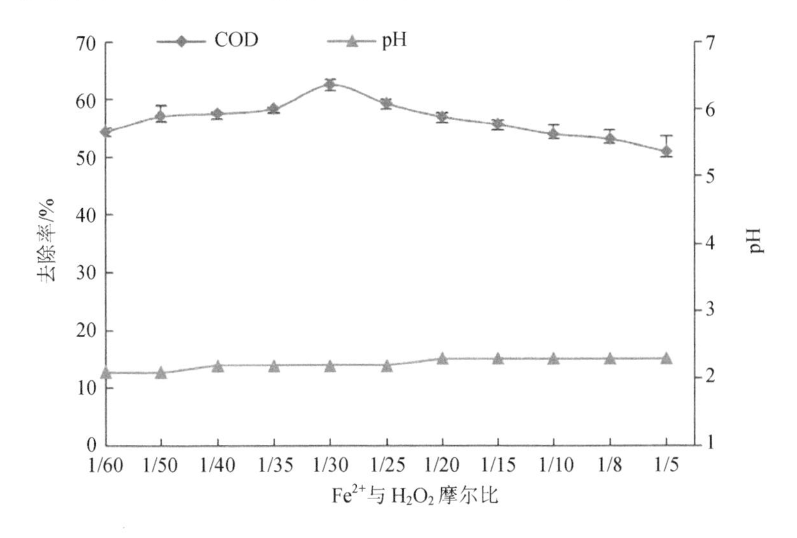

图 4-1 Fe^{2+}与 H_2O_2 摩尔比对处理效果的影响

由图 4-1 可知，随着 Fe^{2+}与 H_2O_2 摩尔比的增加，COD 去除率呈先增加后减少的趋势，当 Fe^{2+} 与 H_2O_2 摩尔比为 1/30 时去除率达到最大值，为 62.7%。

（2）H_2O_2 投加量对 COD 去除率的影响

Fe^{2+} 与 H_2O_2 摩尔比为 1/30 时设置 H_2O_2 投加量为 489.5 mmol/L、538.45 mmol/L、587.4 mmol/L、636.35 mmol/L、685.3 mmol/L、734.25 mmol/L、783.2 mmol/L、832.15 mmol/L、881.1 mmol/L、930.05 mmol/L、979.0 mmol/L、1 027.95 mmol/L、1 076.9 mmol/L、1 125.85 mmol/L、1 174.8 mmol/L、1 223.75 mmol/L、1 272.7 mmol/L。不同 H_2O_2 投加量对 COD 去除效果的影响如图 4-2 所示。

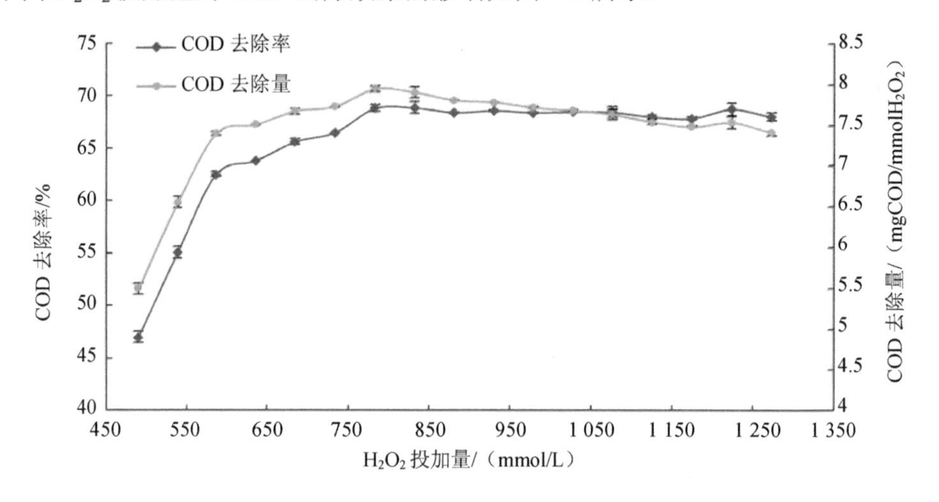

图 4-2 H_2O_2 投加量对处理效果的影响

随着 H_2O_2 投加量的增加，COD 去除率先呈快速增加趋势，当 H_2O_2 投加量为 783.2 mmol/L 时，COD 去除率达到最大值，为 68.9%，之后去除率稳定在 68.5% 左右。当 H_2O_2 投加量为 783.2 mmol/L 时，COD 去除量达到最大值，为 7.95 mgCOD/mmolH_2O_2，之后随着 H_2O_2 投加量的继续增加，COD 去除量缓慢减少，当 H_2O_2 投加量为 1 272.7 mmol/L 时，COD 去除量为 7.41 mgCOD/mmolH_2O_2。

（3）反应时间对 COD 去除的影响

在 H_2O_2 投加量为 783.2 mmol/L、Fe^{2+}投加量为 21.15 mmol/L（Fe^{2+}与 H_2O_2 摩尔比为 1/30）的条件下，设置反应时间为 30 min、60 min、90 min、120 min、150 min、180 min、210 min、240 min。不同反应时间对 COD 去除效果的影响如图 4-3 所示。

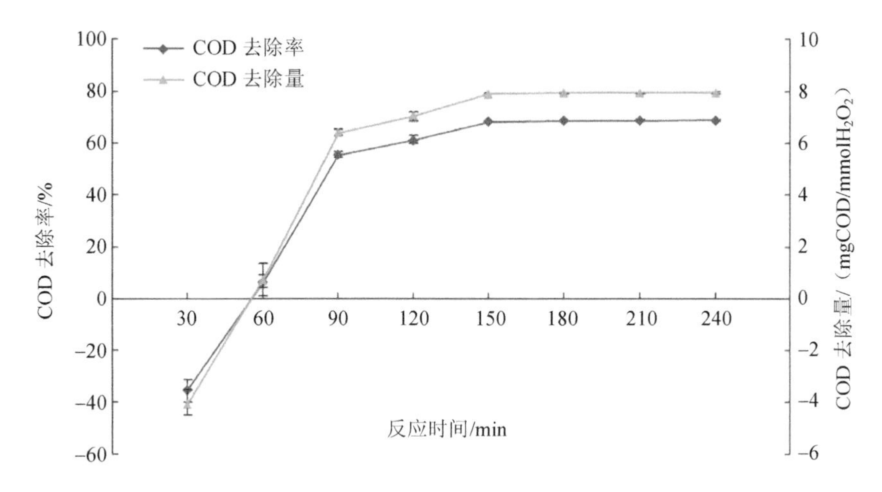

图 4-3　反应时间对 COD 去除效率的影响

COD 去除率随着反应时间的增加呈逐渐增加的趋势。当反应时间为 150 min 时，COD 去除率达到 68.5%，此时 COD 的去除量为 7.91 mgCOD/mmolH_2O_2。150 min 之后去除率有所增加，但变化幅度不大。反应时间为 30 min 时的 COD 去除率为负值，这主要是反应时间太短，H_2O_2 还未完全反应，H_2O_2 的还原作用消耗重铬酸钾导致的。

（4）UV/Fenton 试验

在 H_2O_2 投加量为 783.2 mmol/L，Fe^{2+}投加量为 21.15 mmol/L（Fe^{2+}与 H_2O_2 摩尔比为 1/30）的条件下，设置光照时间为 30 min、60 min、90 min、120 min、150 min、180 min、210 min，240 min。不同 UV 光照时间对 COD 去除效果的影响如图 4-4 所示。

在 UV/Fenton 体系中，随着 UV 光照时间的增加，去除率先逐步增加，当光照时间为 120 min 时，COD 去除率达到 70.6%，之后去除率虽有所增加，但变化幅度不大。随着反应时间的增加，COD 去除量逐渐增加，当反应时间为 120 min 时，COD 去除量为 8.15 mgCOD/mmolH_2O_2，之后去除量虽有所增加，但变化幅度不大。

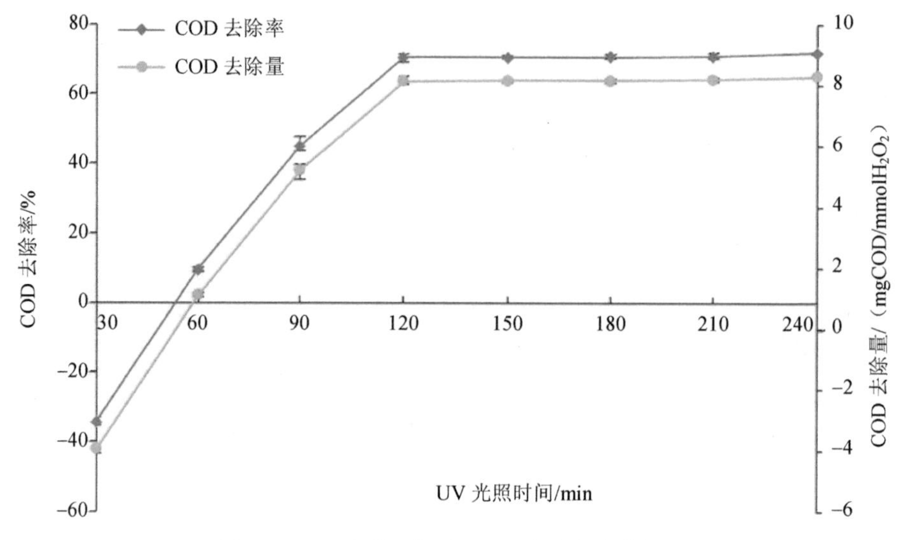

图 4-4 UV 光照时间对 COD 去除效率的影响

UV/Fenton 体系与 Fenton 体系相比，反应达到稳定的时间缩短了 30 min，COD 去除率增加了 2.1%，COD 去除量增加了 0.24 mgCOD/mmolH_2O_2。

（5）UV/Fenton 体系及相关体系处理效果比较

分别研究了 H_2O_2 及 UV/H_2O_2、Fenton、UV/Fenton 等氧化体系处理葡萄压榨废水 COD 的去除效果，结果如图 4-5 所示。

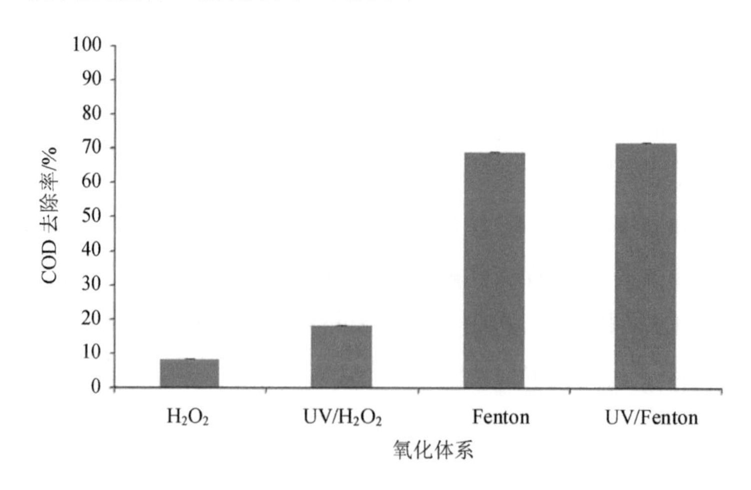

图 4-5 不同氧化体系的 COD 去除效果对比

UV/H_2O_2、Fenton、UV/Fenton 的 COD 去除率分别为 18.32%、68.95%和 71.9%，大于 H_2O_2 的去除率。UV/H_2O_2 的处理效率远低于 Fenton、UV/Fenton 处理效率，二元体系的处理效率比一元体系高。一元体系中 H_2O_2 的去除效率叠加明显低于 Fenton 的去除效率，说明 Fe^{2+}、H_2O_2 之间有协调促进作用。UV/Fenton 处理的去除率比 Fenton 的大 2.95%，说明在葡萄酒压榨废水 COD 去除率方面，UV/Fenton 去除效率相比 Fenton 去除效率有轻微提高。

4.1.1.3 小结

①采用 Fenton 氧化技术处理酿酒葡萄压榨废水，最佳操作条件为 H_2O_2 投加量为 783.2 mmol/L，Fe^{2+}投加量为 21.15 mmol/L，反应时间为 150 min。在此条件下，COD 去除率为 68.5%，COD 去除量达到 7.91 mg COD/mmol H_2O_2。

②采用 UV/Fenton 氧化技术处理酿酒葡萄压榨废水，H_2O_2 投加量为 783.2 mmol/L，Fe^{2+}投加量为 21.15 mmol/L，最佳反应时间为 120 min。在此条件下，COD 去除率为 70.6%，COD 去除量为 8.15 mgCOD/mmolH_2O_2。UV/Fenton 与 Fenton 相比，反应达到稳定的时间缩短了 30 min，COD 去除率增加了 2.1%，COD 去除量增加了 0.24 mgCOD/mmolH_2O_2。

③比较 H_2O_2、UV/H_2O_2、Fenton、UV/Fenton 技术处理酿酒葡萄压榨废水的 COD 去除效果，H_2O_2、UV/H_2O_2 的处理效率远小于 Fenton、UV/Fenton 的处理效率，二元体系的处理效率比一元体系高，UV/Fenton 处理的去除率比 Fenton 的大 2.95%，UV 对 Fenton 有一定的催化作用。

4.1.2 SBR 和 SBBR 处理葡萄酒生产模拟废水试验

SBR 和 SBBR 在处理水质水量变化较大的废水方面具有明显的优越性。SBR 方法是间歇运行的活性污泥法，SBBR 是在 SBR 反应器内装入不同的填料（如纤维填料、活性炭、陶粒等）而开发出来的一种新型复合式生物反应器。

根据前期调研的贺兰山东麓 70 家酒庄的废水处理状况，采用 SBR 工艺的有 17 家，占比为 24.29%；采用 SBBR 工艺的有 12 家，占比为 17.14%。试验对比研究了 SBR 和 SBBR 处理葡萄酒模拟废水的情况，探讨在不同负荷下 SBR 和 SBBR 的处理效果，比较了反应器中活性污泥和生物膜的活性，分析了营养元素对反应效果的影响，以期为 SBR 和 SBBR 工艺处理该类废水的设计及运行提供参考。

4.1.2.1 试验设计

（1）试验装置

试验采用的 SBR、SBBR 装置如图 4-6 所示。SBR 与 SBBR 的有效总容积均为 5 L；SBBR 内加悬浮填料，投加量为 20%体积比；反应器底部安装曝气头，柱身由有机玻璃制成。

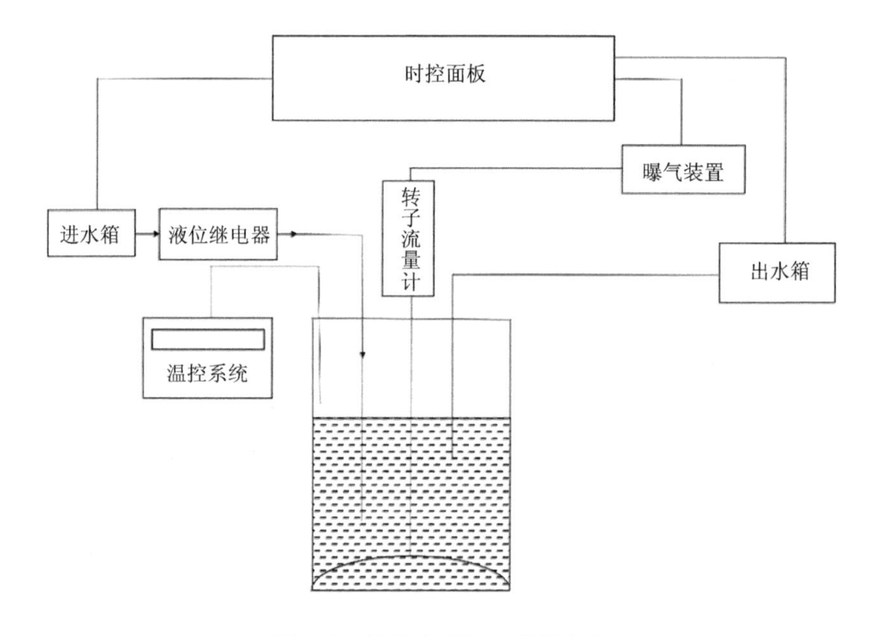

图 4-6 SBR 和 SBBR 装置示意

SBR 和 SBBR 的运行周期和时间如表 4-1 所示。

表 4-1 反应器运行周期和时间

周期	运行工序	时间
第一周期	进水	0：00—0：05
	曝气反应	0：05—6：05
	沉淀	6：05—7：55
	出水	7：56—8：00

周期	运行工序	时间
第二周期	进水	8：00—8：05
	曝气反应	8：05—14：05
	沉淀	14：05—15：55
	出水	15：55—16：00
第三周期	进水	16：00—16：05
	曝气反应	16：05—22：05
	沉淀	22：05—23：55
	出水	23：55—0：00

（2）试验用水

模拟废水采用葡萄酒按比例稀释的方式配制，分别配制成 COD 为 600 mg/L、1 200 mg/L、2 000 mg/L 的葡萄酒模拟废水。

4.1.2.2　结果与分析

（1）不同进水浓度下 SBR 和 SBBR 对水质指标的去除效果

SBR 反应器与 SBBR 稳定运行后，对比研究两个反应器对 COD 的去除情况，结果如图 4-7 所示。

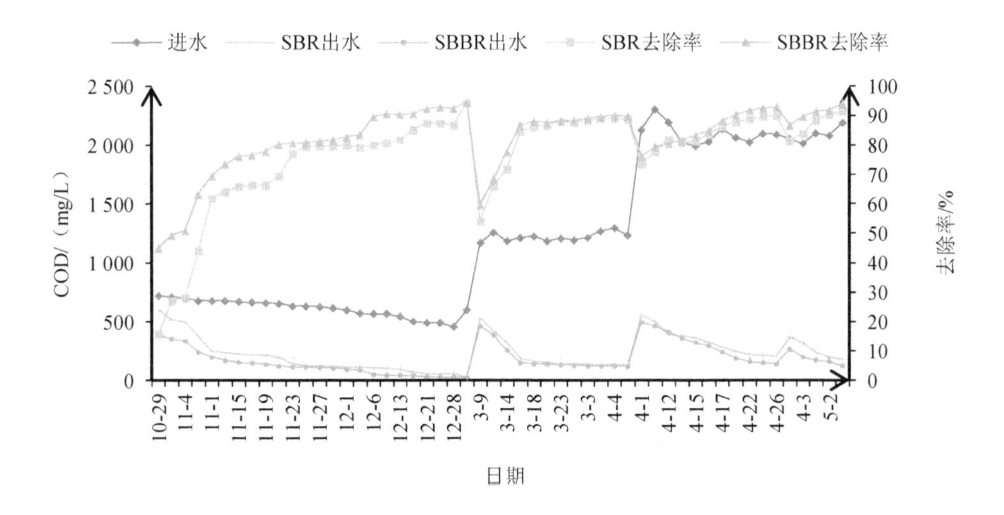

图 4-7　SBR 与 SBBR 进出水 COD 和去除率随运行时间的变化情况

在进水 COD 约为 600 mg/L 的情况下，SBR 反应器运行稳定后出水 COD 保持在 33～45 mg/L，去除率达 92.5%～94.5%；SBBR 运行稳定后出水 COD 保持在 30～35 mg/L，去除率可达 94.25%～95%。出水 COD 低于《农田灌溉水质标准》（GB 5084—2021）旱作水质标准中规定的数值。

在进水 COD 约为 1 200 mg/L 的情况下，SBR 反应器运行稳定后出水 COD 保持在 112 mg/L 上下，去除率可达 90.7%；SBBR 运行稳定后出水 COD 保持在 100 mg/L 上下，去除率可达 91.7%。出水 COD 可达到《农田灌溉水质标准》（GB 5084—2021）旱作水质标准中规定的数值要求。

在进水 COD 约为 2 000 mg/L 的情况下，SBR 反应器运行稳定后出水 COD 保持在 208.4 mg/L 上下，去除率可达 89.6%；SBBR 运行稳定后出水 COD 保持在 145.6 mg/L 上下，去除率可达 92.6%。出水 COD 可达到《农田灌溉水质标准》（GB 5084—2021）旱作水质标准中规定的数值要求。

（2）不同进水浓度下 SBR 和 SBBR 的 COD 降解工作曲线

在进水负荷约为 600 mg/L 的条件下，SBR 反应器与 SBBR 内 COD 的时间变化曲线如图 4-8 所示。

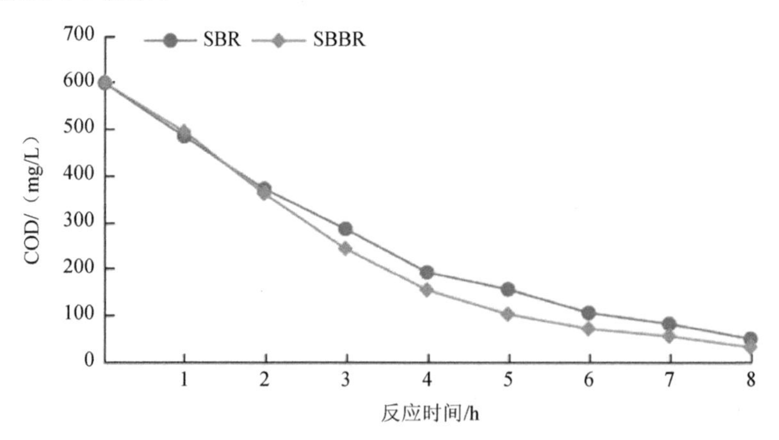

图 4-8　600 mg/L 进水 COD 的 SBR 与 SBBR 工作曲线

由图 4-8 可以得出结论，SBBR 活性污泥加生物膜的处理效果要优于 SBR 活性污泥的处理效果，最终 SBBR 的 COD 去除率比 SBR 的 COD 去除率大 2.91%。

在进水负荷约为 1 200 mg/L 的情况下，SBR 与 SBBR 处理 COD 的时间变化曲线如图 4-9 所示。

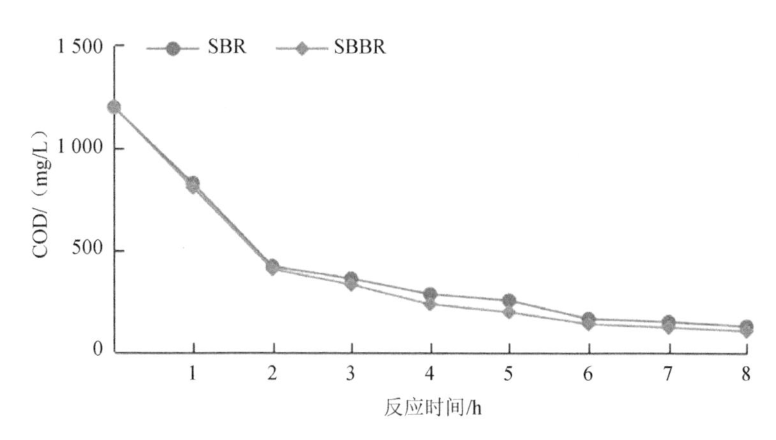

图 4-9　1 200 mg/L 进水 COD 的 SBR 与 SBBR 工作曲线

由图 4-9 可知，在反应的各个阶段中，在 SBBR 中 COD 降解速率与降解率均大于 SBR，经计算可知，SBBR 的 COD 去除率比 SBR 的 COD 去除率大 3.01%。

在进水负荷约为 2 000 mg/L 的情况下，SBR 与 SBBR 处理 COD 的时间变化曲线如图 4-10 所示。

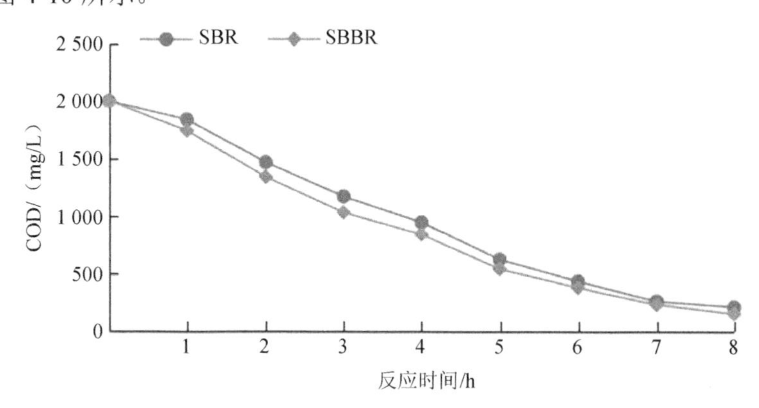

图 4-10　2 000 mg/L 进水 COD 的 SBR 与 SBBR 工作曲线

可以看出，在反应的各个阶段中，在 SBBR 中 COD 降解速率与降解率均大于 SBR，经计算可知，SBBR 的 COD 去除率比 SBR 的 COD 去除率大 2.94%。

（3）添加营养元素对 SBR 和 SBBR 去除效果的影响

在进水负荷约为 2 000 mg/L 的情况下，调节进水中碳：氮：磷为 100：5：1，待反应器运行稳定后测定反应器内 COD。COD 的时间变化曲线如图 4-11 所示。

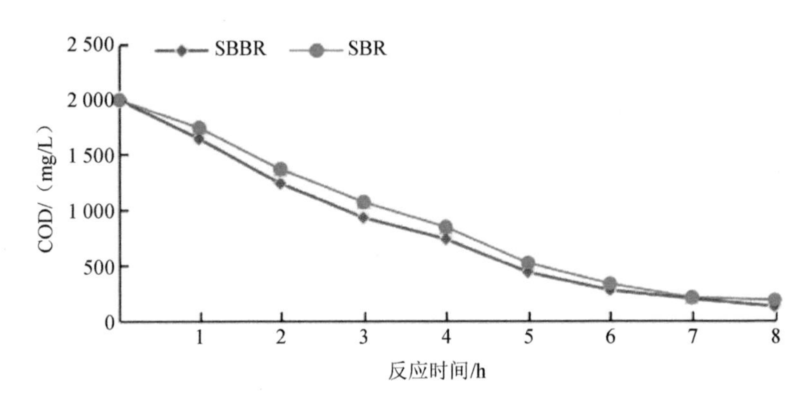

图 4-11 SBR 与 SBBR 的降解工作曲线

添加营养元素后 SBR 与 SBBR 的降解能力均明显增强，且达到稳定运行所需的时间大幅度缩短。SBR 反应器运行稳定后出水 COD 保持在 184.3 mg/L 上下，去除率可达 91.6%，较未添加氮磷元素前提高了约 2%；SBBR 运行稳定后出水 COD 保持在 125.4 mg/L 上下，去除率可达 94.3%，较之前提高了约 1.7%。出水 COD 可达到《农田灌溉水质标准》（GB 5084—2021）旱作水质标准中规定的数值要求。由图 4-11 可以看出，在反应的各个阶段中，在 SBBR 中 COD 降解速率与降解率均大于 SBR，经计算可知，添加营养元素后 SBBR 的 COD 去除率比 SBR 的 COD 去除率大 4%。

4.1.2.3 小结

①SBR 与 SBBR 工艺均能较好地降解废水中的有机物，但由于 SBBR 中生物膜的存在，无论是降解速率还是降解率，SBBR 工艺均优于 SBR 工艺，在高进水浓度条件下这一点尤为突出。出水 COD 在各种不同进水负荷下的值均符合《农田灌溉水质标准》（GB 5084—2021）旱作水质标准中的规定。

②添加氮磷营养元素后，SBR 的 COD 去除率由 89.6%提高到了 91.6%，SBBR

的去除率由 92.6%提高至 94.3%。而且添加氮磷元素后反应器达到稳定运行所需的时间比未投加氮磷元素的时间缩短了一半。

4.1.3　AnSBBR 处理葡萄酒生产模拟废水的试验研究

本试验考察 AnSBBR 在启动和运行过程中对废水有机物的去除性能，探究 AnSBBR 在不同负荷下对 COD 去除效果、CH_4产量、缓冲能力及微生物量的影响。

4.1.3.1　试验设计

①试验所用 AnSBBR 由有机玻璃制成，规格为Φ 270 mm×360 mm，有效容积为 10 L。采用蠕动泵间歇进水、推流泵搅拌，恒温水浴锅控制温度（35±1）℃，进出水和搅拌采用可编程控制器（PLC）控制，产生的沼气流入湿式气体流量计。试验装置如图 4-12 所示。

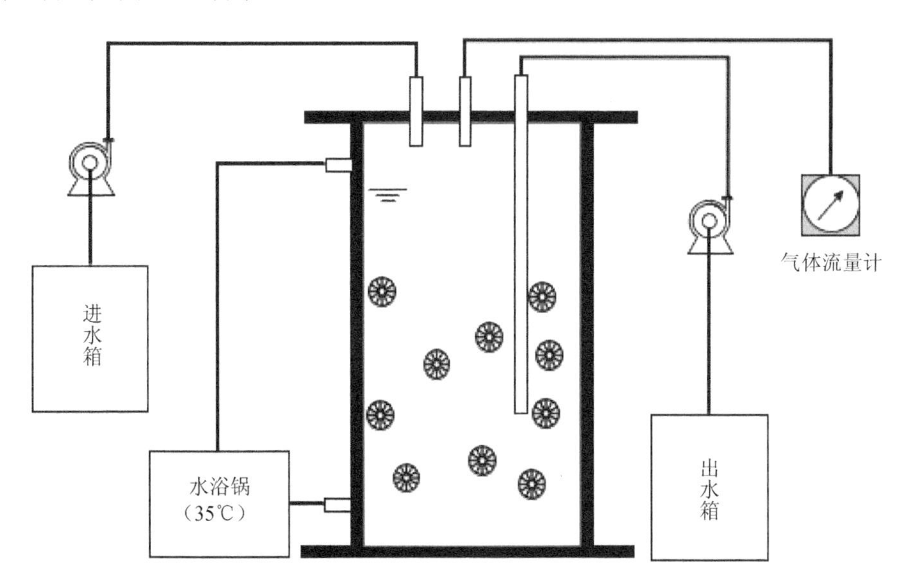

图 4-12　AnSBBR 装置示意

②试验所用厌氧生物膜填料和活性污泥均取自西安市第四污水厂缺氧池，生物膜载体为 K3 填料，比表面积为 500 m^2/m^3，填料上挂膜量为 105.2 mg/g，活性污泥浓度为 5 677.5 mg/L，反应器中生物填充率为 35%。反应器进水采用实际葡

萄酒水进行配制，葡萄酒水中 COD 为 220 450±2 100 mg/L，TP 为 26.1±1.3 mg/L，TN 为 1 479±37 mg/L，氨氮为 407.6±23.4 mg/L，pH 为 3.98±0.3，投加碳酸氢钠控制进水 pH。

③AnSBBR 运行过程分为驯化启动（驯化）、强化和稳定 3 个阶段，运行过程中进水 COD、水力停留时间（HRT）和反应器容积负荷（VLR）见表 4-2。反应器采取低负荷启动，设定 COD 起始值为 1 000±100 mg/L，通过缩短 HRT 提高反应器负荷以完成对生物膜微生物的驯化。系统成功启动后逐级增加进水 COD，提高反应器负荷。稳定阶段是确定反应器最大运行负荷后，稳定反应器处理性能的阶段。反应器成功启动后周期为 4 h，包括进水 5 min，反应 230 min，出水 5 min，体积交换比为 0.2。

表 4-2 AnSBBR 运行参数

阶段	天数/d	COD 浓度/（mg/L）	周期/h	HRT/h	VLR/［kg/（m^3·d)］
驯化	1～15	1 000	8	40	0.6
	16～37	1 000	4	20	1.2
强化	38～172	1 000～8 000	4	20	1.2～9.6
稳定	173～238	8 000～8 500	4	20	9.6～10.2

4.1.3.2 结果与讨论

（1）COD 去除效果

驯化阶段（1～37 d），反应器进水 COD 为 1.0±0.1 g/L，通过缩短 HRT 来提高负荷。由图 4-13 可见，启动第 1 天反应器 COD 去除率为 32.3%，接种污泥在厌氧条件下对葡萄酒生产废水中的有机物具有一定的降解能力。第 16 天缩短 HRT 使 VLR 增加到 1.2 kg/（m^3·d），反应器出水 COD 短时间内出现增加，到 23 d 时反应器出水 COD 降至 0.2 g/L，继续培养 14 d，发现反应器出水 COD 为 0.17±0.03 g/L，表明 AnSBBR 启动成功。

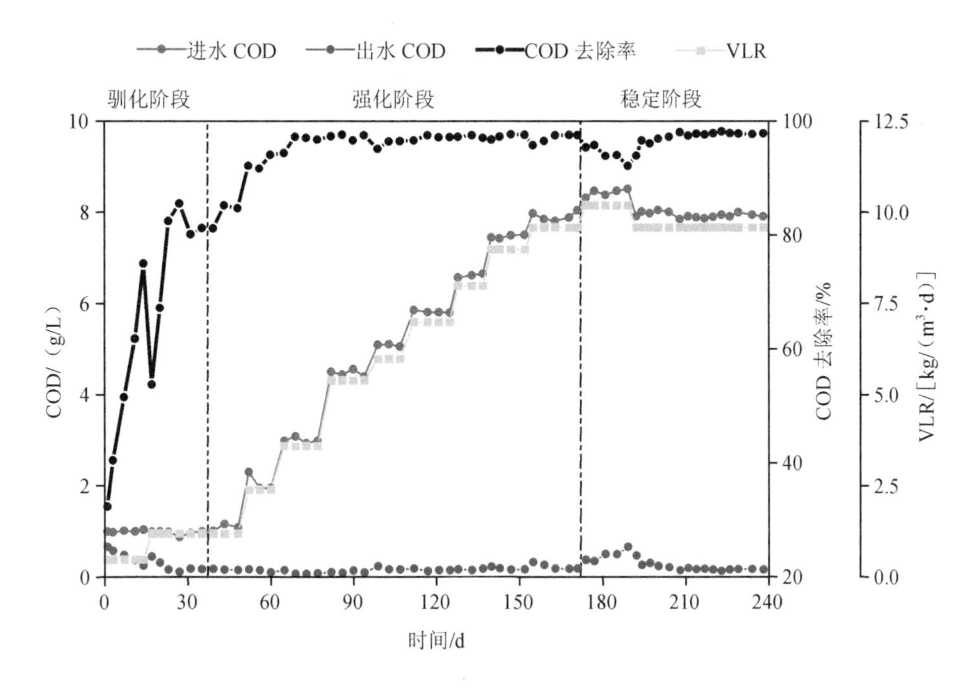

图 4-13　AnSBBR 运行期间 COD 去除效果

强化阶段（38～172 d），根据反应器对 COD 去除效果，逐级将进水 COD 从 1 g/L（VLR=1.2 kg/（m^3·d））增加到 8 g/L［VLR=9.6 kg/（m^3·d）］。每次提高有机物浓度，处理效果均有稍许降低趋势，但很快微生物便会适应新的有机物浓度，在下次提高进水浓度前，出水 COD 控制在 0.2 g/L 以下。反应时间为 68～78 d，出水 COD 低于 0.1 g/L，这可能是生物膜上微生物的增殖加大了对有机物的需求，而进水基质浓度无法满足微生物代谢增殖需求，出水 COD 最低可减少到 0.086 g/L、COD 去除率可超过 97%。

稳定阶段（173～238 d），当 VLR 为 10.2 kg/（m^3·d）时出水 COD 最大可增加到 0.675 g/L，COD 去除率下降至 94.9%。随后降低 VLR 到 9.6 kg/（m^3·d），经 16 d 的运行，系统各项参数重新恢复正常并继续稳定运行 30 d。

（2）产 CH_4 性能

CH_4 产量是表征厌氧消化效率最直接的方式。如图 4-14 所示，驯化前期（1～10 d）CH_4 产量低于 0.5 L/d，之后 CH_4 产量随接种污泥中产甲烷古菌的增殖逐渐增加至 2.17±0.02 L/d。VLR 从 1.2 kg/（m^3·d）增加至 9.6 kg/（m^3·d）的期间，CH_4产率从 0.24±0.02 L/(L·d)增至 3.34 ±0.23 L/(L·d)，气组中 CH_4占比为 61%～80%。但是当 VLR 为 10.2 kg/（m^3·d）时，CH_4产量降低，气组中 CH_4占比略有下降。反应器持续运行过程中池容产气率与负荷保持良好的线性相关性，池容产气率随负荷的增加而增加。

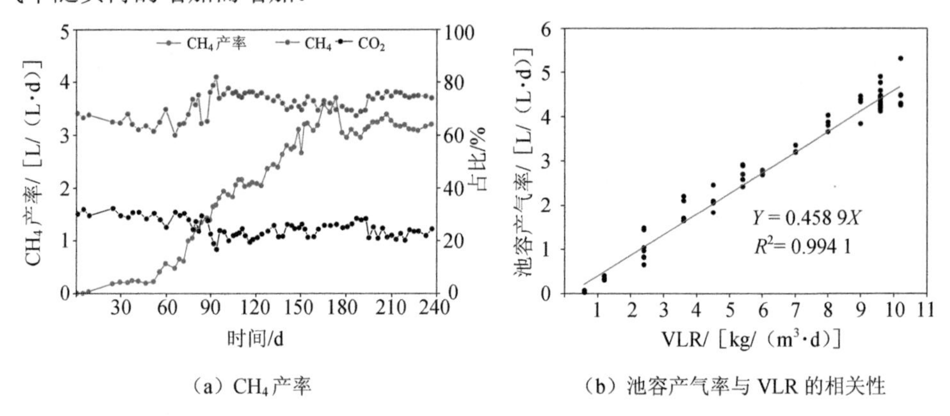

（a）CH_4产率　　（b）池容产气率与 VLR 的相关性

图 4-14　AnSBBR 运行阶段 CH_4产率，池容产气率与 VLR 的相关性

（3）系统缓冲性能

在参与消化的各种微生物种群中，水解产酸菌群将复杂大分子有机物水解为小分子有机物，能够在较宽的 pH 生态幅内快速增殖，产甲烷菌群将甲醇、乙酸、CO_2/H_2、一甲胺等化合物转化为甲烷，通常其最适 pH 范围是 6.8～7.5。pH 大幅度变化会影响产甲烷菌的活性并改变产甲烷代谢途径。如图 4-15 所示，体系中 pH 维持在 6.8～7.8。反应器 pH 会受到消化过程中挥发性脂肪酸（VFA）、碱度和氨氮等弱酸弱碱中间/副产物的共同作用。驯化期间 VFA 因产甲烷菌利用少而浓度较高，在强化阶段 VFA 浓度为 0.066～0.193 g/L，当 VLR 为 10.2 kg/（m^3·d）时，体系中 VFA 最大浓度为 0.532 g/L。VFA 作为厌氧消化重要的中间代谢产物能间接表征体系中各微生物群的生长状态，而 VFA 引起的 pH 波动又受体系总碱度（TA）的影响。一般认为α＜0.3（VFA/TA）时体系稳定。反应器运行过程中α值均低于 0.2，系统缓冲能力强，这也表明足量的碱度能提高缓冲能力，并维持体系的稳定。

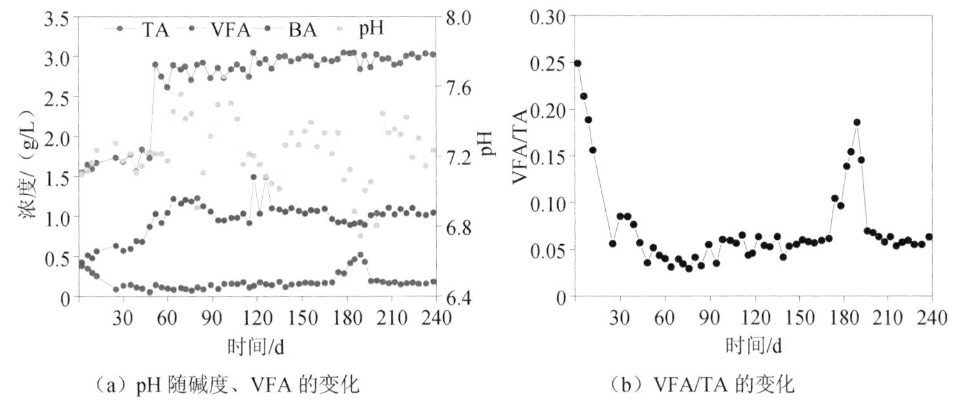

（a）pH 随碱度、VFA 的变化　　（b）VFA/TA 的变化

图 4-15　AnSBBR 运行期间 pH 随碱度、VFA 的变化，VFA/TA 的变化

注：BA 为碳酸氢盐碱度。

（4）氮源、磷源

如图 4-16 所示，反应器在驯化启动和强化运行两个阶段补投氮、磷，营造较低的碳/氮/磷体系来促进生物膜上微生物的生长。碳/氮/磷作为影响厌氧消化的关键参数，其值过高或过低均会改变产 CH_4 代谢途径并影响反应器消化效率。但随反应器长期的运行，反应器中微生物对氮、磷的利用率没有明显增加，导致出水 TN、TP 含量随负荷提高而持续，并且补投的氮、磷源对出水 TN、TP 贡献率高。因此在稳定阶段逐渐减少补投氮源和磷源，将碳/氮/磷提高到 1 000/5/1 并持续运行 40 d，反应器各项指标参数正常，表明 AnSBBR 中微生物在高碳/氮/磷体系下依然能正常代谢与生长。

（5）AnSBBR 运行过程中微生物的变化特征

经过 37 d 驯化后，填料上微生物量的与原填料相比减少了 28%，VLR 在 5.4 kg/（m^3·d）和 9.6 kg/（m^3·d）［与 VLR 为 1.2 kg/（m^3·d）相比］时，挂膜生物量分别增加了 100.4%和 214.9%，如图 4-17 和表 4-3 所示。驯化结束后生物量减少，这可能是改变处理废水种类后部分原有微生物无法适应新的环境条件，缺少可利用的基质而死亡脱落导致的。经过驯化后存留下的微生物种群，在强化运行阶段因能适应葡萄酒生产废水而快速增殖。在扫描电镜（SEM）中观察到，生物膜上微生物类型主要以球菌、短杆菌、杆菌和丝状菌为主（图 4-18）。

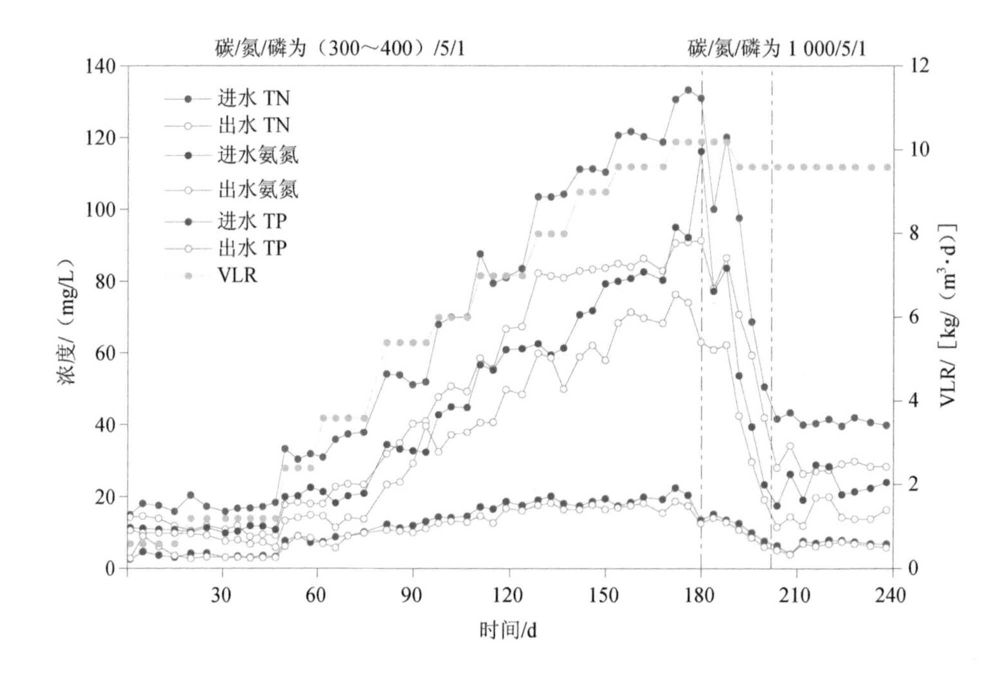

图 4-16 AnSBBR 运行期间 TN、氨氮和 TP 变化

（a）VLR=1.2 kg/（m^3·d） （b）VLR=5.4 kg/（m^3·d） （c）VLR=9.6 kg/（m^3·d）

图 4-17 不同负荷下生物膜生长状况

表 4-3 AnSBBR 在不同 VLR 条件下的生物量

时间/d	1	40	90	165
负荷/［kg/（m^3·d）］	—	1.2	5.4	9.6
挂膜生物量/（mg/g）	105.2	75.7	151.7	238.4

（a）VLR=1.2 kg/（m^3·d）　（b）VLR=5.4 kg/（m^3·d）　（c）VLR=9.6 kg/（m^3·d）

（d）VLR=1.2 kg/（m^3·d）　（e）VLR=5.4 kg/（m^3·d）　（f）VLR=9.6 kg/（m^3·d）

图 4-18　不同 VLR 下扫描电镜照片

4.1.3.3　小结

①经过 37 d 的驯化培养，反应器出水 COD 低于 0.2 g/L，总 VFA 浓度低于 0.1 g/L，CH_4 产率为 0.21 L/（L·d），表明 AnSBBR 启动成功。通过逐级提高负荷的方式确定 AnSBBR 有效处理的最大负荷为 9.6 kg/（m^3·d），其中，出水 COD 为 0.16±0.02 g/L，总 VFA 浓度为 0.18±0.01 g/L，CH_4 产率为 3.34 ±0.23 L/（L·d）。

②VLR 从 1.2 kg/（m^3·d）增至 9.6 kg/（m^3·d）的过程中，生物膜上微生物的量从 75.7 mg/g 增至 238.4 mg/g，生物量增加明显且生物膜趋于成熟。

4.2　葡萄酒生产废水用于绿化林带和葡萄园灌溉研究

4.2.1　葡萄酒生产废水用于绿化林带灌溉研究

据调查，由于宁夏大部分酒庄为小型酒庄，实际葡萄酒年产量小于 200 t，甚至只有十几吨，若全部采用传统厌氧、好氧的末端生物处理工艺处理废水，酒庄的负担较大，投入的固定设施资金较多，消耗的电量以及投加必须药剂所产生的污染物可能远远超过预期。从另一个角度进行考虑，由于宁夏地处干旱、少雨地带，土壤贫瘠，酒庄一般配有较大面积的葡萄园和绿化林地，从生态建设、循环经济、清洁生产的理念考虑，将经过简单处理的葡萄酒生产废弃物直接施用于酒庄内林地和葡萄园，既符合循环经济理念“资源—产品—再生资源”的经济增长方式，同时又满足“污染物排放最小化，废物资源化和无害化”的要求，对于葡萄酒行业来说，是以最小成本获得最大的经济效益和环境效益，并且实现可持续发展的有力支持。但酒庄对于废水组成和灌溉后对土壤性质、葡萄生长的影响并不清楚，缺乏科学的技术指导和数据支撑，所以目前只能利用处理过的废水灌溉绿地，不能用其直接灌溉果园。

通常食品加工行业排出的废水中含有作物生长必需的氮、磷、钾等大量元素，但受生产及安全卫生规范的制约，最终的排水中不能含重金属及病原微生物等有毒有害的物质或生物。国外已有利用此种废水灌溉农田的成功案例，如日本用马铃薯加工废水进行灌溉，两年后 0～30 cm 土层的速效磷、速效钾、碱解氮含量较灌溉前分别增加 26.28 mg/kg、7.09 mg/kg、8.64 mg/kg（Travis et al.，2010）。美国 Morstarch 工厂于 1995 年开始利用淀粉加工废水对牧草草场进行灌溉，至今未发现对土壤及植物有任何负面影响（Toze，2006）。目前国内关于食品加工行业废水土地利用的研究相对较少，对葡萄酒生产废水资源化利用途径的探索更少。葡萄酒生产废弃物的资源化利用程度欠缺，是制约区域特色酒庄产业发展的原因之一。酒庄需联合相关技术人才，对葡萄酒生产废弃物资源化利用进行研究，探索葡萄酒生产废弃物资源化利用的最佳途径，发挥资源的最大效益，逐步与国际接轨，实现酿酒工业与自然环境协调发展。葡萄酒生产废水是主要含有葡萄酒生产环节产生的葡萄汁、葡萄皮渣、酒石酸结晶体等杂质的水溶液，含有醇、糖、酯、酚等多种有机化合物，具有高浓度的 COD、多酚、悬浮物（SS）等（李佳利等，2019），经过适当处理后是否能够用于农业灌溉，需对土壤安全效应进行评估后再判断。鉴于此，本研究选取宁夏贺兰山东麓具有废水灌溉史且灌溉年限（4 a）较长的 3 个酒庄，以林带土壤为研究对象，采集 0～100 cm 的土壤样品，对土壤 pH、土壤电导率（EC）、总有机碳（TOC）、全量和速效氮磷钾、盐分离子和微生物群落特征等指标进行测定，对比废水与清水的灌溉效果，分析葡萄酒生产废水灌溉对土壤理化性状和微生物特性的影响，旨在为葡萄酒生产废水资源化利用的安全性评价及控制方案提供理论依据。

4.2.1.1　研究区概况与试验设计

本书选取具有废水灌溉史且灌溉年限（4 a）较长的 3 个酒庄（图 4-19），灌溉水（出水）水质符合《城市污水再生利用　农田灌溉用水水质》（GB 20922—2007）和《农田灌溉水质标准》（GB 5084—2021）要求，以林带土壤为研究对象，采集剖面 0～100 cm 的土壤样品，对比废水与清水的灌溉效果，分析葡萄酒生产废水灌溉对土壤理化性状和微生物特性的影响。图 4-20 为林地灌溉及采样概况。

（a）西夏王酒庄（X 酒庄）

（b）保乐力加酒庄（B 酒庄）

（c）志辉源石酒庄（Z 酒庄）

图 4-19　研究区位置地形

图 4-20　林地灌溉及采样概况

4.2.1.2　结果与分析

（1）葡萄酒生产废水灌溉对土壤 pH 的影响

如图 4-21 所示，与清灌处理相比，污灌处理的 3 个酒庄（X 酒庄、Z 酒庄、B 酒庄）0～20 cm 土层土壤 pH 总体有所增加。3 个酒庄中，污灌处理与清灌处理均无显著性差异，这与 Gregg 等（2014）、Al-Lahham 等（2007）、Kalavrouziotis 等（2008）的研究结果一致，pH 变化幅度较小，且各个土层间均无显著性差异，说明葡萄酒生产废水灌溉对土壤 pH 的综合影响较小。

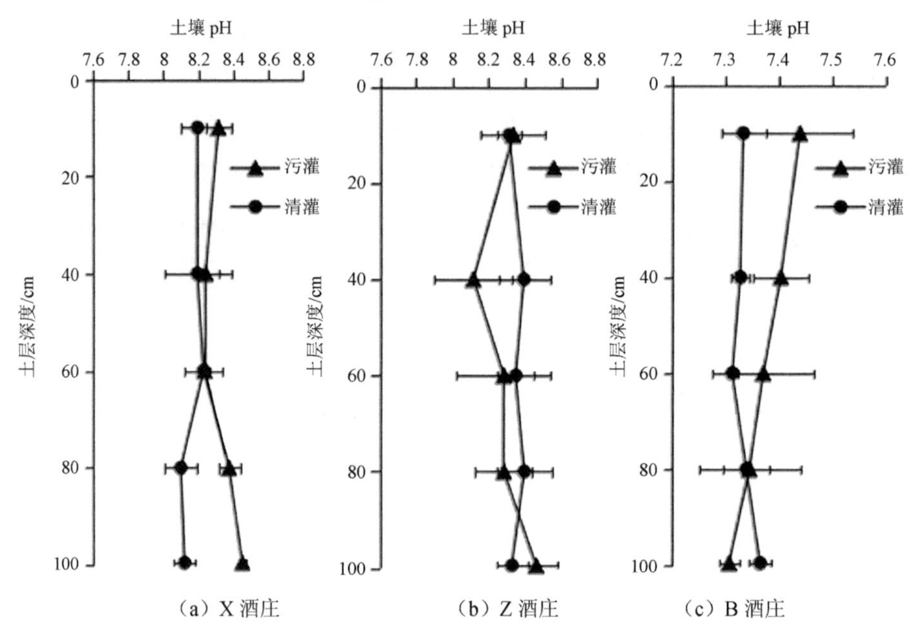

图 4-21 不同灌溉方式对土壤剖面 pH 的影响

（2）葡萄酒生产废水灌溉对土壤 EC 的影响

如图 4-22 所示，从整体来看，相较于清灌处理，污灌处理增加了土壤 EC 含量，且土壤 EC 随土层自上而下均呈现下降趋势。与清灌处理相比，X 酒庄污灌处理土壤 EC 由表层的 119.78 μS/cm 减少至 112.56 μS/cm，在 80～100 cm 土层，污灌处理显著降低了土壤 EC，下降幅度达 17.94%。Z 酒庄污灌处理土壤 EC 随土层自上而下由 158.56 μS/cm 减少至 125.56 μS/cm，与清灌处理相比，污灌处理 0～20 cm、20～40 cm、40～60 cm 土层土壤 EC 显著增加，在 20～40 cm 土层中两种处理的 EC 差值最大，为 70.67 μS/cm。与清灌处理相比，B 酒庄污灌处理各个土层土壤 EC 总体有所增加，但无显著性差异。EC 代表土壤盐分状况，可见，用葡萄酒生产废水灌溉提高了土壤盐分含量，可能存在土壤盐分累积的潜在风险。

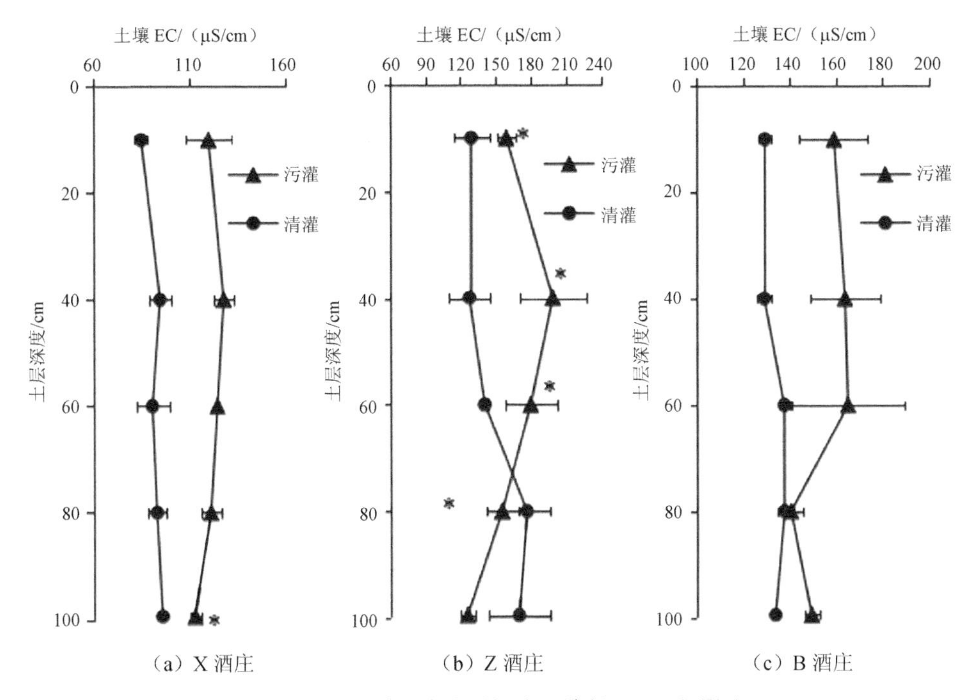

图 4-22　不同灌溉方式对酒庄土壤剖面 EC 的影响

注：*表示同一土层不同处理在 0.05 水平差异显著［最小显著差异法（LSD）］。下同。

（3）葡萄酒生产废水灌溉对土壤有机碳的影响

由图 4-23 所示，与清灌处理相比，污灌处理使 3 个酒庄 0～20 cm 土层土壤有机碳含量均有所增加，且总体上呈现出随着土层深度增加而减少的趋势。

与清灌处理相比，X 酒庄污灌处理增加了 0～20 cm、20～40 cm、60～80 cm、80～100 cm 土层土壤有机碳含量，但均无显著性差异，在 0～20 cm 土层处，土壤有机碳含量表现为污灌处理＞清灌处理，且两种处理有机碳含量相差最大，污灌处理土壤有机碳含量增长幅度为 57.13%。与清灌处理相比，Z 酒庄污灌处理增加了 0～20 cm、20～40 cm 土层土壤有机碳含量，且在 0～20 cm 土层有显著性差异，污灌处理土壤有机碳含量增长幅度为 50%；降低了 40～60 cm、60～80 cm、80～100 cm 土层土壤有机碳含量，且在 80～100 cm 土层显著降低。与清灌处理相比，B 酒庄污灌处理增加了 0～20 cm、20～40 cm 土层土壤有机碳含量，但各个土层间均无显著性差异。土壤有机碳库是地球生态系统的重要组成部分，也是土壤肥力和基础地力重要的物质基础（李发东等，2012）。Rattan 等（2005）、Kiziloglu 等（2008）利用再生水进行灌溉使土壤有机碳显著增加。

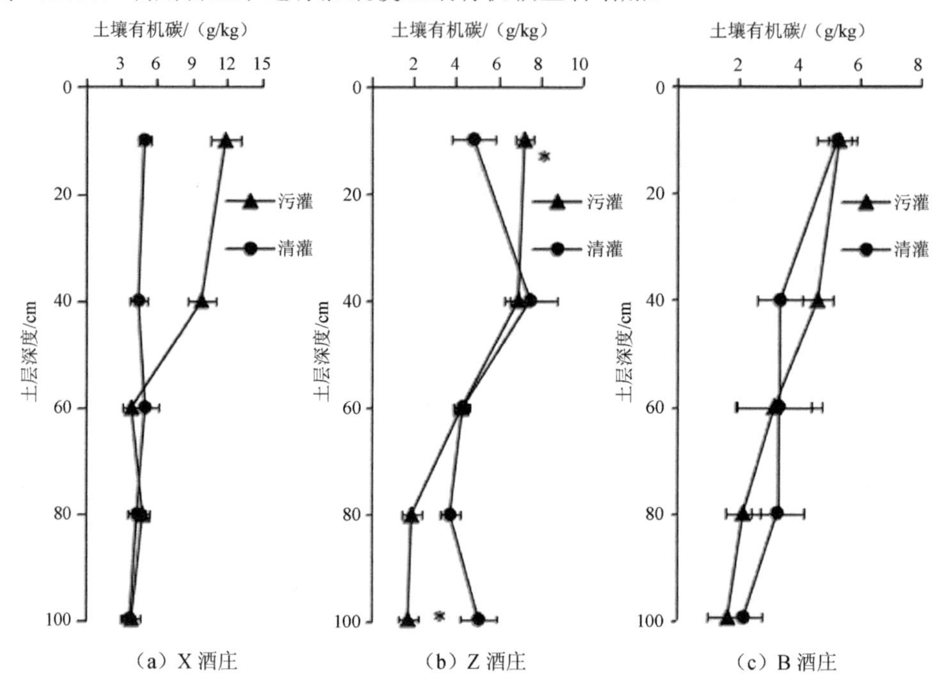

图 4-23　不同灌溉方式对酒庄土壤剖面有机碳的影响

（4）葡萄酒生产废水灌溉对土壤全量氮、磷、钾的影响

由图 4-24 可以看出，与清灌处理相比，污灌处理增加了 3 个酒庄 0～20 cm 土层土壤 TN 含量，并且随着土层深度的增加，污灌处理与清灌处理土壤 TN 含量大体上有减少趋势。

总体来看，X 酒庄 0～100 cm 土层，清灌处理的 TN 含量呈先缓慢增加再减少的趋势，从 0～20 cm 的 0.61 g/kg 减少至 80～100 cm 的 0.49 g/kg，而污灌处理呈现先减少再缓慢增加再减少的趋势，TN 含量从表层 1.35 g/kg 减少至 80～100 cm 的 0.51 g/kg；与清灌处理相比，污灌处理增加了 0～20 cm、20～40 cm 土层土壤 TN 含量，且在 20～40 cm 土层有显著性差异，增长幅度为 91.23%。Z 酒庄污灌处理土壤 TN 含量由表层的 0.83 g/kg 减至底层的 0.21 g/kg；与清灌处理相比，污灌处理显著增加了 0～20 cm 土层的土壤 TN 含量，增长幅度为 40.68%，降低了 20～40 cm、40～60 cm、60～80 cm、80～100 cm 土层的 TN 含量，其中在 80～100 cm 土层有显著性差异，下降幅度为 161.9%。B 酒庄清灌处理土壤 TN 含量随着土层深度的增加大体上呈现先减少再增加的趋势，而污灌处理呈现先减少后增加的整体趋势，土壤 TN 含量由表层的 0.57 g/kg 减少至 0.23 g/kg，然后在底层增加至 0.61 g/kg。与清灌处理相比，污灌处理增加了 0～20 cm、20～40 cm、80～100 cm 土层土壤 TN 含量，降低了 40～60 cm、60～80 cm 土层土壤 TN 含量，在 0～100 cm 土层中污灌处理与清灌处理相比，土壤 TN 含量均无显著性差异。

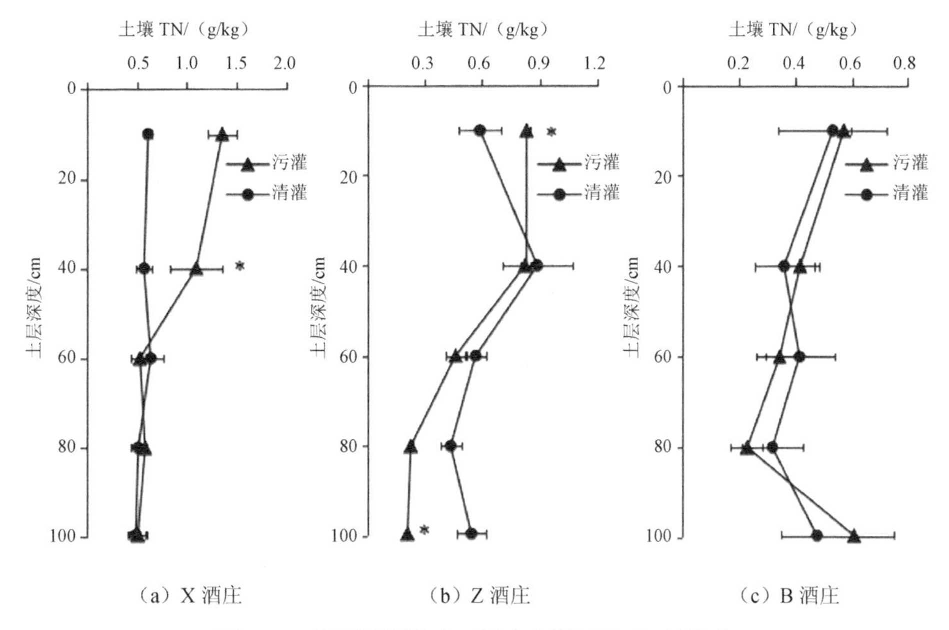

图 4-24　不同灌溉方式对酒庄土壤剖面 TN 的影响

由图 4-25 可知，土壤 TP 含量随土层深度增加总体呈现出减少的趋势。X 酒庄清灌处理 TP 含量由表层的 0.50 g/kg 减少至 80～100 cm 土层的 0.39 g/kg，污灌处理 TP 含量由表层的 0.47 g/kg 减少至 80～100 cm 土层的 0.41 g/kg；与清灌处理相比，污灌处理降低了 0～20 cm、20～40 cm、40～60 cm 土层的土壤 TP 含量，且在 20～40 cm 土层有显著性差异，下降幅度为 25.58%。Z 酒庄 0～100 cm 土层，污灌处理的 TP 含量均低于清灌处理，其中，与清灌处理相比，污灌处理 20～40 cm 土层的 TP 含量显著降低，下降幅度为 51.85%。与清灌处理相比，B 酒庄污灌处理增加了 0～20 cm、20～40 cm、40～60 cm、60～80 cm 的土层土壤 TP 含量，其中在 0～20 cm 土层有显著性差异，增长幅度为 69.44%。

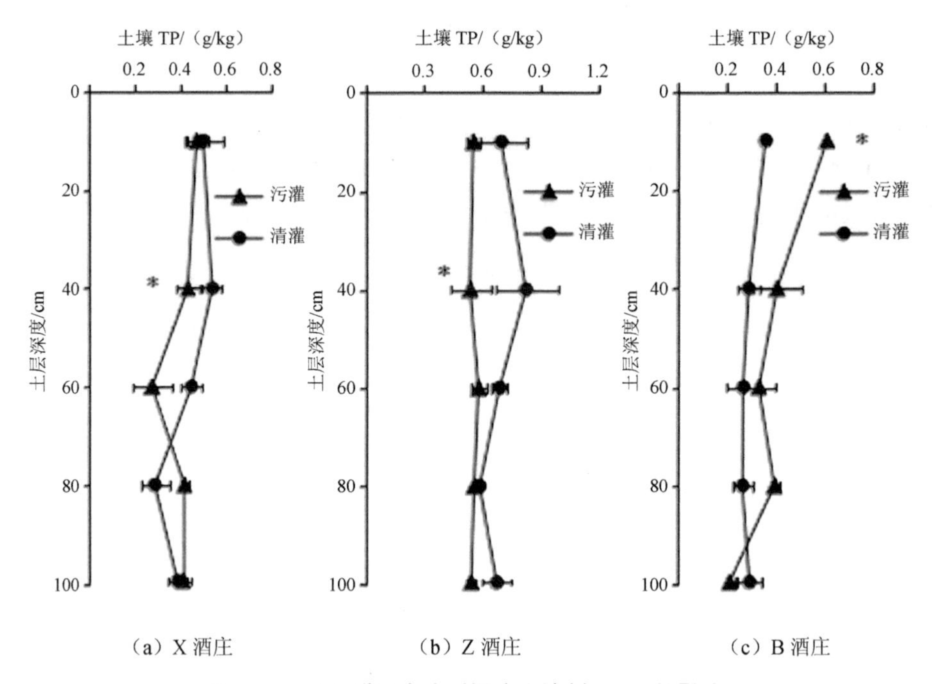

图 4-25 不同灌溉方式对酒庄土壤剖面 TP 的影响

由图 4-26 可知，土壤全钾含量随土层深度增加均呈减少趋势。与清灌处理相比，X 酒庄污灌处理降低了 0～100 cm 土层的土壤全钾含量，且两种灌溉处理无显著性差异。与清灌处理相比，Z 酒庄污灌处理增加了 0～20 cm、20～40 cm、60～80 cm、80～100 cm 土层的土壤全钾含量，两种灌溉处理在各土层间均无显著性差异。与清灌处理相比，B 酒庄污灌处理增加了 0～20 cm、80～100 cm 土层的土壤全钾含量，降低了 20～40 cm、40～60 cm、60～80 cm 土层的土壤全钾含量，且两种灌溉处理在各个土层间均无显著性差异。全量养分是土壤含有的养分，是个绝对量，可以用于计算一定土壤体积（或者重量）中含有的养分，是土壤肥力的重要指标。Shang 等（2015）、Chen 等（2013）、Segal 等（2011）长期研究再生水灌溉，发现再生水灌溉可明显提高土壤全量养分含量，从而提高土壤肥力，减少化肥的施用，与本书结果一致。

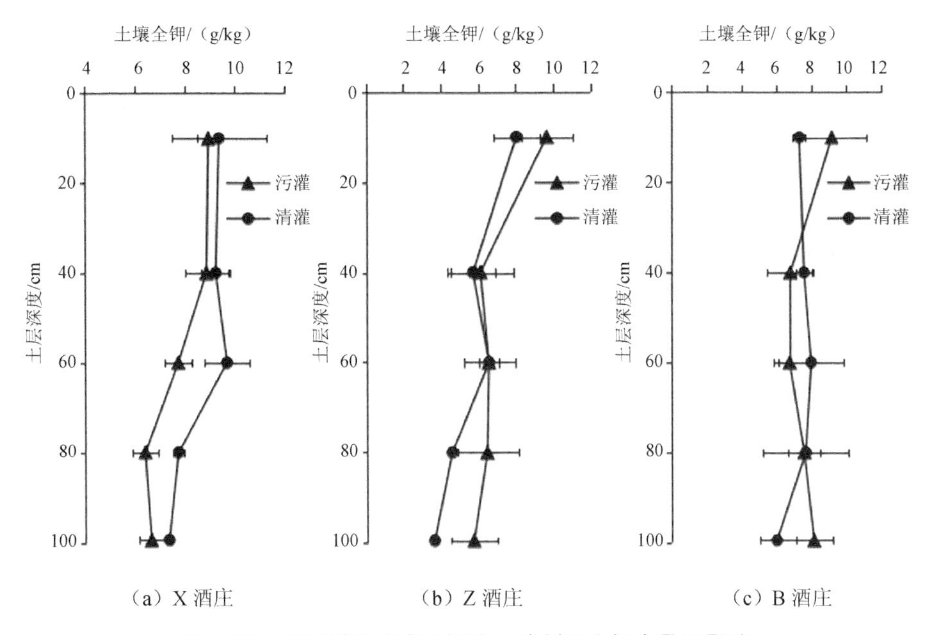

图 4-26　不同灌溉方式对酒庄土壤剖面全钾含量的影响

（5）葡萄酒生产废水灌溉对土壤速效氮、磷、钾的影响

图 4-27 为两种灌溉试处理各土层间土壤速效氮含量的变化情况。X 酒庄清灌处理后土壤速效氮含量由表层的 6.54 mg/kg 先增加再减少至底层的 5.96 mg/kg；污灌处理土壤速效氮含量由 11.74 mg/kg 先减少再增加至 80～100 cm 土层的 8.4 mg/kg，在 0～20 cm 土层，污灌处理较清灌处理显著提高了土壤速效氮含量，增长幅度为 79.51%。Z 酒庄清灌处理土壤速效氮含量总体呈现出增加的趋势，由表层的 7.85 mg/kg 增加至底层的 19.11 mg/kg，污灌处理土壤速效氮含量则由表层的 6.75 mg/kg 逐步减少至 3.72 mg/kg，在 60～80 cm、80～100 cm 土层中，污灌处理显著降低了土壤速效氮含量。与清灌处理相比，B 酒庄 0～100 cm 土层，污灌处理提高了土壤速效氮含量，但各个土层间无显著性差异。

由图 4-28 可知，除个别土层外，与清灌处理相比，污灌处理降低了土壤速效磷含量。与清灌处理相比，X 酒庄污灌处理降低了 0～20 cm、20～40 cm、40～60 cm、80～100 cm 土层土壤速效磷含量，但均无显著性差异。与清灌处理相比，Z 酒庄污灌处理降低了 0～100 cm 土层土壤速效磷含量，其中在 80～100 cm 土层中有显著性差异。与清灌处理相比，B 酒庄污灌处理降低了 20～40 cm、60～80 cm 土层土壤速效磷含量，但各个土层间均无显著性差异。

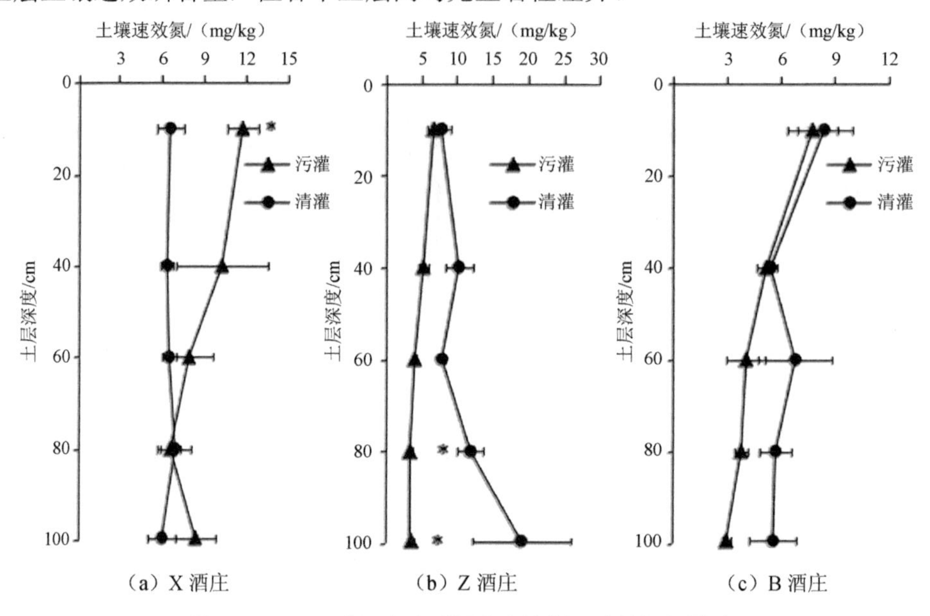

（a）X 酒庄 （b）Z 酒庄 （c）B 酒庄

图 4-27 不同灌溉方式对酒庄土壤剖面速效氮的影响

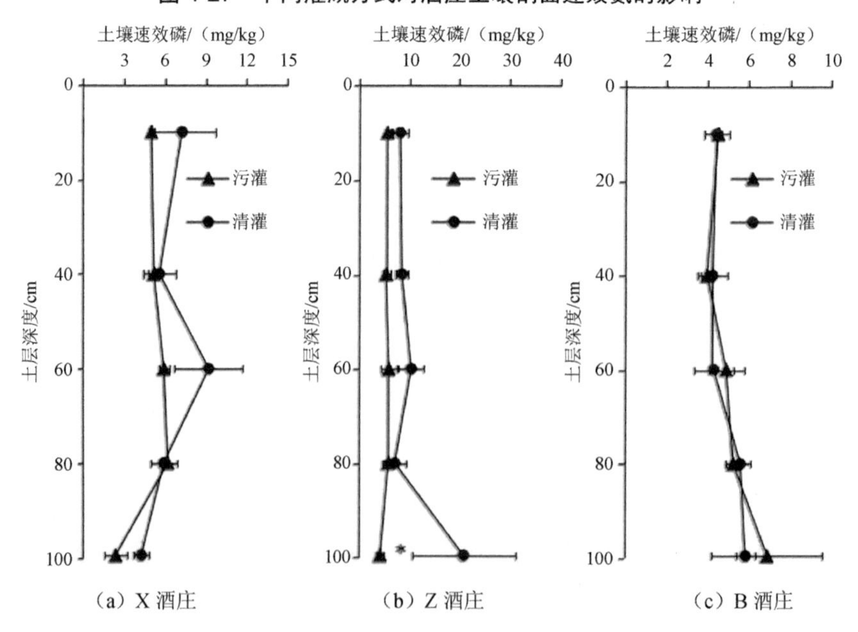

（a）X 酒庄 （b）Z 酒庄 （c）B 酒庄

图 4-28 不同灌溉方式对酒庄土壤剖面速效磷的影响

由图 4-29 可知，从整体来看，与清灌处理相比，污灌处理降低了土壤速效钾含量。X 酒庄在清灌处理下，土壤速效钾含量由表层的 82.48 mg/kg 减少至 80～100 cm 土层的 51.59 mg/kg。污灌处理各土层土壤速效钾含量均小于清灌处理，但均无显著性差异。Z 酒庄污灌处理土壤速效钾含量由表层的 234.33 mg/kg 逐步减少至 77.96 mg/kg；与清灌处理相比，污灌处理显著降低了 40～60 cm、60～80 cm、80～100 cm 土层土壤速效钾含量，下降幅度分别为 159.65%、292.83%、350.19%。B 酒庄清灌处理土壤速效钾含量由表层的 74.76 mg/kg 减少至深层的 54.01 mg/kg，污灌处理土壤速效钾含量由表层的 148.47 mg/kg 减少至 43.42 mg/kg；在 0～20 cm 土层中，与清灌处理相比，污灌处理显著增加了土壤速效钾含量，增长幅度为 98.6%，降低了 20～40 cm、40～60 cm、60～80 cm 和 80～100 cm 土层土壤速效钾含量。速效养分是能被作物当季利用的养分，主要是土壤溶液中和吸附在胶体上的交换性离子。景若瑶（2019）研究表明，再生水灌溉能够提高土壤表层速效磷和速效钾的含量。

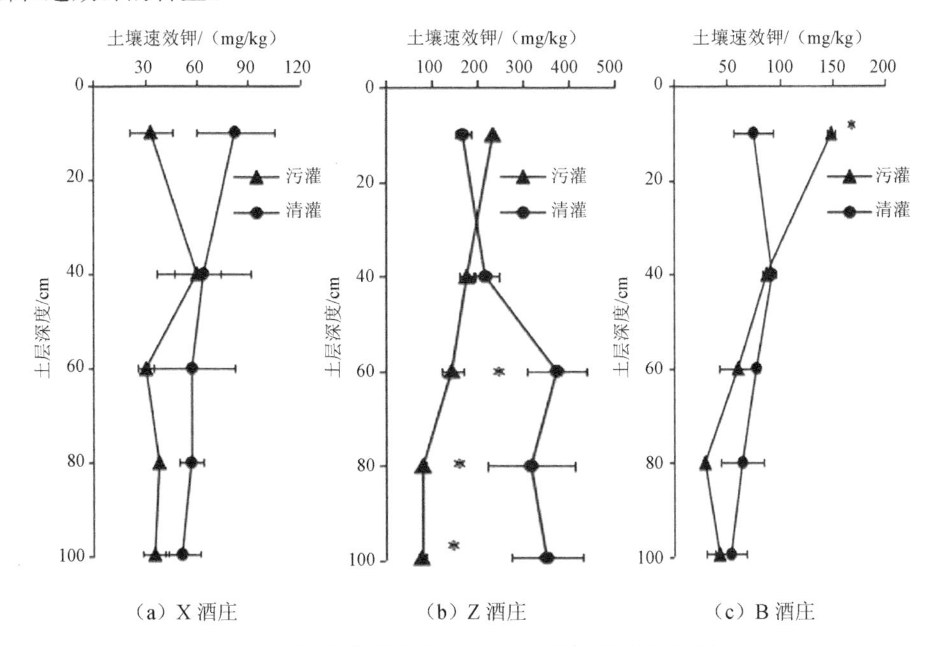

图 4-29 不同灌溉方式对酒庄土壤剖面速效钾的影响

（6）葡萄酒生产废水灌溉对土壤盐分离子的影响

表 4-4 为不同的灌溉方式下，3 个酒庄中土壤盐分离子钙离子（Ca^{2+}）、镁离子（Mg^{2+}）、钾离子（K^{+}）、钠离子（Na^{+}）在各个土层间的变化情况。与清灌处理相比，X 酒庄污灌处理相降低了土壤 Ca^{2+}含量，其中在 0～20 cm 土层中，污灌处理显著降低了土壤 Ca^{2+}含量，下降幅度为 59.07%。与清灌处理相比，在各个土层间，污灌处理增加了土壤 Mg^{2+}含量，其中在 20～40 cm、40～60 cm 和 60～80 cm 土层有显著性差异，增长幅度分别为 62.25%、20.77%、42.54%。与清灌处理相比，污灌处理增加了 80～100 cm 土层土壤 K^{+}含量，但各土层间均无显著性差异，同时显著增加了 0～100 cm 土层土壤 Na^{+}含量，增长幅度分别为 414.04%、210.39%、119.67%、164.08%、141.93%。

与清灌处理相比，除个别土层外，Z 酒庄污灌处理增加土壤 Ca^{2+}含量，其中，在 20～40 cm 土层有显著性差异，增长幅度为 135.1%。与清灌处理相比，除个别土层外，污灌处理增加土壤 Mg^{2+}含量，各土层间均无显著性差异。与清灌处理相比，污灌处理增加 0～20 cm、20～40 cm 土层土壤 K^{+}含量，降低了 40～60 cm、60～80 cm、80～100 cm 土层土壤 K^{+}含量，在 60～80 cm、80～100 cm 土层有显著性差异。与清灌处理相比，除个别土层外，污灌处理显著增加土壤 Na^{+}含量，在 20～40 cm 和 40～60 cm 土层有显著性差异。

与清灌处理相比，B 酒庄污灌处理增加了 0～20 cm 和 20～40 cm 土层土壤 Ca^{2+}含量，降低了 40～60 cm、60～80 cm、80～100 cm 土层土壤 Ca^{2+}含量，在 0～20 cm 土层有显著性差异，增长幅度为 50.7%。与清灌处理相比，污灌处理 0～20 cm 土层土壤 Mg^{2+}含量，增长幅度为 54.33%。与清灌处理相比，污灌处理增加 0～20 cm、20～40 cm 土层土壤 K^{+}含量，在 0～20 cm 土层有显著性差异，增长幅度为 129.4%，降低 40～60 cm、60～80 cm、80～100 cm 土层土壤 K^{+}含量，各个土层间均无显著性差异。与清灌处理相比，污灌处理增加土壤 Na^{+}含量，在 0～20 cm 土层有显著性差异。有研究表明，经灌溉后，土壤中大部分交换阳离子为一价时通常会降低黏土颗粒之间的吸引力（李发东等，2012）。本书中经污灌处理后显著变化的离子大多数为一价阳离子，说明这种变化与葡萄酒生产废水主要成分有关，其潜在的环境风险还有待进一步研究。

表 4-4　不同灌溉方式对酒庄土壤盐分离子的影响

采样点	土层/cm	处理	Ca^{2+}/（mg/kg）	Mg^{2+}/（mg/kg）	K^{+}/（mg/kg）	Na^{+}/（mg/kg）
X 酒庄	0～20	清灌	35.25a	10.27bc	13.45a	6.27b
		污灌	22.16c	11.50ab	4.13a	32.23a
	20～40	清灌	30.36abc	7.83def	12.48a	11.17b
		污灌	27.86abc	12.72a	5.71a	34.67a
	40～60	清灌	30.51abc	7.51ef	11.56a	12.15b
		污灌	25.85bc	9.07cd	3.06a	26.69a
	60～80	清灌	31.48ab	7.17f	8.40a	11.16b
		污灌	30.24abc	10.22bc	3.58a	29.47a
	80～100	清灌	30.95ab	7.87def	7.20a	9.73b
		污灌	27.28abc	8.87cde	13.45a	23.54a
Z 酒庄	0～20	清灌	34.20bcd	15.73b	10.37de	14.16bc
		污灌	43.38bc	15.97b	30.11bcd	15.21bc
	20～40	清灌	29.82cd	17.36ab	16.72cde	11.99c
		污灌	70.10a	28.61a	24.90cde	36.19a
	40～60	清灌	34.22bcd	17.18ab	34.74bc	20.67bc
		污灌	51.57b	22.31ab	14.50cde	33.81a
	60～80	清灌	24.02d	11.37b	67.45a	15.10bc
		污灌	38.01bcd	21.13ab	3.46de	29.94ab
	80～100	清灌	35.03bcd	22.80ab	48.56ab	23.44bc
		污灌	33.77bcd	20.24ab	2.86de	21.20bc
B 酒庄	0～20	清灌	33.55b	14.89b	8.06b	14.81c
		污灌	50.56a	22.98a	18.49a	143.58a
	20～40	清灌	33.94b	15.09b	5.67bc	21.00bc
		污灌	36.94b	13.78bc	6.14bc	80.33b
	40～60	清灌	35.08b	15.49b	4.95bc	20.68bc
		污灌	31.01b	9.86cd	4.14bc	47.87bc
	60～80	清灌	31.04b	12.51bcd	4.93bc	17.58c
		污灌	27.89b	9.18cd	3.57c	34.05bc
	80～100	清灌	30.86b	12.54bcd	3.95c	19.59c
		污灌	26.21b	7.95d	3.14c	24.55bc

注：不同英文小写字母表示同一土层不同处理在 0.05 水平差异显著。下同。

（7）葡萄酒生产废水灌溉对细菌 α 多样性指数的影响

X 酒庄土壤样本共获得 6 871 个 OTUs（分类操作单元），进行物种分类统计后发现有 43 个门、146 个纲、350 个目、553 个科和 1 039 个属以及 2 140 个种。

Z 酒庄土壤样本共获得 6 453 个 OTUs，进行物种分类统计后发现有 40 个门、130 个纲、317 个目、500 个科和 934 个属以及 1 939 个种。B 酒庄土壤样本共获得 6 006 个 OTUs，进行物种分类统计后发现有 40 个门、122 个纲、293 个目、462 个科和 842 个属以及 1 767 个种。

各酒庄以及不同处理的土壤细菌群落的 alpha 多样性（α 多样性）指数如表 4-5 所示。alpha 多样性指数能够有效反映某特定生态系统内的物种多样性情况，有代表性的度量标准包括 Chao 指数、香农（Shannon）指数、ACE 指数、辛普森（Simpson）指数、覆盖度（Coverage）等。其中，Chao 指数与 ACE 指数常用来估计物种总量，可较准确地对样本丰富度进行评估；Simpson 指数在生态学中常用来定量描述一个系统的生物多样性情况，其值越大，说明细菌群落多样性越低。Shannon 指数与 Simpson 指数相似，可反映群落 alpha 多样性，但其衡量标准与 Simpson 指数相反，Shannon 指数数值越大，说明细菌群落种类越丰富。Coverage 能够有效反映样本的覆盖率，其数值越高，在样本中序列测出概率越高，其值能够准确反映出样本测序结果的真实性和可靠性。

结果表明，X 酒庄和 B 酒庄，不同土层污灌处理与清灌处理对土壤 Sobs 指数[①]、Shannon 指数、Simpson 指数、ACE 指数、Chao 指数和 Coverage 均无显著性差异，说明污灌处理后该酒庄土壤细菌的丰富度和物种总量没有显著变化。并且在不同灌溉处理中用于估计群落中 OTUs 数目的 ACE 指数和代表测序深度的 Coverage 均无显著性差异，反映了本次测序结果能够显示所有样本中微生物的真实情况和一致性，可较为准确地描述样本的微生物群落信息。

X 酒庄 0～20 cm 土层，与清灌处理相比，污灌处理增加了 Sobs 指数、Shannon 指数、Chao 指数，增长幅度分别为 41.26%、0.006%、3.06%，说明污灌处理使表层土壤细菌群落结构多样性增加。与清灌处理相比，污灌处理增加了 20～40 cm 土层土壤 Simpson 指数，说明污灌处理降低了 20～40 cm 土层土壤细菌的多样性。

Z 酒庄 0～20 cm 土层，污灌处理相较于清灌处理增加了 Sobs 指数、Shannon 指数、ACE 指数、Chao 指数，分别提高了 5.10%、1.71%、3.90%、3.50%，污灌处理使 0～20 cm 土壤细菌群落结构多样性及土壤细菌丰度增加。20～40 cm 土层，

① 一种多样性指数。

污灌处理与清灌处理相比，Coverage有所增加，增长幅度为0.25%。

B酒庄污灌处理较清灌处理，在20～40 cm土层中，ACE指数和Chao指数增加，分别增加了9.29%和6%。

表4-5 不同处理细菌α多样性指数

指数	深度/cm	X酒庄		Z酒庄		B酒庄	
		清灌	污灌	清灌	污灌	清灌	污灌
Sobs指数	0～20	2 852.00a	2 969.67a	2 432.33b	2 555.67b	2 589.33a	2 463.67a
	20～40	2 366.33a	2 398.33a	2 812.00a	2 754.33a	2 481.33a	2 456.33a
Shannon指数	0～20	6.72a	6.76a	6.43a	6.52a	6.53a	6.42a
	20～40	5.88a	5.28a	6.77b	6.78b	6.52a	6.45a
Simpson指数	0～20	0.003 5a	0.003 5a	0.008 2a	0.008 0a	0.005 4a	0.005 7a
	20～40	0.019 8a	0.080 6a	0.003 6b	0.003 2b	0.005 4a	0.005 1a
ACE指数	0～20	4 276.32a	4 189.36a	3 414.24b	3 831.48a	3 537.10a	3 404.42a
	20～40	3 559.85a	3 638.23a	4 021.67a	3 881.92a	3 336.00a	3 646.02a
Chao指数	0～20	4 008.44a	4 131.18a	3 407.80c	3 617.68bc	3 496.93a	3 378.54a
	20～40	3 359.49a	3 405.17a	3 957.12a	3 822.11ab	3 291.6a	3 489.08a
Coverage	0～20	0.958 8a	0.957 3a	0.960 8a	0.967 7b	0.966 7a	0.967 8a
	20～40	0.965 1a	0.963 6a	0.953 0c	0.955 4bc	0.969 1a	0.966 9a

（8）葡萄酒生产废水对门水平和属水平根际土壤细菌群落组成相对丰度的影响

酒庄各处理条件下的土壤细菌，可根据物种组成百分比进行相对丰度的统计分析。

如图4-30所示，X酒庄，在门分类水平上，污灌处理与清灌处理间细菌群落结构组成相似性较高，主要优势菌群为放线菌门（Actinobacteriota，19.55%～34.18%），其次为变形菌门（Proteobacteria，20.14%～33.13%）、绿弯菌门（Chloroflexi，10.90%～24.31%）、酸杆菌门（Acidobacteriota，4.92%～13.37%）、厚壁菌门（Firmicutes，1.64%～8.23%）、芽单胞菌门（Gemmatimonadota，2.82%～5.41%）、蓝细菌门（Cyanobacteria，0.3%～11.7%）。这7个菌群绝对丰度占土壤细菌群落的90%以上，其中放线菌门占比最大。在0～20 cm土层中，污灌处理相较于清灌处理，增加了放线菌门、酸杆菌门的相对丰度，降低了变形菌门、绿弯菌门、厚壁菌门、芽单胞菌门、蓝细菌门的相对丰度。在20～40cm土层中，污灌处理较清灌处理降低了绿弯菌门、变形菌门、厚壁菌门相对丰度，增加了放线菌门、酸杆菌门、芽单胞菌门、蓝细菌门的相对丰度。在属分类水平上，优势属占总序列的相对比例为50%～60%。各处理间优势菌为 *norank_f_norank_0__SBR1031*[①]（0.30%～13.26%）、喜热噬甲基菌属（*Methylocaldum*，0～14.42%）、节杆菌属（*Arthrobacter*，2.61%～3.1%）、*norank_f_Vicinamibacteraceae*[①]（1.05%～4.47%）。在0～20 cm土层中，污灌处理较清灌处理增加了 *norank_f_Vicinamibacteraceae* 的相对丰度，降低了 *norank_f_norank_0__SBR1031*、喜热噬甲基菌属、节杆菌属的相对丰度。在20～40 cm土层中，污灌处理较清灌处理增加了节杆菌属、*norank_f_Vicinamibacteraceae* 的相对丰度。

如图4-31所示，Z酒庄，在门分类水平上，污灌处理与清灌处理间细菌群落结构组成相似性较高，主要优势菌群为放线菌门（24.05%～35.2%），其次为变形菌门（17.68%～24.87%）、酸杆菌门（9.52%～19.72%）、绿弯菌门（12.72%～14.28%）、芽单胞菌门（3.73%～5.85%）、厚壁菌门（3.18%～4.22%）、粘球菌门（*Myxococcota*，1.78%～2.18%）。这7个菌群相对丰度占土壤细菌群落的85%以上，其中，放线菌门占比最大。不同灌溉处理使土壤细菌群落组成发生变化但整体趋势一致。在0～20 cm土层中，污灌处理较清灌处理增加了放线菌门、变形菌门、厚壁菌门的相对丰度，降低了酸杆菌门、绿弯菌门、芽单胞菌门、粘球菌门的相对丰度。在20～40 cm土层中，污灌处理较清灌处理增加了放线菌门、变形菌门、芽单胞菌门、粘球菌门的相对丰度，降低了酸杆菌门、绿弯菌门、厚壁菌门的相对丰度。在属分类水平上，优势属占总序列的相对比例为50%～60%，各处理间优势属均为节杆菌属（2.13%～8.13%）、*norank_f_norank_o_Vicinamibacterales*（2.82%～5.58%）、*norank_f_Vicinamibacteraceae*（2.5%～5.88%）、*norank_f_Gemmatimonadaceae*（2.39%～3.98%）。在0～20 cm土层中，污灌处理较清灌处理增加了节杆菌属、*norank_f_norank_o_Vicinamibacterales*、*norank_f_Vicinamibacteraceae* 的相对丰度，降低了 *norank_f_Vicinamibacteraceae* 的相对丰度。

① 注：此等级尚未定名。下同。

在 20～40 cm 土层中，污灌处理较清灌处理增加了节杆菌属的相对丰度，降低了 *norank_f_norank_o_Vicinamibacterales*、*norank_f_Vicinamibacteraceae*、*norank_f_Gemmatimonadaceae* 的相对丰度。

根际土壤是微生物群落进行物质交换最活跃的“界面”（陆雅海等，2006），作为土壤微生物的富集地，其微生物特性不仅与土壤类型、土壤植物种类等有关，还会受到灌溉水源、水质的影响。土壤细菌群落多样性能反映土壤细菌群落的状态、生态特性以及土壤环境质量特征，合理的土壤细菌群落多样性是维系土壤环境长久稳定发展的重要保障（秦红等，2017；Sun et al.，2015）。有研究表明，用再生水进行灌溉可提高土壤细菌群落多样性（龚雪等，2014；Mancino et al.，1992），但是也有研究指出，再生水灌溉条件下的土壤细菌多样性变化不显著或呈下降趋势（张楠，2005）。在本研究中，对于 B 酒庄（图 4-32）和 X 酒庄（图 4-30）而言，污灌处理后土壤细菌的丰富度和物种总量均无显著性差异。B 酒庄的污灌处理使 0～20 cm 土层土壤细菌群落结构多样性及土壤细菌丰度均增加；在 20～40 cm 土层下，污灌处理使土壤细菌群落结构多样性与土壤细菌丰度降低。在 X 酒庄中，污灌处理使 0～20 cm 土层土壤细菌群落结构多样性增加；20～40 cm 土层土壤细菌丰度有所降低，而土壤细菌群落结构的多样性有所增加。Z 酒庄污灌处理显著降低了 0～20 cm 土层 ACE 指数和 Coverage 指数（$P<0.05$），较清灌处理分别降低了 12.22%和 0.008 5%，其他指数均无显著性差异；在 20～40 cm 土层中各个指数均有显著性差异，ACE 指数和 Chao 指数显著增长，因此推断污灌处理提高了该土层的土壤细菌丰度。在本研究中，各处理间土壤细菌群落组成在门分类水平上相似性较高，优势菌群以放线菌门为主，污灌处理下的土壤细菌组成变化与清灌处理相比存在一定的差异。从灌溉水质来看，物种差异性主要表现在属分类水平上的菌群组成，3 个酒庄的优势属均不相同。

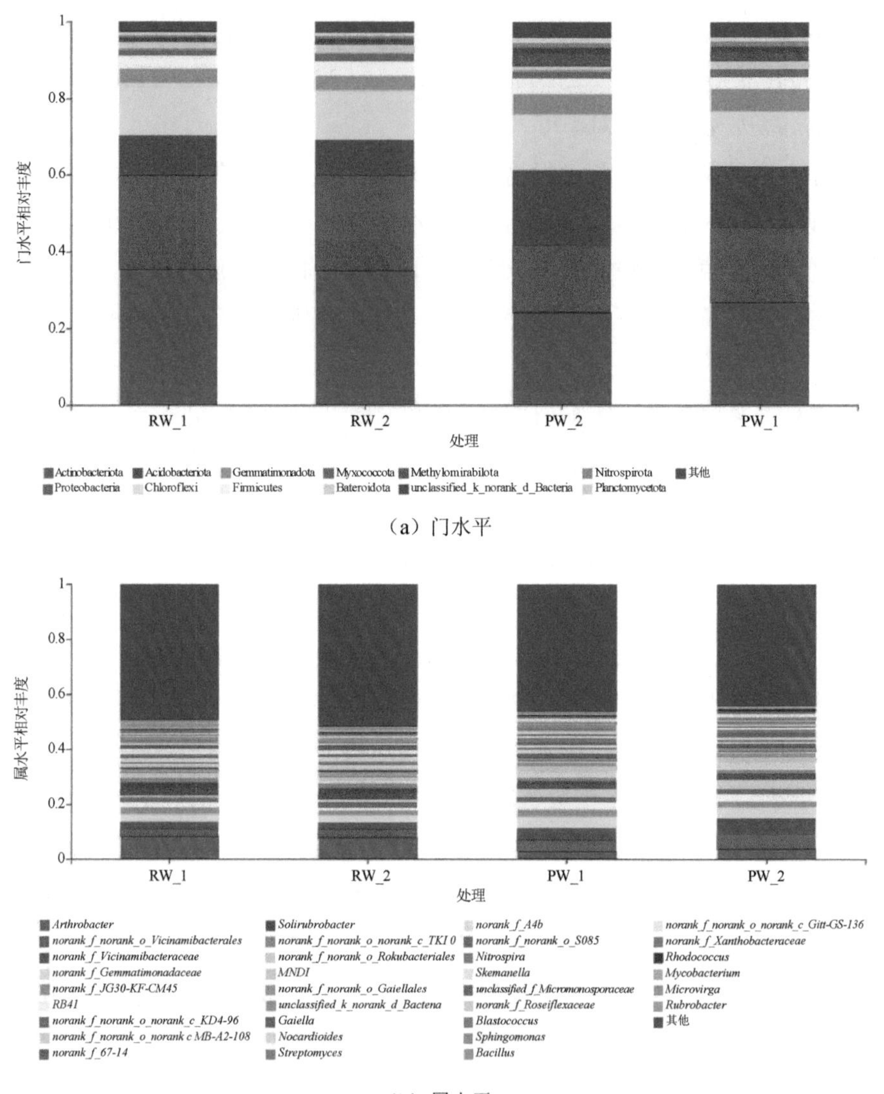

图 4-30　X 酒庄门和属水平土壤细菌群落组成相对丰度

注：①PW 和 RW 分别代表清灌和污灌两种处理，其中，PW_1 表示清灌处理 0～20 cm 土层，PW_2 表示清灌处理 20～40 cm 土层，RW_1 表示污灌处理 0～20 cm 土层，RW_2 表示污灌处理 20~40 cm 土层。下同。②Actinobacteriota：放线菌门；Acidobacteriota：酸杆菌门；Gemmatimonadota：芽单胞菌门；Myxococcota：粘球菌门；Methylomirabilota：甲基肌酐门；Nitrospirota：硝化菌门；Proteobacteria：变形菌门；Chloroflexi：绿弯菌门；Firmicutes：厚壁菌门；Bateroidota：拟杆菌门；Planctomycetota：浮霉菌门；*Arthrobacter*：节杆菌属；*Solirubrobacter*：土壤红杆菌属；*Gaiella*：盖勒氏菌属；*Nocardioides*：微白类诺卡氏菌属；*Streptomyces*：链霉菌属；*Nitrospira*：硝化螺旋菌属；*Skemanella*：红弧菌属；*Blastococcus*：芽球菌属；*Sphingomonas*：鞘氨醇单胞菌属；*Bacillus*：芽孢杆菌属；*Rhodococcus*：红球菌属；*Mycobacterium*：分枝杆菌属；*Microvirga*：微枝形杆菌属；*Rubrobacter*：红色杆菌属。

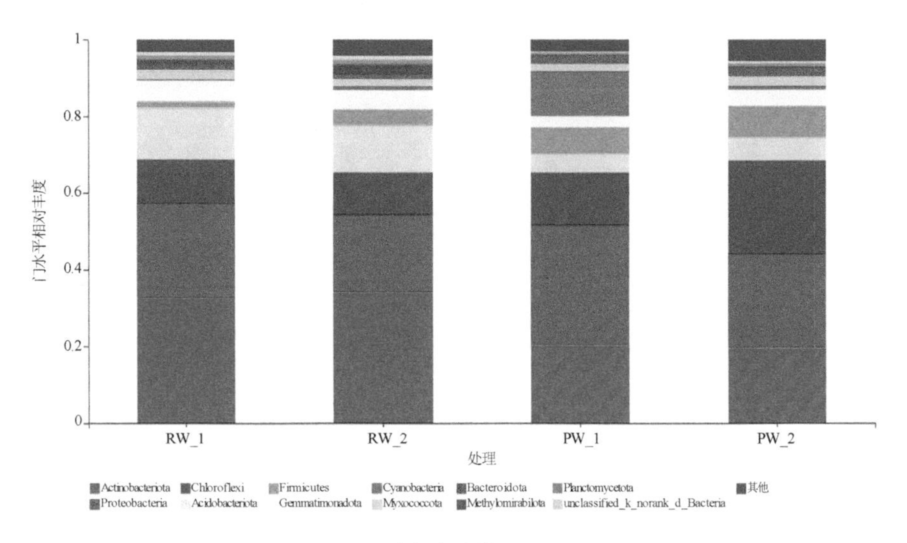

（a）门水平

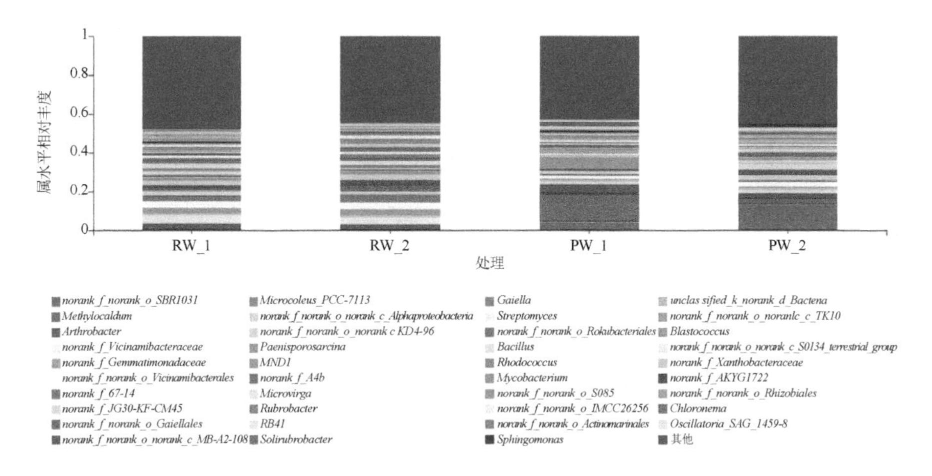

（b）属水平

图 4-31　Z 酒庄门和属水平土壤细菌群落组成相对丰度

注：Actinobacteriota：放线菌门；Chloroflexi：绿弯菌门；Firmicutes：厚壁菌门；Cyanobacteria：蓝细菌门；Bacteroidota：拟杆菌门；Planctomycetota：浮霉菌门；Proteobacteria：变形菌门；Acidobacteriota：酸杆菌门；Gemmatimonadota：芽单胞菌门；Myxococcota：粘球菌门；Methylomirabilota：甲基肌酐门；*Methylocaldum*：喜热噬甲基菌属；*Arthrobacter*：节杆菌属；*Paenisporosarcina*：芽孢八叠球菌属；*Microvirga*：微枝形杆菌属；*Rubrobacter*：红色杆菌属；*Solirubrobacter*：土壤红杆菌属；*Gaiella*：盖勒氏菌属；*Streptomyces*：链霉菌属；*Bacillus*：芽孢杆菌属；*Rhodococcus*：红球菌属；*Mycobacterium*：分枝杆菌属；*Sphingomonas*：鞘氨醇单胞菌属；*Blastococcus*：芽球菌属；*Chloronema*：绿线菌属。

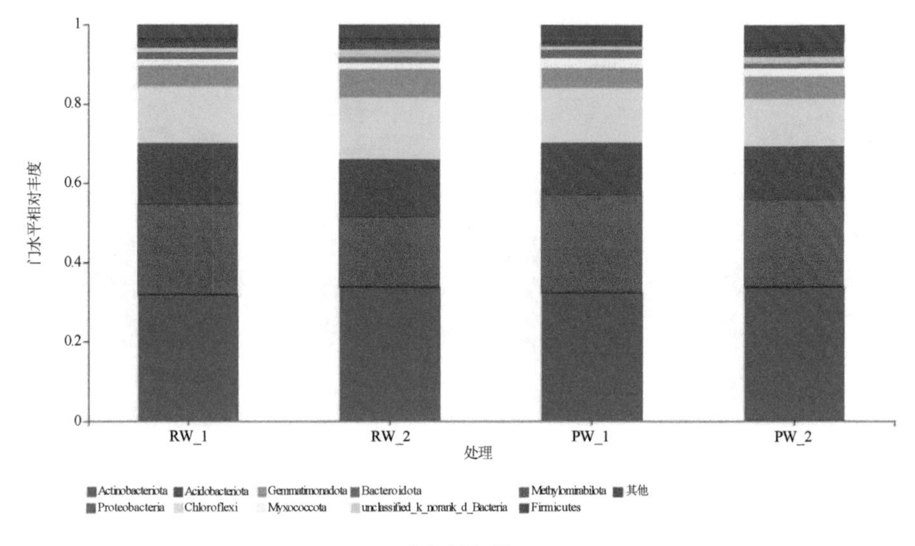

（a）门水平

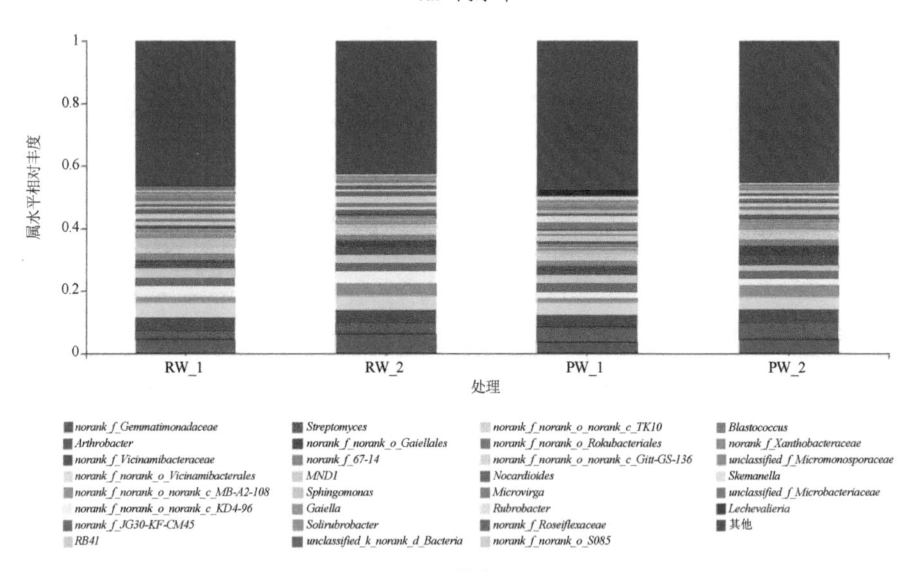

（b）属水平

图 4-32　B 酒庄门和属水平土壤细菌群落组成相对丰度

注：Actinobacteriota：放线菌门；Acidobacteriota：酸杆菌门；Gemmatimonadota：芽单胞菌门；Bacteroidota：拟杆菌门；Methylomirabilota：甲基肌酐门；Proteobacteria：变形菌门；Chloroflexi：绿弯菌门；Myxococcota：粘球菌门；Firmicutes：厚壁菌门；*Arthrobacter*：节杆菌属；*Streptomyces*：链霉菌属；*Sphingomonas*：鞘氨醇单胞菌属；*Gaiella*：盖勒氏菌属；*Solirubrobacter*：土壤红杆菌属；*Nocardioides*：微白类诺卡氏菌属；*Microvirga*：微枝形杆菌属；*Rubrobacter*：红色杆菌属；*Blastococcus*：芽球菌属；*Skemanella*：红弧菌属；*Lechevalieria*：列舍瓦里尔菌属。

4.2.1.3　小结

通过研究污灌与清灌两种灌溉方式对土壤 pH、EC、有机碳、全量和速效养分以及微生物群落组成的影响，得出以下具体结论：

①与清灌处理相比，污灌处理提高了土壤表层的 pH，但无显著性差异。

②与清灌处理相比，污灌处理增加了土壤表层 EC，其中 Z 酒庄土壤表现出盐分累积的趋势，废水灌溉对土壤形成的潜在盐碱化风险还需进一步监测分析。

③与清灌处理相比，污灌处理使表层土壤有机碳、速效养分及全量养分含量均不同程度地增加，说明污灌处理可以提高表层土壤肥力，改善土壤环境质量。

④与清灌处理相比，污灌处理显著增加了 Na^+、K^+和 Mg^{2+}含量，这可能与生产过程中使用钠基或钾基清洁剂有关。

⑤与清灌处理相比，污灌处理增加了土壤细菌群落多样性。

4.2.2　葡萄酒生产废水室内模拟灌溉研究

葡萄酒生产废水主要产生于除梗破碎、倒罐、过滤等阶段，经过废水处理系统转化为再生水。据相关统计，压榨 1 t 葡萄会产生 3～5 t 废水（Mosse et al.，2012）。通常食品加工行业排出的废水中含有作物生长必需的大量元素（氮、磷、钾）等，但受到生产及安全卫生规范的制约，最终排水不能含重金属及病原微生物等有毒有害物质。目前国内关于食品加工行业废水土地利用的研究相对较少，特别是对葡萄酒生产废水资源化利用途径的探索更少。葡萄酒生产废水资源化利用程度不够高，是制约区域特色酒庄产业发展的原因之一。

鉴于此，本研究通过土柱模拟灌水试验，以葡萄酒生产废水和清水的不同灌溉组合以及不同灌溉条件下的土壤为研究对象，探索葡萄酒生产废水不同灌溉模式对土壤理化性状的影响，以期为葡萄酒生产废水资源化利用的安全性评价及再生水灌溉条件下的土壤生态环境效应研究提供理论依据。

4.2.2.1　试验设计

（1）试验 1：葡萄酒生产废水的不同灌溉水平对土壤理化性质的影响

试验设清水、废水两种灌溉水质，充分灌水（溉）、非充分灌水（溉）两种灌水水平，充分灌水处理基本保证每次灌水后土壤含水率能维持田间持水量状态，非充分灌水处理单次灌水量为充分灌水处理的60%。实验共设4个处理，分别为充分清水灌溉（CF）、非充分清水灌溉（CD）、充分废水灌溉（RF）、非充分废水灌溉（RD），每个处理重复3次。

试验用土柱填装容器为有机玻璃管材，外径20 cm，高110 cm，壁厚0.98 cm。土柱底部（反滤层位置处）设有排水孔，用于收集尾水。装土前在土柱底部铺设1层纱网，而后均匀装填5 cm石英砂过滤层，过滤层表面铺设1层纱网。供试土壤经自然风干、筛分后，按1.35g/cm^3的容重分层（5 cm）装填土柱，在土壤填装过程中，严格将土柱内壁边缘的土壤压实，以保证灌水时无贴壁水流入渗，尽量避免边缘效应的发生，土柱顶部预留10 cm高度不填土以备灌水时利用。灌水时在土壤表面放置防冲滤网，防止灌溉过程对土柱中的土壤产生冲刷作用。灌水后的24 h内需堵塞土柱底孔以保证试验土样充分饱和，而后打开土柱底孔将土柱自然风干。试验在2020年5月—7月于室内进行，充分灌水处理首次灌水量为9 L，非充分灌水处理每次灌水量为5.4 L，之后充分灌水处理和非充分灌水处理灌水量分别为3 L和1.8 L。灌水周期为10 d，整个试验周期累计灌水9次，灌水试验结束后，将土柱自然风干3周。各个处理分层取土，分析0～80cm土层土壤pH、EC以及有机碳、TN、TP、速效氮、速效磷和K^+、Na^+、Ca^{2+}、Mg^{2+}的含量与分布特征。

（2）试验2：葡萄酒生产废水不同灌溉方式对土壤理化性质的影响

试验设清水持续灌溉、废水持续灌溉、废水-清水混合灌溉及废水-清水交替灌溉4种灌溉组合，全部为充分灌溉条件。充分灌水处理基本保证每次灌水后土壤含水率能维持田间持水量状态，共设4个处理，分别为（充分）清水灌溉（CF）、（充分）废水灌溉（RF）、（充分）混合灌溉（MF）和（充分）交替灌溉（AF），每个处理重复3次。其中充分混合灌溉为利用清水将废水稀释2倍后进行的灌溉；充分交替灌溉为第一次用再生水灌溉，下一次用清水灌溉，两者依次交替进行的灌溉方式。其他试验过程同试验1。

图4-33为室内模拟灌溉试验示意。

图 4-33　室内模拟灌溉试验

4.2.2.2　结果与分析

（1）不同灌溉水平和灌溉方式对土壤 pH 和 EC 的影响

如图 4-34 所示，在不同灌溉水平下，土壤 pH 的分布特征：充分清水灌溉与非充分清水灌溉土壤 pH 随土层深度增加总体呈现先升高后下降的趋势，充分废水灌溉条件下土壤 pH 随着土层深度的增加逐渐下降，但与其他灌溉处理相比均有所升高，且在 40～80 cm 土层显著升高。在不同灌溉水平下，土壤 EC 含量总体呈现随着土层的增加先逐渐减少然后增加的趋势。各处理水平 0～60 cm 土层土壤 EC 均无显著性差异。在 60～80 cm 土层中，非充分废水灌溉处理的土壤 EC 显著大于充分废水灌溉处理。

如图 4-35 所示，在不同灌溉方式下，土壤 pH 的分布特征：整个剖面土壤 pH 随土层深度增加总体呈现下降趋势，土壤 pH 的变化范围为 8.91～9.37，在 0～80 cm 土层中，与其他灌溉方式相比，充分混合灌溉模式的 pH 显著降低。在不同灌溉方式下，土壤 EC 总体呈现随土层深度增加先减少后增加的趋势。在 0～40 cm 土层中，与清水灌溉相比，废水灌溉方式下的土壤 EC 总体较高，但无显著性差异。

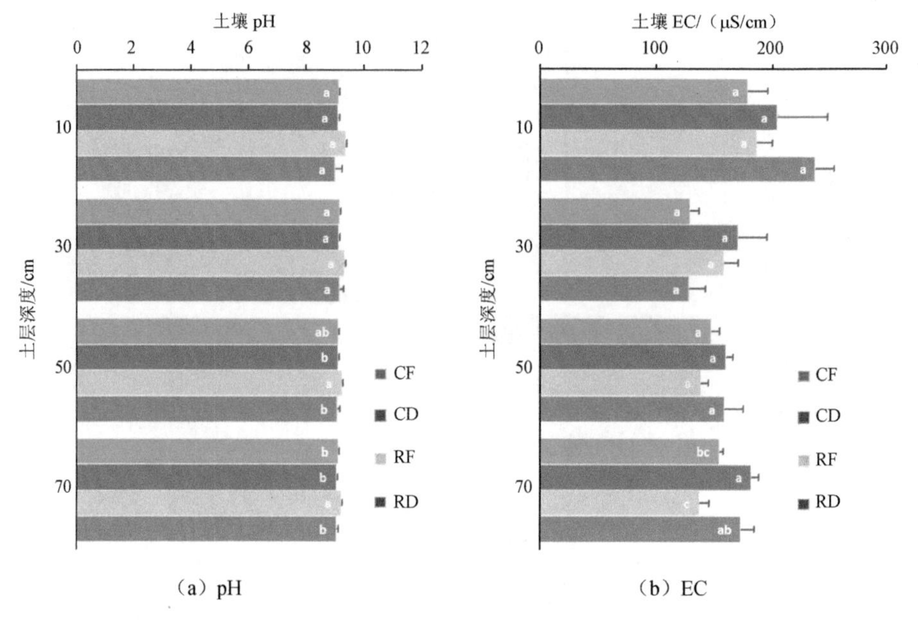

（a）pH （b）EC

图 4-34 不同灌溉水平对土壤 pH 和 EC 的影响

注：不同英文小写字母表示同一土层不同处理在 0.05 水平差异显著。下同。

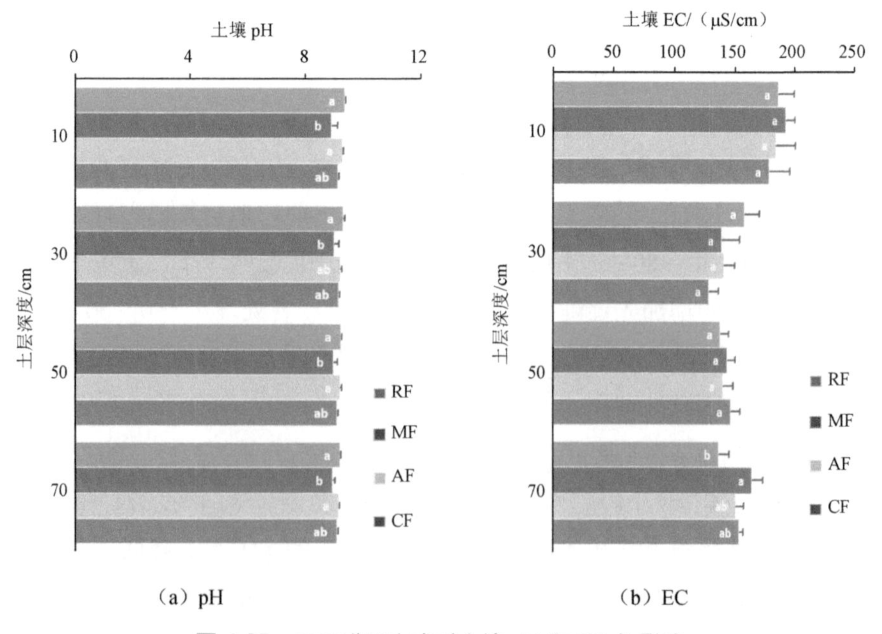

（a）pH （b）EC

图 4-35 不同灌溉方式对土壤 pH 和 EC 的影响

（2）不同灌溉水平和灌溉方式对土壤有机碳的影响

如图 4-36 所示，在不同灌溉水平下，土壤有机碳含量变化范围为 4.38～6.06 g/kg。与非充分清水灌溉相比，充分清水灌溉后表层土壤有机碳含量有所增加，深层土壤有机碳含量有所减少。与非充分废水灌溉相比，充分废水灌溉的土壤有机碳含量也有类似的变化趋势，但两者无显著性差异。

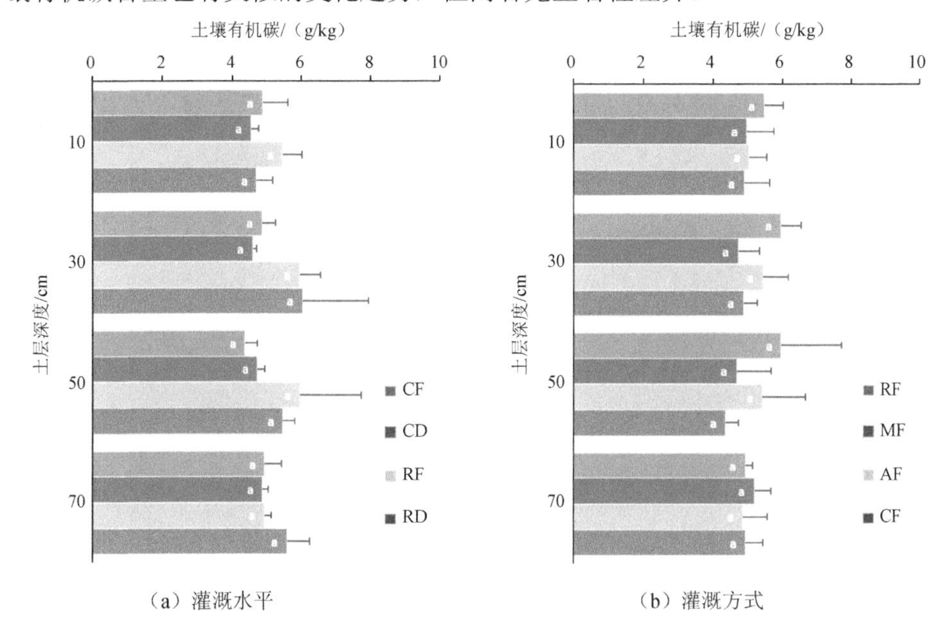

（a）灌溉水平　　（b）灌溉方式

图 4-36　不同灌溉水平和灌溉方式对土壤有机碳的影响

在不同灌溉方式下，土壤有机碳含量变化范围为 4.38～5.97 g/kg。除个别土层外，与清水灌溉相比，0～80 cm 土层废水灌溉、混合灌溉和交替灌溉处理后土壤有机碳含量总体有所增加，其中废水灌溉处理后土壤有机碳含量增长幅度较大，但差异不显著。

（3）不同灌溉水平和灌溉方式对土壤全量养分的影响

如图 4-37 所示，在不同灌溉水平下，土壤 TN 含量变化范围为 0.52～0.57 g/kg。在 60～80 cm 土层中，不同灌溉水平土壤 TN 含量排序为充分废水灌溉处理＞充分清水灌溉处理＞非充分废水灌溉处理＞非充分清水灌溉处理，其中充分废水灌溉处理显著大于非充分清水灌溉处理，其他处理间均无显著性差异。在不同灌溉水平下，0～80 cm 土层土壤 TP 含量变化范围为 0.56～0.72 g/kg，除 0～20 cm 土层外，其他土层各处理间均无显著性差异。在 0～20 cm 土层中，其他 3 种灌溉处理后的土壤 TP 含量均显著大于非充分清水灌溉处理。

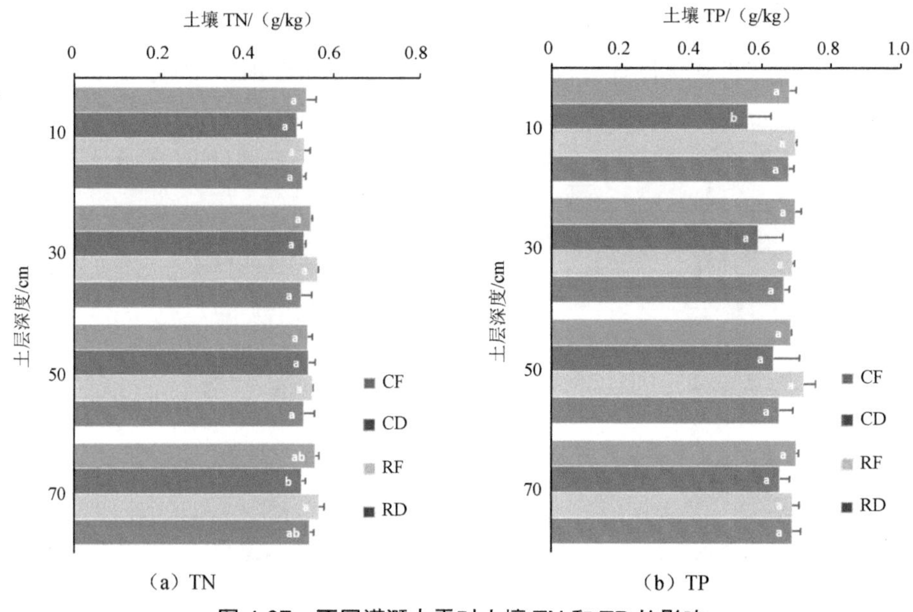

图 4-37　不同灌溉水平对土壤 TN 和 TP 的影响

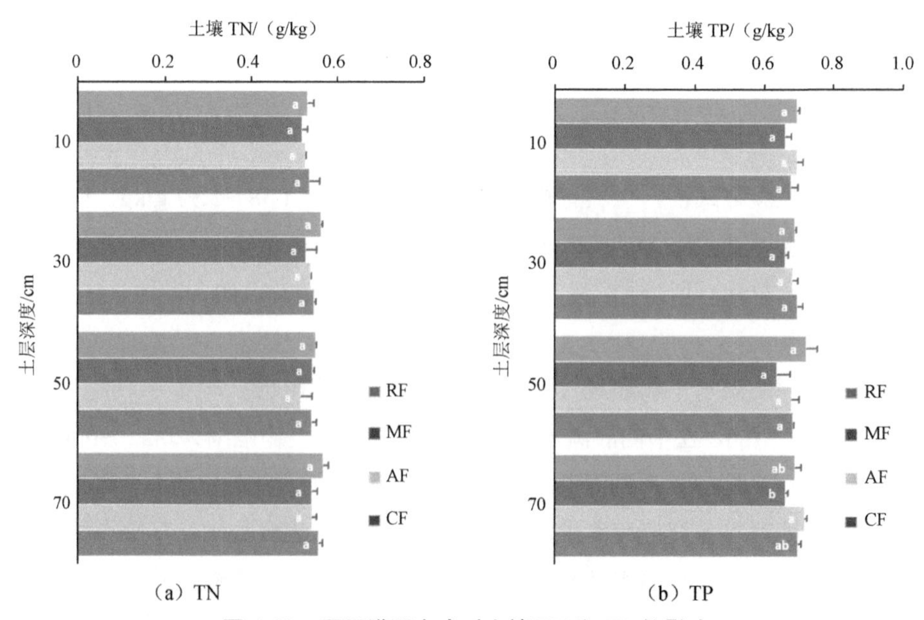

图 4-38　不同灌溉方式对土壤 TN 和 TP 的影响

如图 4-38 所示，在不同灌溉方式下，土壤 TN 含量大体上呈现随土层深度增加而不断减少的趋势，变化范围为 0.52～0.57 g/kg。与清水灌溉相比，20～60 cm 土层废水灌溉的 TN 含量均有所增加，但无显著性差异。在不同灌溉方式下，0～60 cm 土层土壤 TP 含量变化范围为 0.64～0.72 g/kg，且各处理间无显著性差异，在 60～80 cm 土层中，交替灌溉处理的 TP 含量显著大于混合灌溉处理。

（4）不同灌溉水平和灌溉方式对土壤速效养分的影响

如图 4-39 所示，在不同灌溉水平下，土壤硝态氮含量变化范围为 3.86～13.30 mg/kg。与非充分废水灌溉处理相比，充分废水灌溉处理 0～20 cm 和 60～80 cm 土层土壤硝态氮含量显著减少；与非充分清水灌溉处理相比，充分清水灌溉处理 20～40 cm 土层土壤硝态氮含量显著减少。与非充分废水灌溉处理相比，充分废水灌溉处理 0～20 cm 和 60～80 cm 土层土壤铵态氮含量显著增加。非充分废水灌溉处理（60～80 cm 土层）速效磷含量显著大于充分废水灌溉处理，速效磷含量增加了 29.46%。

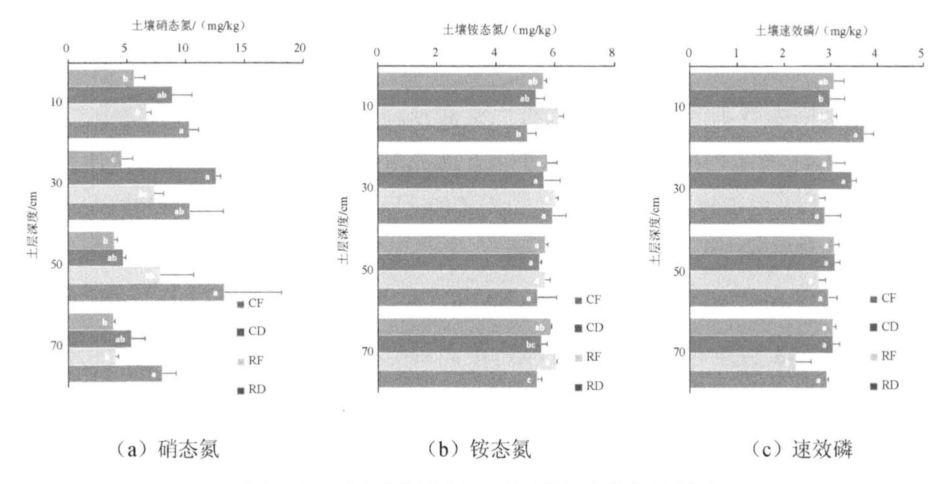

（a）硝态氮　（b）铵态氮　（c）速效磷

图 4-39　不同灌溉水平对土壤速效养分的影响

如图 4-40 所示，在不同灌溉方式下，0～60 cm 土层清水灌溉处理土壤硝态氮含量随着土层深度的增加而逐渐减少，而废水灌溉处理呈现先减少后急剧增加的趋势。在 20～40 cm 土层中，不同灌溉方式处理土壤硝态氮含量排序为废水灌溉处理＞清水灌溉处理＞交替灌溉处理＞混合灌溉处理，且废水灌溉处理与其他 3 种处理差异显著。各处理间 0～80 cm 土层土壤铵态氮含量均无显著性差异。土壤速效磷含量变化范围为 2.26～3.49 mg/kg，0～60 cm 土层各处理土壤速效磷含量总体随土层深度的增加而逐渐减少。

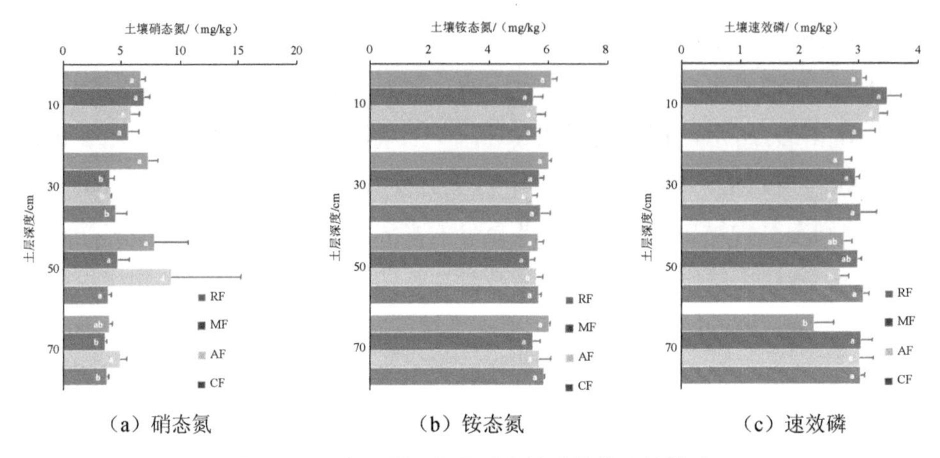

（a）硝态氮　　（b）铵态氮　　（c）速效磷

图 4-40　不同灌溉方式对土壤速效养分的影响

（5）不同灌溉水平和灌溉方式对土壤盐分离子的影响

如图 4-41 所示，在不同灌溉水平下，非充分废水灌溉处理与充分废水灌溉处理 0～60 cm 土层土壤 K^+含量均随土层深度增加呈现先减少后增加的趋势，且非充分废水灌溉处理 0～80 cm 土层土壤 K^+含量显著大于充分废水灌溉处理，增长幅度范围为 8.49%～11.41%。除 20～40 cm 土层外，在其他土层中，不同灌溉水平处理土壤 Na^+含量排序为非充分废水灌溉处理＞非充分清水灌溉处理＞充分废水灌溉处理＞充分清水灌溉处理，且非充分废水灌溉处理与其他各处理间差异显著。在 0～40 cm 土层中，不同灌溉水平处理土壤 Ca^{2+}含量排序为非充分清水灌溉处理＞充分清水灌溉处理＞非充分废水灌溉处理＞充分废水灌溉处理，除充分灌溉处理外，其他处理间差异显著。非充分清水灌溉处理、充分清水灌溉处理和非充分废水灌溉处理 40～80 cm 土层土壤 Ca^{2+}含量均显著大于充分废水灌溉处理。0～20 cm，40～60 cm 和 60～80 cm 土层非充分清水灌溉处理土壤 Mg^{2+}含量均大于充分清水灌溉处理、充分废水灌溉处理和非充分废水灌溉处理，且与充分废水灌溉处理差异显著。

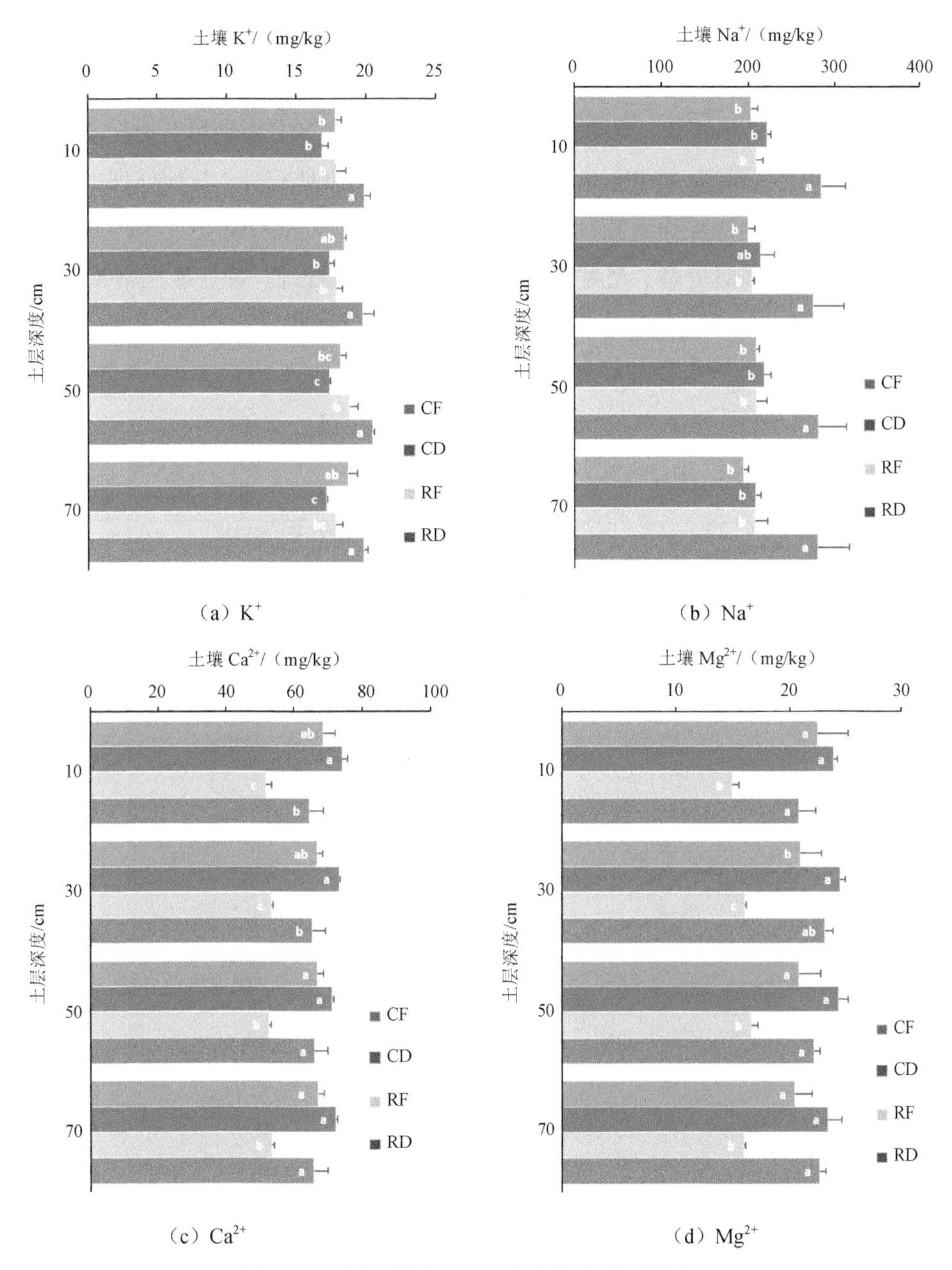

图 4-41　不同灌溉水平对土壤盐分离子的影响

如图 4-42 所示，在不同灌溉方式下，各处理间 0～80 cm 土层土壤 K^+含量均无显著性差异，而 0～40 cm 土层土壤 Na^+含量有显著变化，其中废水灌溉处理（0～20 cm 土层）与混合灌溉处理（20～40 cm 土层）土壤 Na^+含量显著大于交替灌溉处理，增长幅度分别为 11.92%和 11.60%。除废水灌溉处理外，其他处理土壤 Ca^{2+}含量总体随土层的增加而逐渐减少。清水灌溉处理 40～80 cm 土层土壤 Ca^{2+}含量均显著大于混合灌溉处理、交替灌溉处理和废水灌溉处理。各处理土壤 Mg^{2+}含量变化范围为 15～22.51 mg/kg，20～80 cm 土层清水灌溉处理和混合灌溉处理土壤 Mg^{2+}含量均显著大于交替灌溉处理和废水灌溉处理。

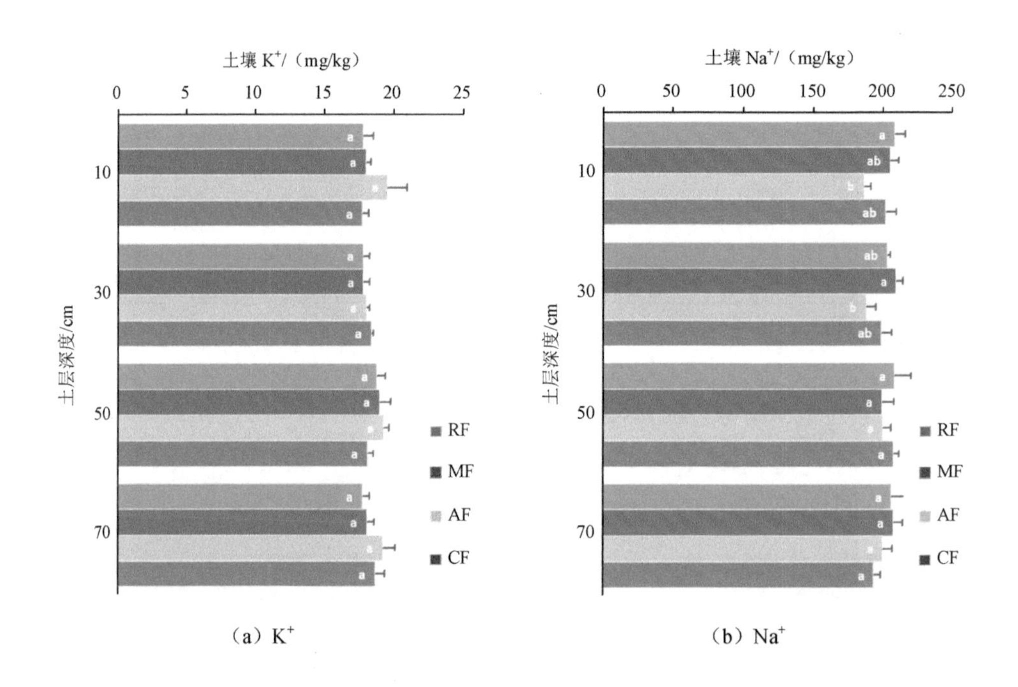

（a）K^+　　（b）Na^+

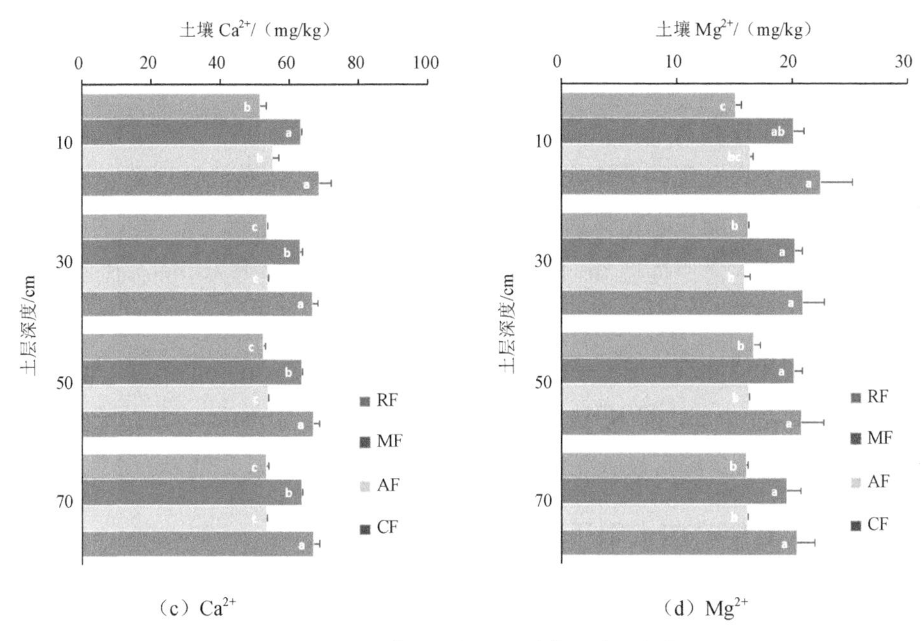

（c）Ca^{2+}　　（d）Mg^{2+}

图4-42　不同灌溉方式对土壤盐分离子的影响

4.2.2.3　小结

通过室内模拟试验研究不同灌溉方式和灌溉水平对土壤 pH、EC、有机碳、全量养分和速效养分以及盐分离子的影响，得出以下具体结论：

①在充分废水灌溉条件下，土壤 pH 随土层深度的增加逐渐减少，但与其他灌溉水平处理相比，均有所增加。0～60 cm 土层不同灌溉水平处理土壤 EC 均无显著性差异。与清水灌溉方式相比，不同灌溉试处理 0～40 cm 土层土壤 pH 无显著变化。废水灌溉方式增加了土壤表层 EC，但差异不显著。

②与非充分废水灌溉相比，充分废水灌溉的表层土壤有机碳含量有所增加，但各处理间无显著性差异。与清水灌溉相比，0～80 cm 土层废水灌溉、混合灌溉和交替灌溉处理有机碳含量总体有所增加，其中废水灌溉处理增长幅度较大，但差异并不显著。

③在不同灌溉水平和方式下，土壤 TN 含量总体无显著变化。与非充分清水灌溉处理相比，其他灌溉水平处理土壤表层 TP 含量显著增加。在不同灌溉方式

下，60～80 cm 土层交替灌溉处理 TP 含量显著增加。

④与非充分废水灌溉处理相比，充分废水灌溉处理土壤表层和深层硝态氮含量显著减少，而铵态氮含量显著增加。60～80 cm 土层非充分废水灌溉处理速效磷含量显著大于充分废水灌溉处理。20～40 cm 土层废水灌溉处理硝态氮含量显著大于其他处理，而铵态氮含量在不同处理间无显著性差异。

⑤非充分废水灌溉处理 0～80 cm 土层土壤 K^+含量显著大于充分废水灌溉处理，Na^+含量也有类似变化趋势，而非充分清水灌溉处理 0～40 cm 土层土壤 Ca^{2+}含量显著大于其他处理，Mg^{2+}含量与其有类似变化趋势。在不同灌溉方式下，各处理间 0～80 cm 土层土壤 K^+含量均无显著性差异，而 0～40 cm 土层废水灌溉和混合灌溉土壤 Na^+含量有显著变化。

4.2.3 葡萄酒生产废水用于葡萄园灌溉研究

4.2.3.1 试验区概况与试验设计

本研究在宁夏西鸽酒庄葡萄基地（图 4-43）进行，研究区域位于 38°4′6″N，105°52′35″E 地区，海拔为 1 134.55 m，气候干燥，年降水量为 150～200 mm，年日照时数为 2 800～3 000 h，年平均气温为 8.5℃，无霜期为 180 d。

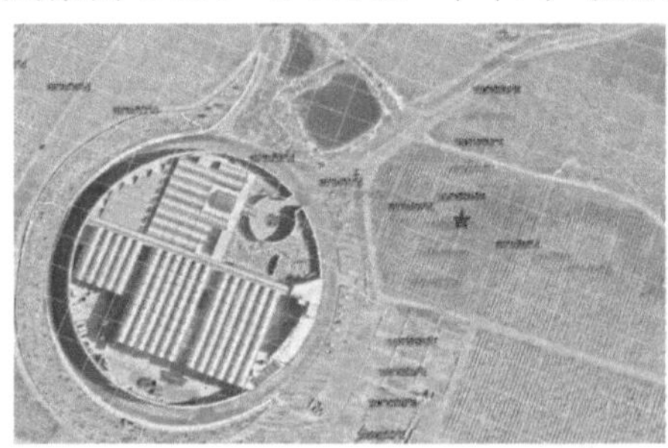

图 4-43 试验区域概况

供试作物为 3 年生酿酒葡萄（美乐），株行距为 1 m×3 m。采用单因素完全随机设计，共设 4 个处理，分别为清水灌溉（CI），（清水废水）交替灌溉（AI），（清水废水）混合灌溉（MI），废水灌溉（RI）。灌溉量结合生产管理实际，灌溉定额为 3 000 m^3/hm^2，每组处理设 4 个重复，小区面积为 36 m^2（3 m×12 m）。试验用水取自西鸽酒庄污水处理厂，处理后的出水水质符合国家《城市污水再生利用　农田灌溉用水水质》（GB 20922—2007）和《农田灌溉水质标准》（GB 5084—2021）。

图 4-44 田间小区排列示意，图 4-45 为田间灌溉情况示意。

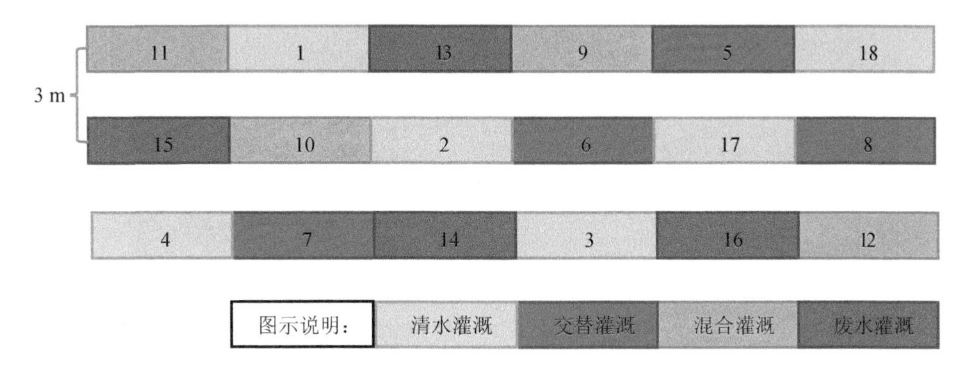

图 4-44　田间小区排列示意

图 4-45　田间灌溉情况示意

4.2.3.2　结果与分析

（1）不同灌溉方式对土壤 pH 和 EC 的影响

如图 4-46 所示，在不同灌溉方式下，土壤 pH 变化范围为 9.6～10.05；0～80 cm 土层土壤 pH 无显著变化，80～100 cm 土层，与清水灌溉处理相比，混合灌溉和废水灌溉处理土壤 pH 显著降低。不同灌溉方式下，土壤 EC 变化范围为 121.13～587 μS/cm。与清水灌溉相比，交替灌溉、混合灌溉和废水灌溉处理 0～20 cm 土层土壤 EC 有所增加，其中混合灌溉处理显著增加；80～100 cm 不同灌溉处理土壤 EC 变化显著，与其他处理相比，混合灌溉处理显著增加。

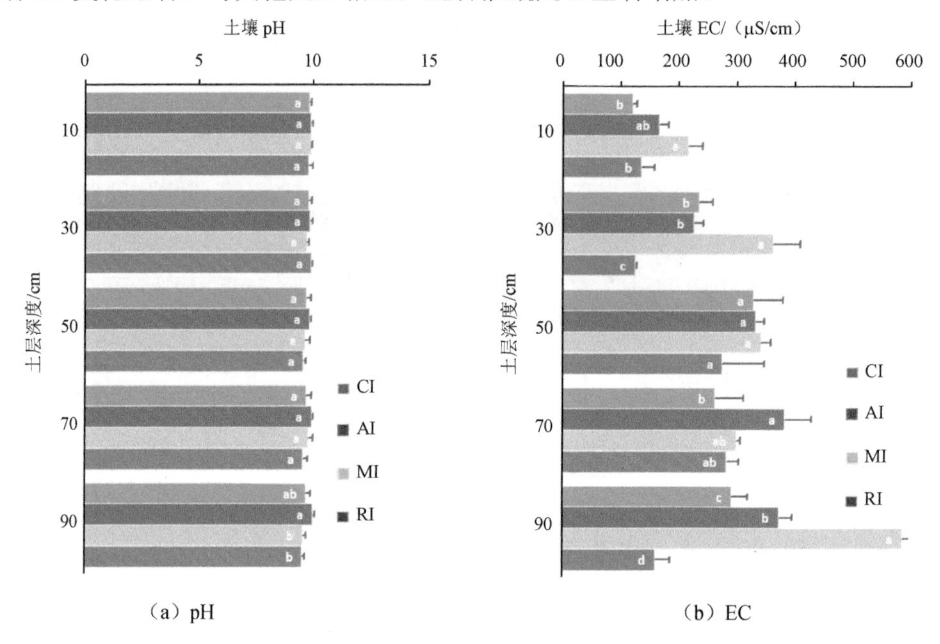

（a）pH （b）EC

图 4-46 不同灌溉方式对土壤 pH 和 EC 的影响

（2）不同灌溉方式对土壤有机碳的影响

如图 4-47 所示，在不同灌溉方式下，土壤有机碳含量变化范围为 1.15～3.02 g/kg。与清水灌溉相比，交替灌溉和混合灌溉处理 0～20 cm、40～60 cm 和 60～80 cm 土层土壤有机碳含量有所增加，但无显著性差异。

（3）不同灌溉方式对土壤全量养分的影响

如图 4-48 所示，在不同灌溉方式下，土壤 TN 含量变化范围为 0.15～0.46 g/kg，土壤 TP 含量变化范围为 0.11～0.35 g/kg。与清水灌溉相比，交替灌溉和混合灌溉处理 0～20 cm、40～60 cm、60～80 cm 和 80～100 cm 土层土壤 TN 含量有所增加，其中 0～20 cm 和 80～100 cm 土层交替灌溉处理土壤 TN 含量显著增加，增长幅度达 38.54%和 67.14%。与清水灌溉相比，交替灌溉和混合灌溉处理 0～20 cm、40～60 cm、60～80 cm 和 80～100 cm 土层土壤 TP 含量有所增加，其中交替灌溉处理土壤 TP 含量显著增加，增长幅度分别为 39.44%、32.88%、71.93%和 79.63%。

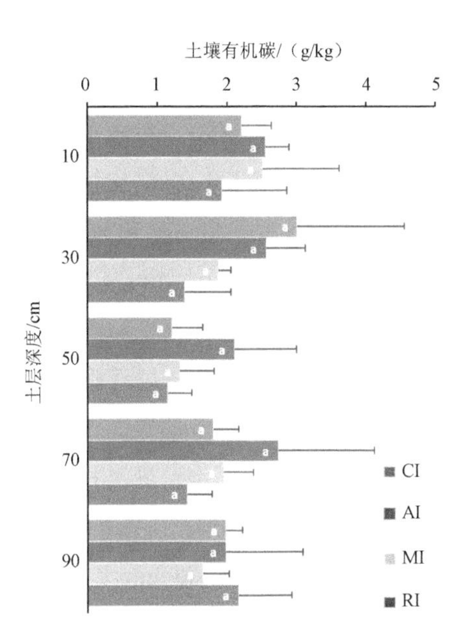

图 4-47　不同灌溉方式对土壤有机碳的影响

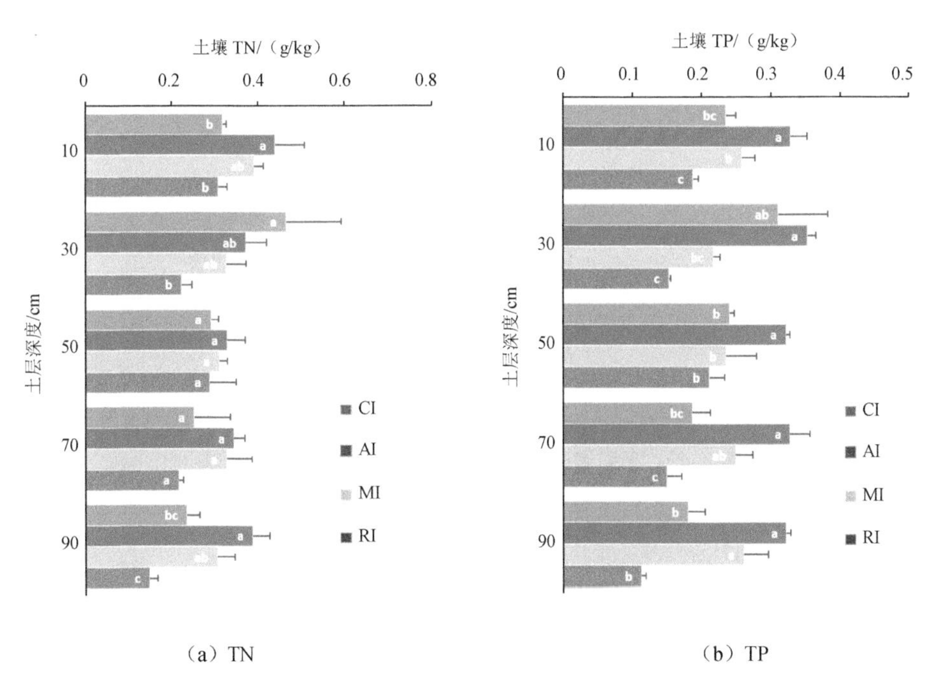

图 4-48　不同灌溉方式对土壤 TN 和 TP 的影响

（4）不同灌溉方式对土壤速效养分的影响

如图4-49所示，在不同灌溉方式下，土壤硝态氮含量变化范围为2.27～16.06 mg/kg，土壤铵态氮含量变化范围为3.91～5.1 mg/kg。与清水灌溉处理相比，其他灌溉处理表层土壤（0～20 cm土层）硝态氮含量均有所增加，但无显著性差异，而交替灌溉处理和混合灌溉处理深层土壤（60～80 cm和80～100 cm土层）硝态氮含量较清水灌溉处理显著增加。不同灌溉处理0～40 cm和80～100 cm土层土壤铵态氮含量无显著变化，与清水灌溉相比，交替灌溉和混合灌溉40～60 cm和60～80 cm土层土壤铵态氮含量有所增加，其中交替灌溉处理土壤铵态氮含量显著增加，增长幅度为15.2%～19.53%。在不同灌溉方式下，土壤速效磷含量变化范围为0.8～8.31 mg/kg，与清水灌溉处理相比，混合灌溉和交替灌溉处理0～20 cm土层土壤速效磷含量有所增加，其中混合灌溉处理土壤速效磷含量显著增加。与清水灌溉处理相比，交替灌溉处理40～60 cm和60～80 cm土层土壤速效磷含量显著增加，分别增加了55.28%和125.91%。

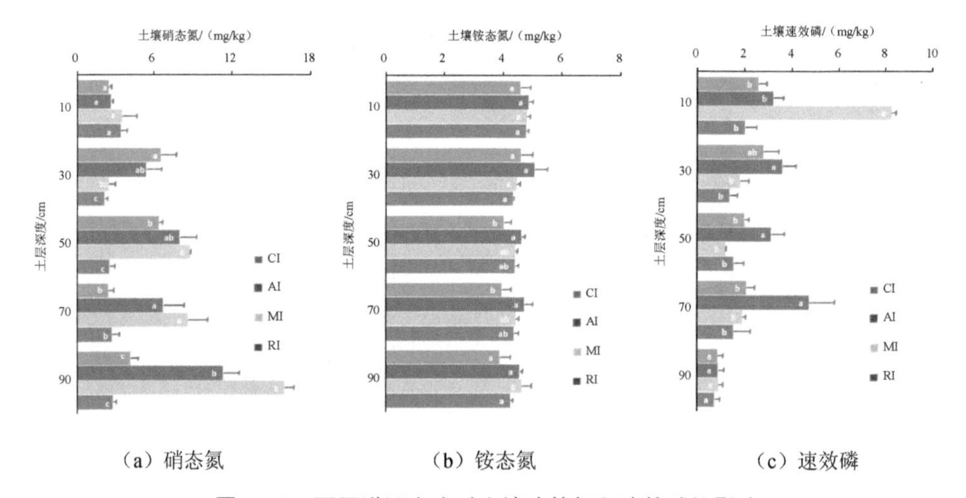

（a）硝态氮　（b）铵态氮　（c）速效磷

图4-49　不同灌溉方式对土壤速效氮和速效磷的影响

（5）不同灌溉方式对土壤盐分离子的影响

如图4-50所示，在不同灌溉方式下，土壤K^+含量变化范围为3.2～11.58 mg/kg，各处理0～20 cm、60～80 cm土层土壤K^+无显著性差异，与清灌处理相比，废水灌溉处理40～60 cm土层土壤K^+显著增加，增长幅度为34.34%。土壤Na^+含量变

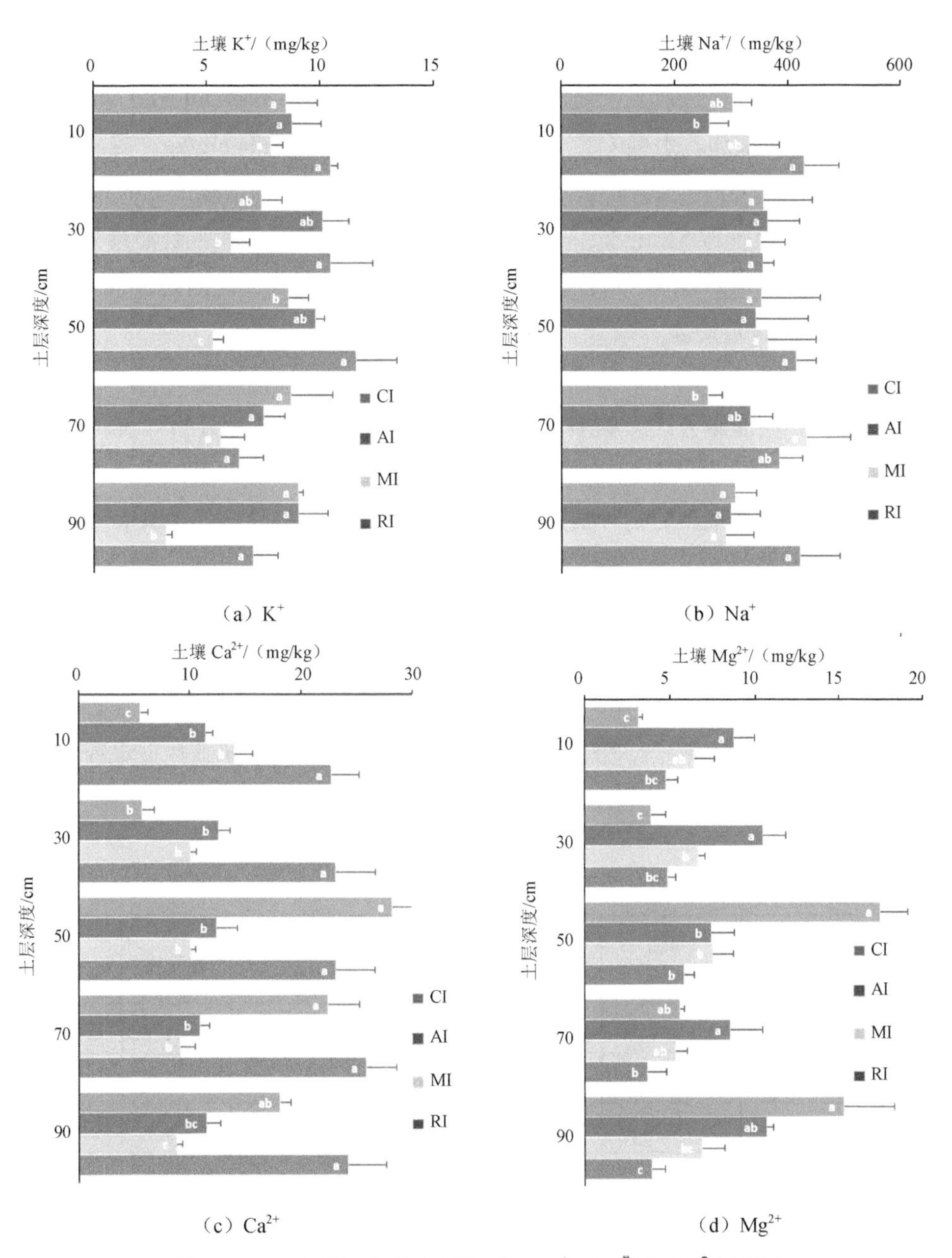

图 4-50　不同灌溉方式对土壤 K^{+}、Na^{+}、Ca^{2+}和 Mg^{2+}的影响

化范围为 257.8～433.36 mg/kg，各处理 20～40 cm、40～60 cm 和 60～80 cm 土层土壤 Na^+含量无显著性差异，与清灌处理相比，混合灌溉处理 60～80 cm 土层土壤 Na^+含量显著增加。土壤 Ca^{2+}含量变化范围为 5.58～28.24 mg/kg，与清灌处理相比，除 40～60 cm 土层外，废水灌溉处理土层 Ca^{2+}含量均增加。土壤 Mg^{2+}含量变化范围为 3.14～17.51 mg/kg，与清灌处理相比，交替灌溉和混合灌溉处理 0～40 cm 土层土壤 Mg^{2+}含量显著增加；与清灌处理相比，其他灌溉处理 40～60 cm 土层土壤 Mg^{2+}含量均显著减少。

（6）不同灌溉方式对土壤微生物群落特征的影响

通过对不同灌溉方式土壤细菌群落α多样性指数进行统计分析（表 4-6 和图 4-51），结果表明，从 OUT 水平细菌α多样性的各指数来看，不同灌溉方式下，各处理样本之间观察到的物种数目（Sobs 指数）及α多样性各指数具有显著差异（除个别外）。

废水灌溉处理 Sobs 指数均显著大于其他处理。从清水废水交替灌溉、清水废水混合灌溉到废水灌溉样本中观察到，物种数目（Sobs 指数）依次增加，Chao 指数和 ACE 指数也依次增加，Shannon 指数显著依次增加，Simpson 指数不断减少，pd 指数[①]也显著依次增加。由此可知，葡萄酒生产废水灌溉在一定程度上能够提高土壤微生物群落结构的丰富度和均匀度。

表 4-6　不同灌溉方式在 OUT 水平上细菌α多样性指数

处理	Sobs 指数	Chao 指数	ACE 指数	Shannon 指数	Simpson 指数	覆盖度	pd 指数
CI	2 671.08ab	3 316.74b	3 296.24bc	6.447 5b	0.005 9a	0.984 0b	218.54b
AI	2 427.67c	3 039.87c	3 007.91c	6.269 7c	0.006 1a	0.987 0a	206.27c
MI	2 577.33b	3 358.24ab	3 331.79b	6.430 5b	0.005 3a	0.979 1c	211.39bc
RI	2 976.00a	3 762.22a	3 743.20a	6.659 8a	0.005 7a	0.978 5c	237.25a

注：不同英文小写字母表示不同处理在 0.05 水平差异显著。下同。

① 为多样性指数中的一种。

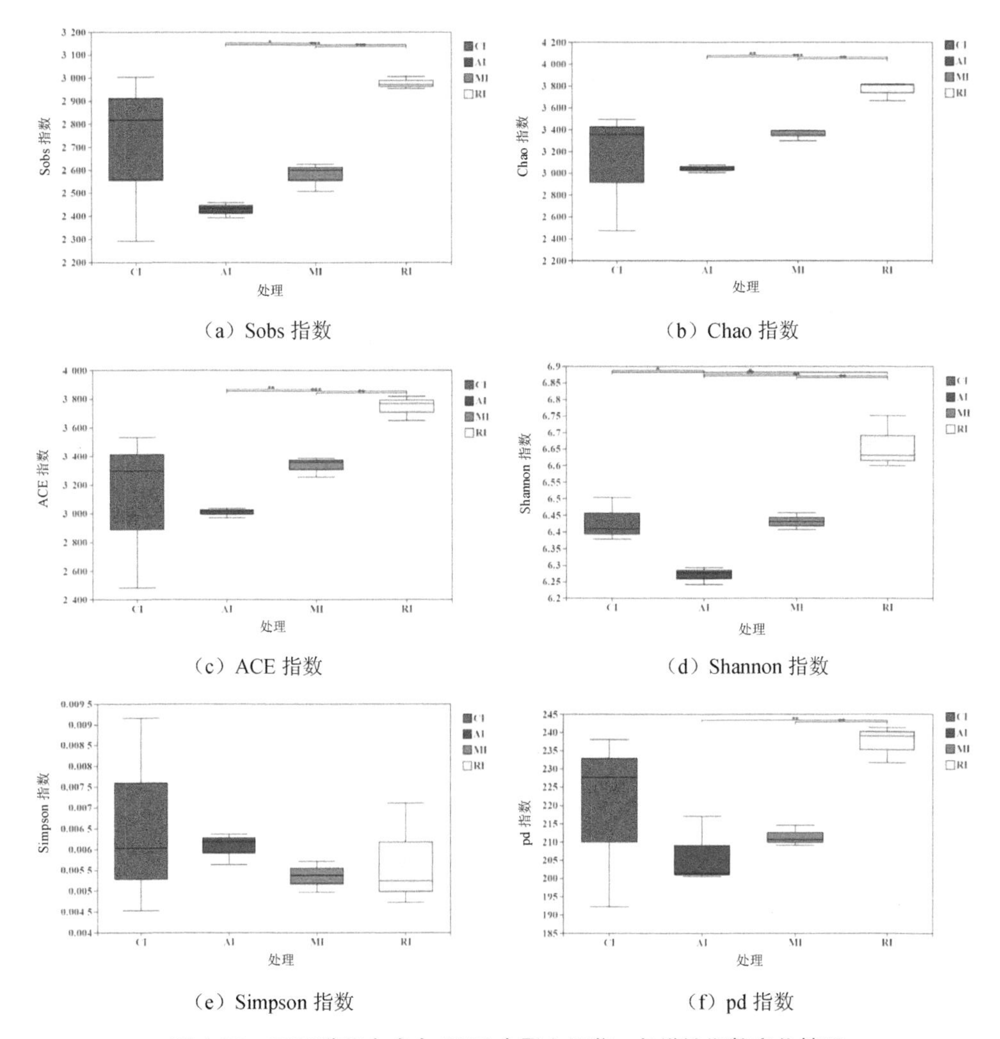

（a）Sobs 指数　（b）Chao 指数

（c）ACE 指数　（d）Shannon 指数

（e）Simpson 指数　（f）pd 指数

图 4-51　不同灌溉方式在 OUT 水平上细菌α多样性指数变化情况

注：* 显示了差异显著性。

进一步对土壤微生物细菌群落组成相对丰度进行分析（图 4-52），结果表明，在门分类水平上，各处理间细菌群落结构组成相似性较高，主要优势菌群包括放线菌门（30.88%～33.41%）、变形菌门（23.98%～27.42%）、绿弯菌门（13.33%～14.87%）、酸杆菌门（7.10%～8.9%）、拟杆菌门（Bacteroidota，3.86%～6.17%）、芽单胞菌门（4.23%～5.33%）、粘球菌门（3.25%～3.86%）、厚壁菌门（1.96%～

2.3%），这 8 个菌群的丰度占土壤细菌群落的 95%以上，其中放线菌门占比最大。但在不同处理中，各优势菌群在微生物群落组成中的占比有所不同，与其他处理相比，废水灌溉处理土壤放线菌门、拟杆菌门占比相对减小，而变形菌门、绿弯菌门、酸杆菌门的占比有所增大。

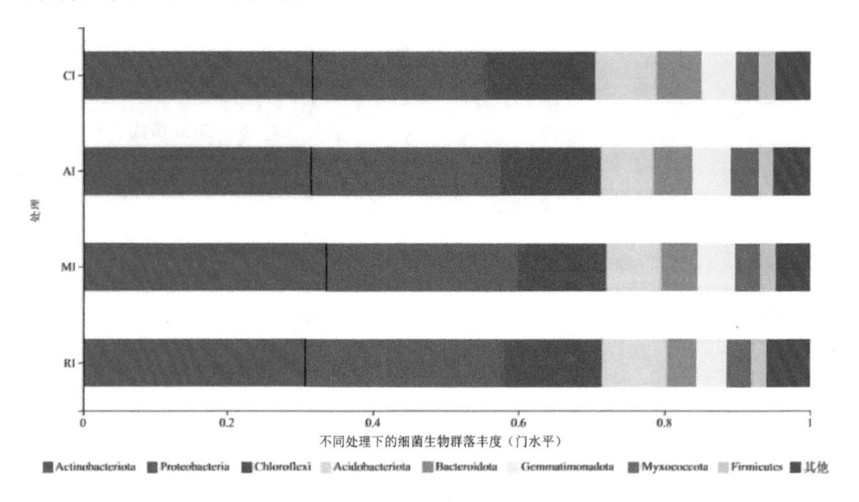

图 4-52 不同灌溉处理土壤细菌群落组成相对丰度（门水平）

注：Actinobacteriota：放线菌门； Proteobacteria：变形菌门；Chloroflexi：绿弯菌门；Acidobacteriota：酸杆菌门；Bacteroidota：拟杆菌门；Gemmatimonadota：芽单胞菌门；Myxococcota：粘球菌门；Firmicutes：厚壁菌门。

如图 4-53 所示，在属分类水平上，丰度排位前 30（Top30）的优势菌属群落组成占总序列的相对比例为 45.91%～50.07%，各处理间优势属均为节杆菌属（4.5%～6.49%）、*JG30-KF-CM45*（3.55%～5.46%）、*Vicinamibacteraceae*（2.86%～3.45%）、微白类诺卡氏菌属（*Nocardioides*，1.79%～3.52%）、*Vicinamibacterales*（2.45%～2.62%）、链霉菌属（*Streptomyces*，1.46%～3.32%）、大理石雕菌属（*Marmoricola*，1.16%～3.6%）、海洋杆菌属（*Pontibacter*，0.56%～2.5%）、微枝形杆菌属（*Microvirga*，1.47%～1.64%），这些优势菌属的相对丰度在不同处理间存在差异。废水灌溉处理土壤 *JG30-KF-CM45*、微白类诺卡氏菌属、链霉菌属、大理石雕菌属、海洋杆菌属，其群落组成占比相对减小，而增大了其他一些菌属的群落组成占比，Top30 的优势菌属群落组成占总序列的相对比例最高达 50.07%。清水废水交替灌溉和清水废水混合灌溉与清水灌溉微生物群落结构的差异性不明显。

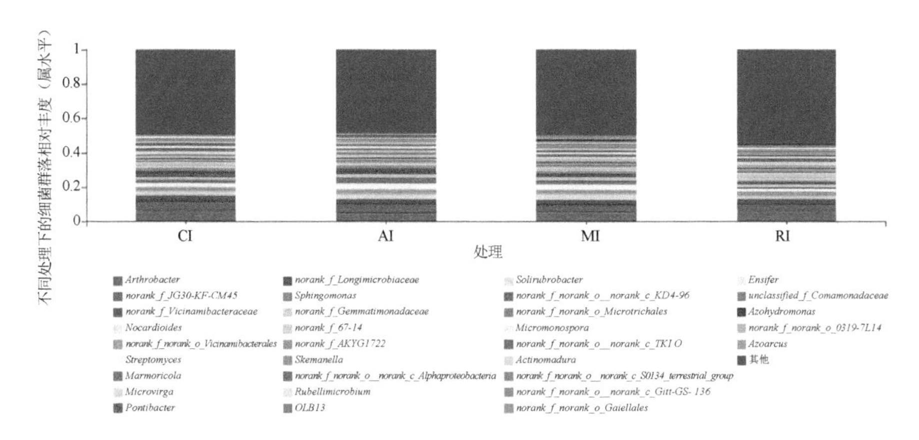

图 4-53　不同灌溉处理土壤细菌群落组成相对丰度（属水平）

注：*Arthrobacter*：节杆菌属；*Solirubrobacter*：土壤红杆菌属；*Gaiella*：盖尔盘菌属；*Nocardioides*：微白类诺卡氏菌属；*Streptomyces*：链霉菌属；*Nitrospira*：硝化螺旋菌属；*Skemanella*：红弧菌属；*Blastococcus*：芽球菌属；*Sphingomonas*：鞘氨醇单胞菌属；*Bacillus*：芽孢杆菌属；*Rhodococcus*：红球菌属；*Mycobacterium*：分枝杆菌属；*Microvirga*：微枝形杆菌属；*Rubrobacter*：红色杆菌属；Marmoricola：大理石雕菌属；Pontibacter：海洋杆菌属。

4.2.3.3　小结

通过田间试验研究不同灌溉方式对土壤 pH、EC、有机碳、全量养分和速效养分、盐分离子和微生物群落结构特征的影响，得出以下具体结论：

①0～80 cm 土层土壤 pH 无显著变化，在 80～100 cm 土层中，与清水灌溉处理相比，混合灌溉和废水灌溉处理土壤 pH 显著降低。

②与清水灌溉处理相比，交替灌溉、混合灌溉和废水灌溉处理 0～20 cm 土层土壤 EC 有所增加。

③与清水灌溉处理相比，交替灌溉和混合灌溉处理 0～20 cm、40～60 cm 和 60～80 cm 土层土壤有机碳含量有所增加。

④与清水灌溉处理相比，交替灌溉处理表层和深层土壤 TN 和 TP 含量显著增加。

⑤与清水灌溉处理相比，交替灌溉处理土壤深层硝态氮和铵态氮含量显著增加，混合灌溉和交替灌溉处理土壤速效磷含量显著增加。

⑥与清水灌溉处理相比，废水灌溉处理 40～60 cm 土层土壤 K^{+}含量显著增加，

混合灌溉处理 60～80 cm 土层土壤 Na^+含量显著增加。废水灌溉处理表层和深层土壤 Ca^{2+}含量均显著增加，交替灌溉和混合灌溉处理 0～40 cm 土层土壤 Mg^{2+}含量显著增加。

⑦葡萄酒生产废水灌溉在一定程度上能够提高土壤微生物群落结构的丰富度和均匀度。在门水平上，不同处理中各优势菌群的群落组成比例有所不同，废水灌溉处理土壤放线菌门、拟杆菌门群落组成占比相对，而变形菌门、绿弯菌门、酸杆菌门在微生物群落组成中的占比有所增大。废水灌溉处理土壤 *JG30-KF-CM45*、微白类诺卡氏菌属、链霉菌属、大理石雕菌属、海洋杆菌属的群落组成占比相对减小，而增大了其他菌属群落组成的占比，Top30 的优势菌属群落组成占总序列的相对比例最大达 50.07%。

4.3 葡萄园废弃枝条堆肥还田试验研究

贺兰山东麓地处葡萄种植的黄金地带，葡萄种植面积约 57 万亩，而葡萄枝条作为葡萄栽培区产量最大的废弃物，其本质上来自植物本身，其成分组成与植物生长需求相统一。因此，如何将葡萄枝条变废为宝，实现葡萄园废弃资源的循环利用就成了当下需要解决的重要问题之一。而堆肥就是一种很好的资源化利用途径，葡萄枝条经堆肥处理后还田，不仅能够改善行间土壤结构、显著提高土壤肥力，还能提供植物生长所需的养分，从而替代化肥达到农业生产“双减”的目的，实现绿色可持续发展。

4.3.1 葡萄园废弃枝条堆肥工艺研究

4.3.1.1 研究区概况与试验设计

试验地位于宁夏回族自治区银川市永宁县黄羊滩农场酩悦轩尼诗夏桐（宁夏）酒庄葡萄种植基地（38°20′34″N，105°58′49″E）。以酩悦轩尼诗夏桐酒庄葡萄试验田中霞多丽和黑比诺的修剪枝条和圈养羊粪为主要原料，将粉碎后的葡萄冬剪枝条和过筛后的粪料按表 4-7 中的物料体积比进行混合，共设 5 个处理组（T1、T2、T3、T4、T5），1 个对照组（CK），每个处理组的堆肥总体积约为 10 m^3，堆肥促腐后测定堆肥的理化性质与生物学性质指标，完善并优化葡萄园废弃枝条堆肥工艺。图 4-54 为葡萄园枝条堆肥化概况。

表 4-7　不同堆肥处理组配比规格

处理	葡萄枝条碎片比例/%	粪料比例/%	菌剂
CK	0	0	—
T1	100	0	人元生物-RW 促腐剂
T2	70	30	人元生物-RW 促腐剂
T3	50	50	人元生物-RW 促腐剂
T4	30	70	人元生物-RW 促腐剂
T5	0	100	人元生物-RW 促腐剂

注：RW 促腐剂为人元促腐剂，RW 为品牌名称。

图 4-54　葡萄园枝条堆肥概况

4.3.1.2　结果与分析

成品堆肥的水分含量远高于原始葡萄园土壤，适量添加葡萄枝条可以增加堆肥物料和土壤的孔隙度，保证空气流通，能够为微生物活动提供更好的生活环境。通过腐殖化指数的测定，成品堆肥的腐殖化程度均较好，羊粪的添加比例越大腐殖化指数越高。5 个堆肥成品均能够保证良好的种子发芽率，并无明显的植物毒性，且对照清水组发现，堆肥处理组的植物根较长，这说明堆肥成品能够给植物提供良好的营养物质，促进植物生根。宁夏地区土地较为贫瘠，土壤有机质含量低，成品堆肥具有 10 倍于原始土壤的有机质含量；此外，堆肥处理组的全碳和 TN 含量是原始土壤的 10 倍，因此添加有机肥来增强土壤保肥、供肥能力是很有必要的。表 4-8 为成品堆肥基本理化指标和植物毒理学检验结果。

表 4-8 成品堆肥基本理化指标和植物毒理学检验结果

	堆肥-T1	堆肥-T2	堆肥-T3	堆肥-T4	堆肥-T5
含水量/（g/kg）（干基）	216.01	222.00	266.31	352.38	233.32
pH	8.59	8.73	9.01	8.78	8.67
腐殖化指数 E4：E6	3.103	3.468	3.412	5.977	7.319
有效磷/（mg/kg）	383.15	310.40	400.59	330.73	336.71
有机质（OM）/（g/kg）	176.33	162.52	167.89	188.04	146.36
全碳/%	12.426 4	11.307 7	11.704 1	12.300 5	9.983 7
TN/%	0.908 2	1.003 56	0.938 73	1.082 25	1.028 89
碳/氮	13.682 4	11.267 5	12.468	11.365 8	9.703 4
种子发芽率/%	96	96	97	94	95
种子发芽指数（GI）/%	144.09	149.04	143.19	130.73	129.70

注：E4：E6 为 465 nm 和 665 nm 处吸光度比值。

4.3.1.3 小结

成品堆肥腐质化程度较好，有机质和水分含量较多，而且无害无毒，具有改良贺兰山东麓产区葡萄园土壤结构和肥力的潜质，为葡萄园枝条资源化利用提供了试验基础。

4.3.2 堆肥还田对土壤结构、肥力影响的研究

4.3.2.1 研究区概况与试验设计

对黑比诺（PN）、霞多丽（CH）两种葡萄种植区进行施肥入田试验，葡萄枝条粉碎后与羊粪混合堆置到腐熟完全后，利用牵引式施肥机沿葡萄种植行在距树干 50 cm 处开沟，施肥厚度约 20 cm，施肥后再将土回填。以葡萄园土壤为研究对象，采集 0～40 cm 土层的土壤样品，对比未施肥与施肥后的处理效果，分析用葡萄酒生产废弃枝条堆肥还田对土壤结构、肥力特性的影响。图 4-55 为成品堆肥还田及葡萄园土壤采样概况。

图 4-55 成品堆肥还田及葡萄园土壤采样概况

4.3.2.2　结果与分析

（1）堆肥还田对土壤含水量的影响

原土为葡萄园原始土壤，CK 为未处理的对照组，T1 为 100%葡萄枝处理组，T2 为 70%葡萄枝+30%羊粪处理组，T3 为 50%葡萄枝+50%羊粪处理组，T4 为 30%葡萄枝+70%羊粪处理组，T5 为 100%羊粪处理组。CH 代指霞多丽葡萄园，PN 代指黑比诺葡萄园。

由图 4-56 可知，在霞多丽葡萄园中，除 CH-CK 与 CH-T1 之间无显著性差异外，其余处理组之间均存在显著性差异；在黑比诺葡萄园中，PN-CK 与其他 5 组堆肥处理组均具有显著性差异。因此，堆肥处理可以显著增加葡萄园土壤的含水量。

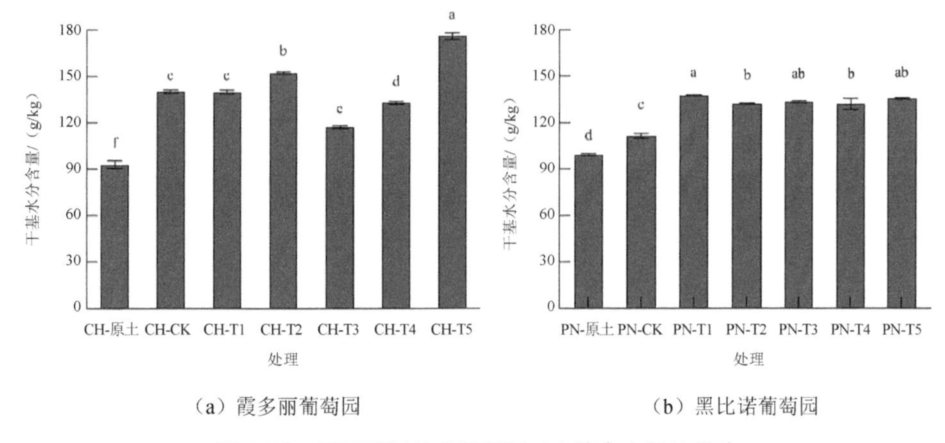

图 4-56　不同堆肥处理组还田对土壤含水量的影响

注：图中数据是 3 个独立试验的平均值和标准偏差。使用邓肯多重极差检验，不同字母表示 $P<0.05$ 水平的统计显著性。下同。

（2）堆肥还田对土壤容重的影响

图 4-57 表示霞多丽和黑比诺葡萄园两次土壤容重的测定结果。经过 5 个月葡萄的自然生长，葡萄园的土壤容重均有所增加；此外，5 个堆肥处理组土壤的容重均比对照组土壤的容重有所减少，各处理之间没有显著性差异，说明堆肥还田在一定程度上具有减少土壤容重、增加土壤松散度的效果。

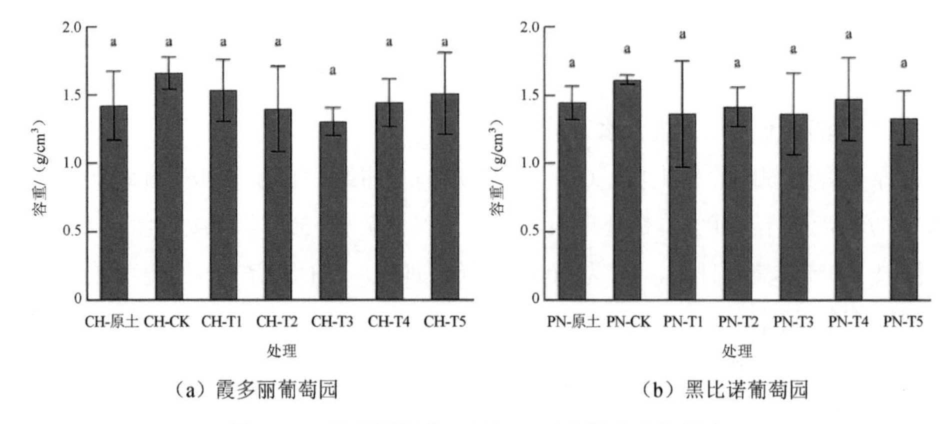

（a）霞多丽葡萄园　　（b）黑比诺葡萄园

图 4-57　不同堆肥处理组还田对土壤容重的影响

（3）堆肥还田对田间持水量的影响

从图 4-58 中可以看出，在霞多丽葡萄园中，T3 堆肥处理组的土壤田间持水量显著大于其他处理组，并且这些堆肥处理组与对照组没有差异性，说明 T3 堆肥处理能够在很大程度上提升霞多丽葡萄组土壤的田间保水能力。在黑比诺葡萄园中，PN-T1、PN-T2 和 PN-T3 与 PN-CK 具有显著性差异，说明这 3 种堆肥处理能够很好地提升黑比诺葡萄园土壤的田间保水能力。

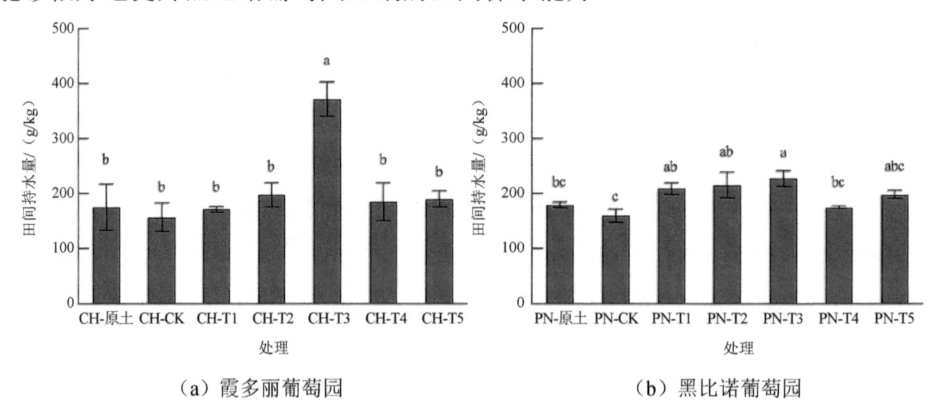

（a）霞多丽葡萄园　　（b）黑比诺葡萄园

图 4-58　不同堆肥处理组还田对田间持水量的影响

（4）堆肥还田对土壤 pH 的影响

图 4-59 表示两个葡萄园 11 月土壤样品的 pH。在霞多丽葡萄园中，除 CH-T1

堆肥处理组外，其他处理组土壤 pH 显著高于对照组。在黑比诺葡萄园中，PN-T1 和 PN-T4 堆肥处理组的土壤 pH 显著高于对照组，但都低于 8 且 PN-T5 堆肥处理组的土壤 pH 显著低于对照组，这说明堆肥处理不会使土地盐碱化。

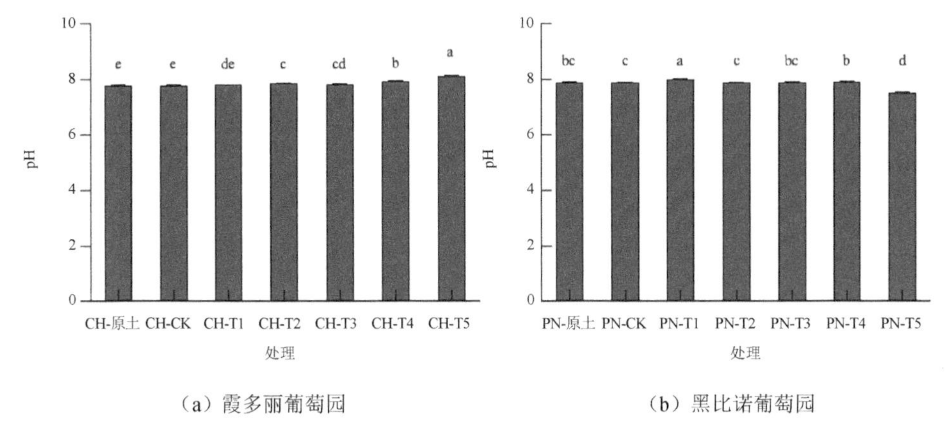

（a）霞多丽葡萄园　　（b）黑比诺葡萄园

图 4-59　不同堆肥处理组还田对土壤 pH 的影响

（5）堆肥还田对土壤 EC 的影响

图 4-60 表示不同处理霞多丽葡萄园和黑比诺葡萄园土壤的电导率变化情况，各堆肥处理组土壤 EC 均与对照组土壤 EC 有显著性差异，各堆肥处理组的土壤 EC 间也具有显著性差异。因此，堆肥可以显著改善土壤的电导率。

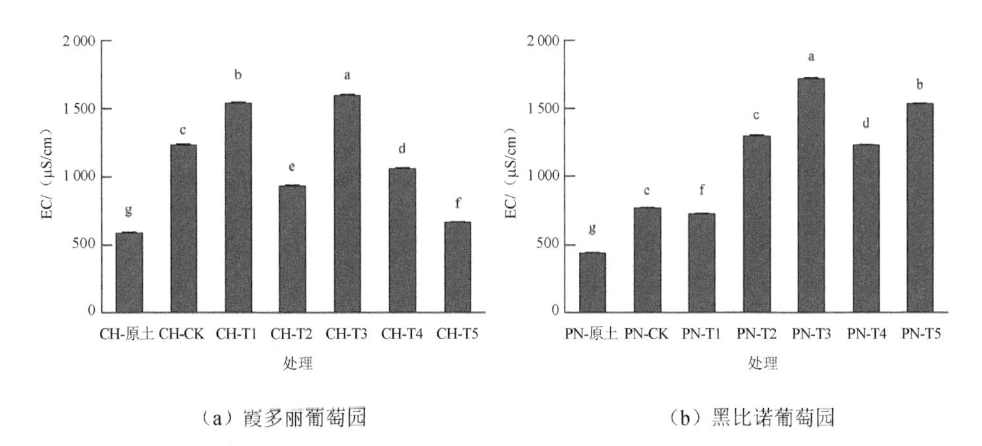

（a）霞多丽葡萄园　　（b）黑比诺葡萄园

图 4-60　不同堆肥处理组还田对土壤 EC 的影响

（6）堆肥还田对土壤硝态氮、铵态氮的影响

图 4-61、图 4-62 分别表示各堆肥处理霞多丽葡萄园与黑比诺葡萄园土壤硝态氮、铵态氮含量变化情况。结果表明，堆肥处理后土壤中硝态氮含量和对照组相比，均显著减少，其原因可能是堆肥处理增加了土壤微生物的数量，消耗了较多的硝态氮。在霞多丽葡萄园中，CH-T2 与对照组相比铵态氮含量显著减少，CH-T1、CH-T3 和 CH-T4 的铵态氮含量均显著大于对照组，处理间均具有显著性差异，说明堆肥处理有效。在黑比诺葡萄园中，除 PN-T1 处理外，PN-T2、PN-T3、PN-T4 和 PN-T5 处理土壤铵态氮含量均显著大于对照组。

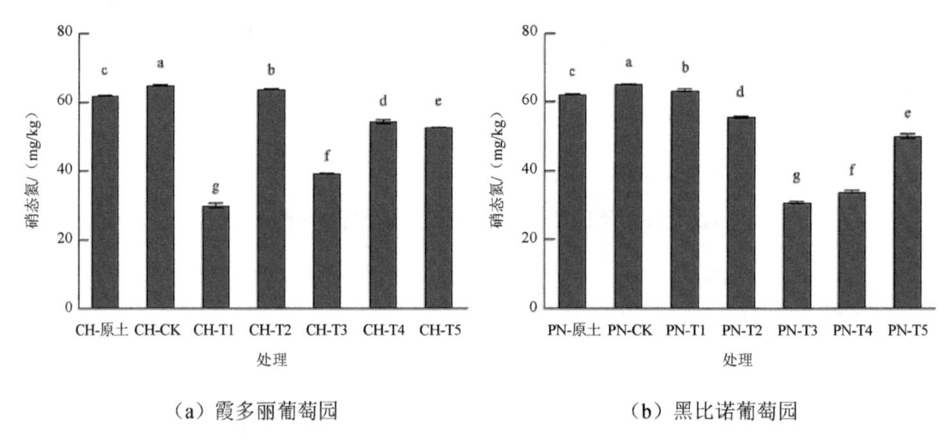

（a）霞多丽葡萄园　　（b）黑比诺葡萄园

图 4-61　不同堆肥处理组还田对土壤硝态氮的影响

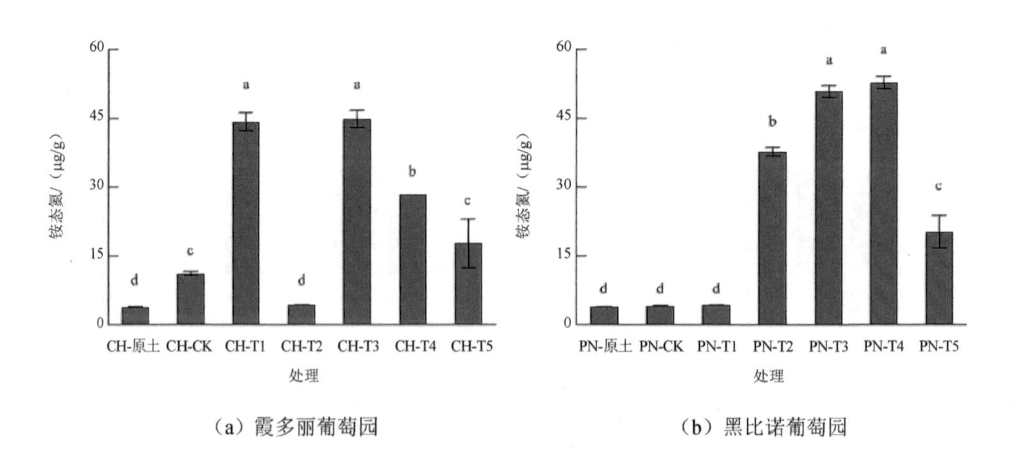

（a）霞多丽葡萄园　　（b）黑比诺葡萄园

图 4-62　不同堆肥处理组还田对土壤铵态氮的影响

（7）堆肥还田对土壤有效磷的影响

由图 4-63 可知，在霞多丽葡萄园中，除 CH-T2 外，其余堆肥处理组有效磷含量均显著大于对照组。在黑比诺葡萄园中，除 PN-T3 外，其余堆肥处理组未能达到提高土壤中有效磷含量的效果，这可能是因为土壤自身并不缺乏有效磷，过多的有效磷供给反而会导致其大量流失。

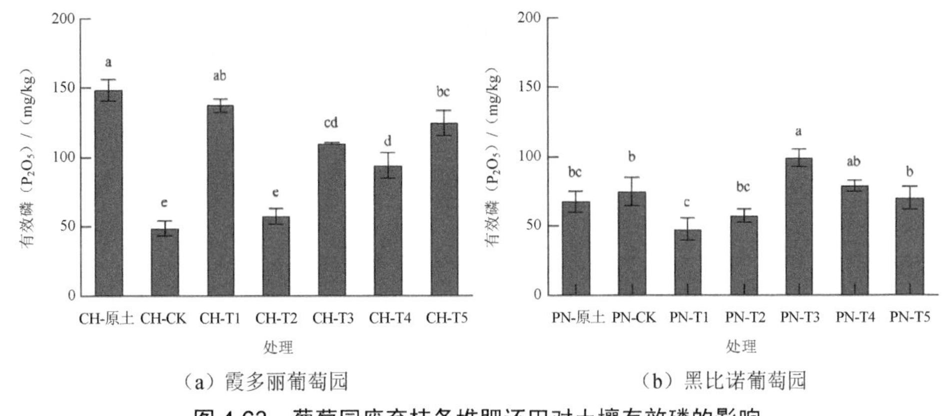

（a）霞多丽葡萄园　　（b）黑比诺葡萄园

图 4-63　葡萄园废弃枝条堆肥还田对土壤有效磷的影响

（8）堆肥还田对土壤速效钾的影响

图 4-64 显示霞多丽葡萄园与黑比诺葡萄园土壤速效钾含量的测定结果，结果表明，与对照组相比，堆肥处理组中速效钾含量均显著增加。这说明，堆肥能够显著提高葡萄园土壤中速效钾的含量。其中，T3 堆肥处理在两葡萄园中表现较好，均能够大幅度提高速效钾含量。

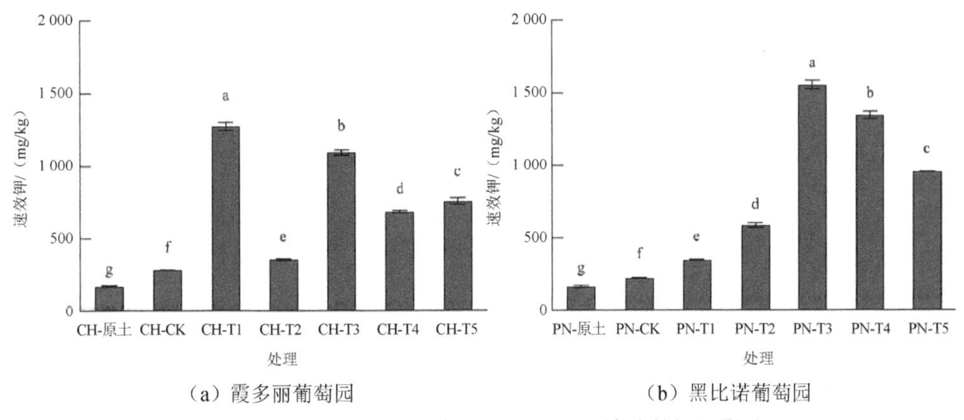

（a）霞多丽葡萄园　　（b）黑比诺葡萄园

图 4-64　葡萄园废弃枝条堆肥还田对土壤速效钾的影响

（9）堆肥还田对土壤有机质（OM）的影响

图 4-65 显示霞多丽葡萄园与黑比诺葡萄园土壤有机质含量的测定结果，在霞多丽葡萄园中，与对照组相比，除 CH-T2 外，其余 4 个堆肥处理组均达到了极显著增加土壤有机质含量的效果。在黑比诺葡萄园中，5 个堆肥处理组均显著增加土壤有机质的含量。因此，可以得出结论，堆肥能够达到显著提高土壤肥力的目的。

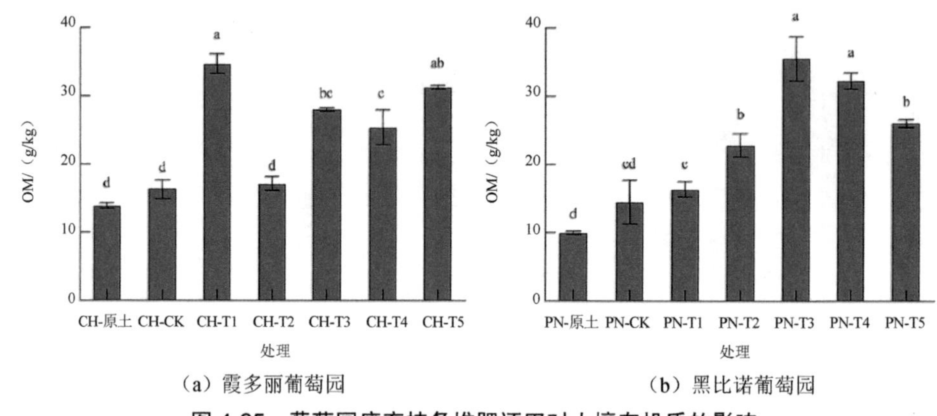

（a）霞多丽葡萄园 （b）黑比诺葡萄园

图 4-65 葡萄园废弃枝条堆肥还田对土壤有机质的影响

（10）堆肥还田对土壤总碳（TC）、TN 的影响

图 4-66 显示霞多丽葡萄园和黑比诺葡萄园土壤 TC 含量的测定结果。结果发现，在霞多丽葡萄园中，CH-T1、CH-T3 和 CH-T5 的 TC 含量显著大于对照组。在黑比诺葡萄园中，PN-T3、PN-T4 和 PN-T5 的 TC 含量显著大于对照组。综合两葡萄园测定结果可得出初步结论，T3 堆肥处理对土壤 TC 的贡献率最大。

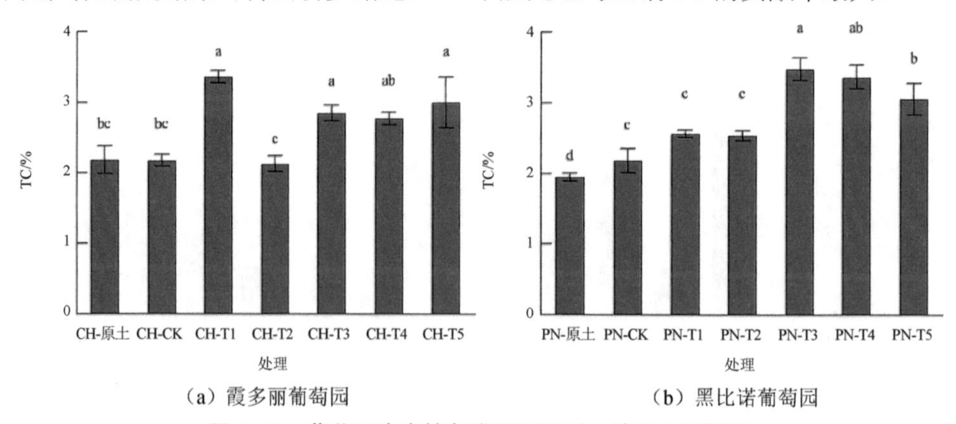

（a）霞多丽葡萄园 （b）黑比诺葡萄园

图 4-66 葡萄园废弃枝条堆肥还田对土壤 TC 的影响

图 4-67 显示霞多丽葡萄园和黑比诺葡萄园土壤 TN 含量的测定结果，结果表明，在霞多丽葡萄园中，除 CH-T2 外，其余处理组均与对照组显示出显著性差异；在黑比诺葡萄园中，除 PN-T1 外，其余处理组均与对照组显示出显著性差异，这说明堆肥处理能够显著提高土壤含氮量。

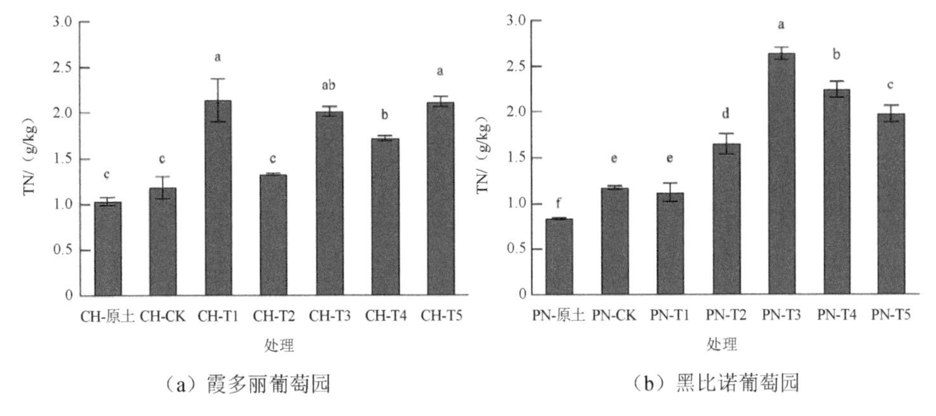

（a）霞多丽葡萄园　　（b）黑比诺葡萄园

图 4-67　葡萄园废弃枝条堆肥还田对土壤 TN 的影响

（11）堆肥还田对土壤各类酶的影响

图 4-68 显示霞多丽和黑比诺两个葡萄园土壤碱性磷酸酶活性的测定结果。在霞多丽葡萄园中，除 CH-T2 外，其余处理组碱性磷酸酶活性均极显著大于 CH-CK；在黑比诺葡萄园中，PN-T3、PN-T4 和 PN-T5 的碱性磷酸酶活性显著大于 PN-CK。这表明，堆肥处理能够显著改善土壤中碱性磷酸酶的含量。

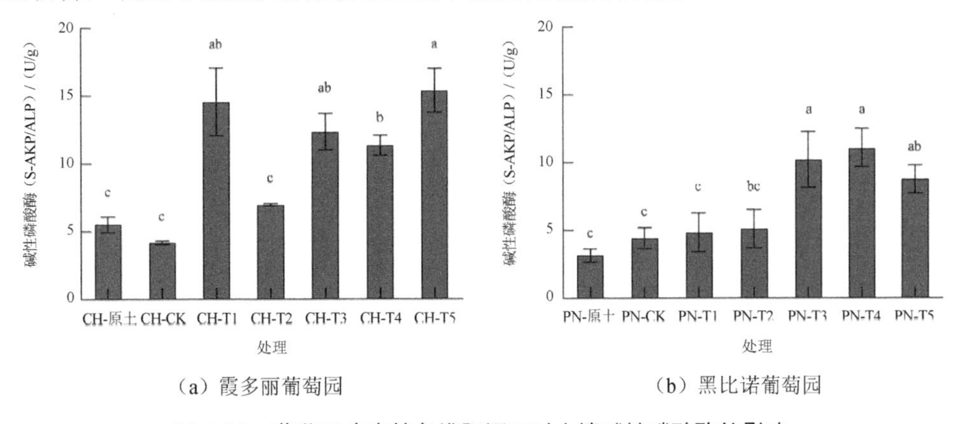

（a）霞多丽葡萄园　　（b）黑比诺葡萄园

图 4-68　葡萄园废弃枝条堆肥还田对土壤碱性磷酸酶的影响

图 4-69 显示霞多丽葡萄园和黑比诺葡萄园土壤过氧化氢酶（S-CAT）活性的测定结果。由图 4-69 可知，各处理间并无显著性差异。这说明，堆肥未能起到改善土壤中过氧化氢酶含量的作用。

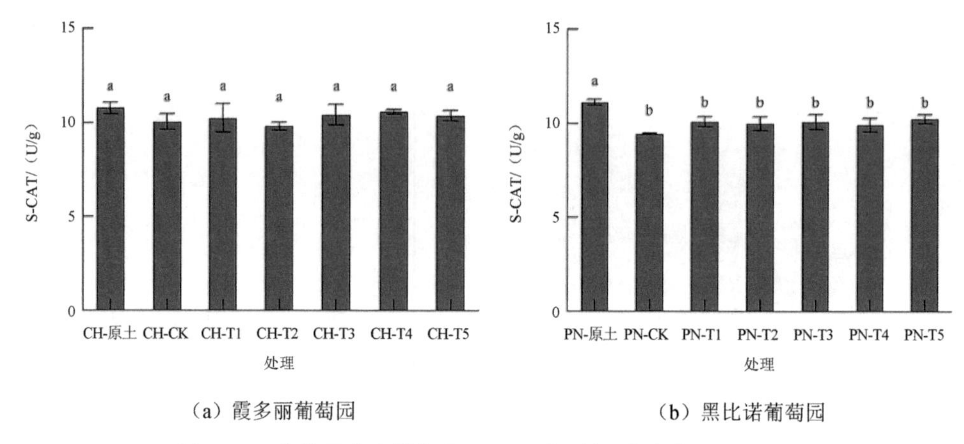

（a）霞多丽葡萄园　　（b）黑比诺葡萄园

图 4-69　葡萄园废弃枝条堆肥还田对土壤过氧化氢酶的影响

图 4-70 显示霞多丽葡萄园和黑比诺葡萄园土壤蔗糖酶（S-SC）活性的测定结果。由图 4-70 可知，在霞多丽葡萄园中，CH-T1 与 CH-T3 的蔗糖酶活性显著大于对照组；在黑比诺葡萄园中，PN-T4 和 PN-T5 的蔗糖酶活性显著大于对照组。这表明，堆肥处理能够在一定程度上增加土壤中蔗糖酶的含量，但在不同葡萄园中不同堆肥处理组所能达到的效果不同。

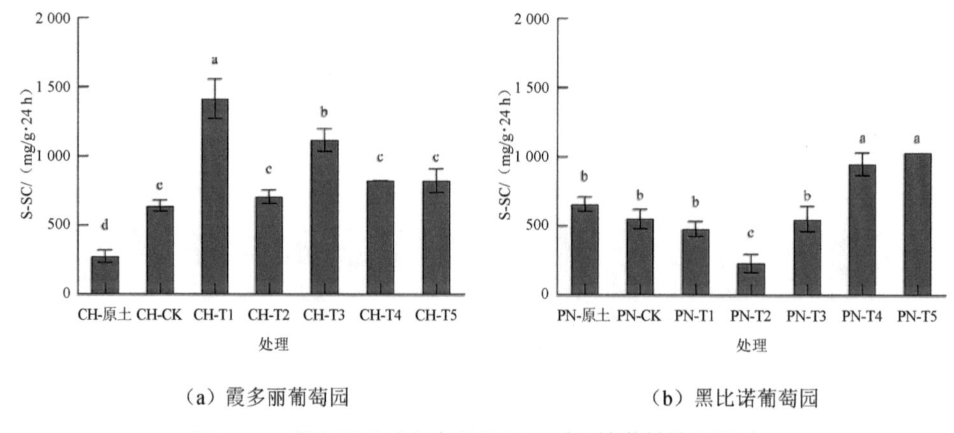

（a）霞多丽葡萄园　　（b）黑比诺葡萄园

图 4-70　葡萄园废弃枝条堆肥还田对土壤蔗糖酶的影响

图 4-71 显示霞多丽葡萄园与黑比诺葡萄园土壤脲酶（S-UE）活性的测定结果。数据分析结果显示，在霞多丽葡萄园中，与 CH-CK 相比，CH-T2、CH-T3 与 CH-T4 的脲酶活性显著增加；在黑比诺葡萄园中，与 PN-CK 相比，PN-T1 和 PN-T3 的脲酶活性显著增加。这说明，堆肥处理能够在一定程度上增加土壤中脲酶的含量。

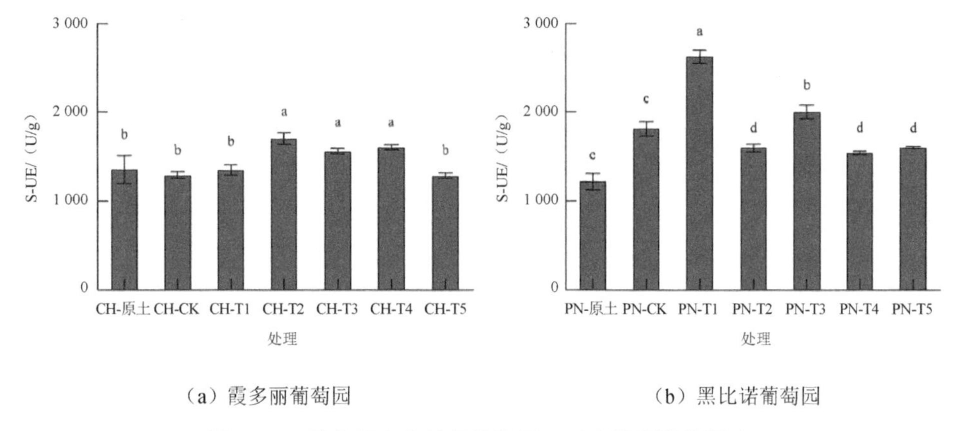

（a）霞多丽葡萄园　　（b）黑比诺葡萄园

图 4-71　葡萄园废弃枝条堆肥还田对土壤脲酶的影响

4.3.2.3　小结

①堆肥处理可以显著增加黑比诺葡萄园土壤的含水量；PN-T3 处理能够显著降低土壤中硝态氮的含量。

②堆肥处理并不会改变土壤容重、比重和孔隙度这些物理特性，也不会使土壤盐碱化，但显著增加了土壤的电导率，也显著增加土壤有机质的含量，能够起到改善土壤肥力的作用。

③堆肥处理能够显著改善土壤碱性磷酸酶的含量，能够在一定程度上增加土壤中蔗糖酶和脲酶的含量，但在不同葡萄园中不同堆肥处理组所能达到的效果不同。

4.3.3　堆肥还田对植株生长特性和果实品质的影响

4.3.3.1　研究区概况与试验设计

试验在酩悦轩尼诗夏桐（宁夏）酒庄葡萄种植基地（38°20′34″N，105°58′49″E）

进行。试验选用酿酒葡萄霞多丽（Chardonnay）和黑比诺（Pinot Noir）品种，树龄为 8 年，园区定植行为东西方向，株距为 0.5 m，行距为 3 m，整形方式为长梢修剪（居约式）。试验通过测定，分析不同配比堆肥处理下两种酿酒葡萄的生长特性、果实产量和品质，综合比较几种不同配比葡萄枝条堆肥处理对葡萄生长特性和果实品质的影响。图 4-72 为测量葡萄植株生长特性的照片。

图 4-72　测量葡萄植株生长特性

4.3.3.2　结果与分析

（1）堆肥处理对葡萄植株生长指标的影响

由表 4-9 可知，黑比诺葡萄新梢节间长度 T3 处理显著地小于对照组，其余的处理组和对照组差异不显著。霞多丽葡萄新梢节间长度 T4 处理显著地小于对照组，其余的处理组和对照组差异不显著。新梢粗度在黑比诺和霞多丽两个品种不同处理间均无显著性差异。除个别处理外，叶片百叶鲜重和叶片干重在两个葡萄品种不同处理间均具有显著性差异，对于黑比诺来说，与对照组相比，各堆肥处理显著降低了叶片百叶鲜重，T1 的叶片干重显著增加，其余处理组叶片干重显著降低，说明堆肥处理会影响叶片百叶鲜重、叶片干重。

表 4-9　不同处理葡萄植株的生长指标

品种	处理	新梢节间长度/cm	新梢粗度/mm	叶片百叶鲜重/g	叶片干重/g
黑比诺	CK	7.12±0.83a	6.34±1.54a	228.39±0.01a	88.9±0.14b
	T1	6.65±2.30ab	6.85±0.80a	215.32±0.01b	96.5±0.13a
	T2	6.71±2.29ab	7.17±1.53a	202.8±0.01e	80.06±0.06c
	T3	5.15±1.50b	6.48±1.54a	167.38±0.02f	66±0.12e
	T4	7.03±1.30ab	7.19±0.83a	204.81±0.02d	79.61±0.02d
	T5	7.33±2.21a	6.51±0.76a	206.93±0.03c	79.61±0.11d

品种	处理	新梢节间长度/cm	新梢粗度/mm	叶片百叶鲜重/g	叶片干重/g
霞多丽	CK	7.39±1.94a	7.00±0.70a	242.65±0.02d	93.64±0.11d
	T1	7.48±1.13a	7.29±0.82a	231.72±0.03f	89.18±0.05f
	T2	7.28±1.45a	7.31±0.76a	257.3±0.03a	102.61±0.04a
	T3	7.17±2.03ab	7.14±1.07a	236.94±0.03e	91.38±0.04e
	T4	5.77±0.73b	6.77±0.85a	252.11±0.02c	101±0.04b
	T5	6.23±1.04ab	7.53±1.24a	252.48±0.02b	97.72±0.07c

注：表中数据是 3 个试验的平均值±标准偏差；不同小写字母表示不同处理存在显著性差异（$P<0.05$）。下同。

（2）堆肥处理对葡萄植株生理指标的影响

由表 4-10 可知，黑比诺植株转色期光合速率最大的是 CK，其次是 T5，但不同处理之间光合速率没有显著性差异。霞多丽植株的光合指标如表 4-11 所示，在转色期光合速率最大的是 CK，其次是 T2，但不同处理间也没有显著性差异。各堆肥处理植株光合速率比 CK 小，这可能是由于机器施肥，浅层根系被破坏，从而降低了植株的光合作用。黑比诺和霞多丽植株叶绿素含量如图 4-73 所示，对于黑比诺葡萄植株来说，T1、T2、T4、T5 植株叶绿素含量大于 CK，但没有显著性差异；对于霞多丽葡萄植株来说，T4 与 CK 存在显著性差异。这说明，粉碎葡萄枝条（30%）+ 羊粪（70%）+ 菌剂的处理提高了霞多丽葡萄叶片的叶绿素含量。

表 4-10 不同处理黑比诺植株的光合指标

处理	蒸腾速率（Tr）/［μmol/（m^2·s）］	气孔导度（Gs）/［μmol/（m^2·s）］	光合速率（Pn）/［μmol/（m^2·s）］	胞间 CO_2 浓度（Ci）/（μL/L）
CK	2.12±0.73b	110.65±41.85b	14.17±3.96a	209.05±25.42c
T1	2.31±0.64ab	131.82±41.03ab	13.17±3.72a	251.6±10.52b
T2	2.13±0.6b	110.36±32.41b	12.43±2.83a	237.16±22.47b
T3	2.39±0.56ab	122.11±31.71b	13.65±2.48a	239.77±16.38b
T4	2.24±0.39ab	116.28±22.3b	13.2±1.89a	241.43±17.35b
T5	2.84±0.75a	161.2±48.14a	14.1±3.1a	275.8±15.7a

表 4-11 不同处理霞多丽植株的光合指标

处理	蒸腾速率（Tr）/［μmol/（m^2·s）］	气孔导度（Gs）/［μmol/（m^2·s）］	光合速率（Pn）/［μmol/（m^2·s）］	胞间 CO_2 浓度（Ci）/（μL/L）
CK	1.99±0.81a	117.51±57.84a	13.25±5.57a	225.39±17.79b
T1	2.1±0.62a	116.79±40.58a	11.16±2.74a	254.59±21.62a
T2	2.06±0.6a	109.04±34.09a	13.23±3.31a	223.66±19.75bc
T3	2.01±0.66a	116.2±43.67a	12.22±3.45a	238.35±16.39ab
T4	1.57±0.47a	81.26±31.85a	10.95±2.64a	199.5±34.61c
T5	1.67±0.62a	87.31±34.94a	10.57±2.43a	218.19±31.16bc

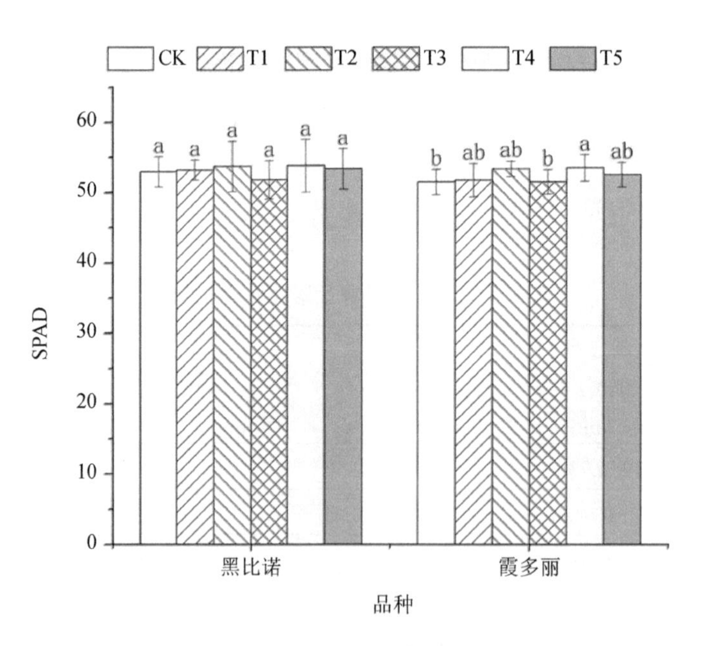

图 4-73 采收期不同品种不同处理植株相对叶绿素含量

（3）堆肥处理对葡萄采收期产量的影响

由图 4-74 可知，对于黑比诺葡萄来说，不同处理下的产量排序表现为 T2＞T1=T4＞CK＞T3=T5，T1、T2 和 T4 可以增加黑比诺葡萄产量。对于霞多丽葡萄来说，T2、T3、T4 的产量大于 CK，T1 产量小于 CK。虽然堆肥处理对不同葡萄品种的产量影响有差异，但 T2 和 T4 均能提高两个葡萄品种的产量。

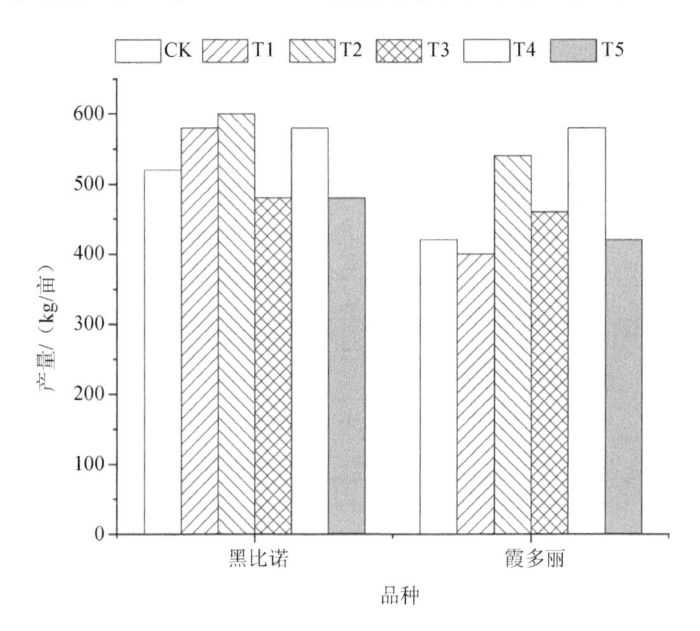

图 4-74　不同堆肥处理对黑比诺和霞多丽葡萄产量的影响

（4）堆肥处理对果实物理指标的影响

由表 4-12 可知，黑比诺葡萄果实百粒重表现为 CK 大于其他处理，且与 T1、T3、T4、T5 有显著性差异；霞多丽葡萄果实百粒重表现为 T2 显著大于其他处理，而 CK 与 T1、T3、T5 没有显著性差异，说明 T2 处理可以提高霞多丽葡萄果实的百粒重。对于黑比诺葡萄果实来说，葡萄纵横径均表现为 T3 大于其他处理，而 CK 与其他处理没有显著性差异；对于霞多丽葡萄果实来说，葡萄纵横径均表现为 T1 大于其他处理，且 T1 和 T5 与 CK 之间有显著性差异，说明对于霞多丽葡萄果实来说，T1 和 T5 可以提高葡萄果实的纵横径。两个葡萄品种果形指数在各处理之间均没有显著性差异。不同处理下的黑比诺葡萄单穗重排序表现为 T1＞T5＞

T2＞T4＞CK＞T3，但各处理间没有显著性差异。不同处理下的霞多丽葡萄单穗重表现为 T1＞T2＞T5＞T3＞T4＞CK，且 T1 和 CK 有显著性差异。

表 4-12 葡萄采收后果实的基本物理指标

品种	处理	百粒重/g	纵径/mm	横径/mm	果形指数	单穗重/g
黑比诺	CK	141.11±1.99a	13.58±0.78ab	12.61±0.78a	1.08±0.03ab	134.96±45.18a
	T1	124.85±3.22cd	13.1±0.82b	12.46±0.72a	1.05±0.04b	165.99±44.26a
	T2	139.13±5.22ab	13.43±0.84ab	12.7±0.71a	1.06±0.05ab	154.31±46.63a
	T3	118.65±4.62d	13.96±0.89a	13.03±0.99a	1.07±0.05ab	134.89±29.74a
	T4	131.53±7.51bc	13.69±0.9ab	12.74±1.02a	1.08±0.05ab	138.15±36.52a
	T5	128.11±2.44c	13.81±0.96a	12.73±0.75a	1.08±0.05a	162.37±56.57a
霞多丽	CK	96.17±3.43b	11.49±0.8b	11.56±0.79b	1±0.03a	86.58±16.13b
	T1	97.34±4.47b	12.54±0.75a	12.65±0.8a	0.99±0.03a	128.53±26.53a
	T2	105.19±3.46a	11.75±0.68b	11.8±0.72b	1±0.03a	112.37±28.24ab
	T3	100.44±2.15ab	11.56±0.7b	11.7±0.68b	0.99±0.04a	97.85±18.88b
	T4	89.16±5.48c	11.54±0.55b	11.58±0.6b	1±0.03a	91.28±15.53b
	T5	93.67±2.01bc	12.53±0.69a	12.41±0.7a	1.01±0.04a	106.18±40.05ab

（5）堆肥处理对果实化学指标的影响

①堆肥处理对果实基本化学指标的影响。由表 4-13 可知，黑比诺葡萄果实总糖、还原性糖、可溶性固形物含量均表现为 CK 显著大于其他处理组，不同处理下的果实基本化学指标大小排序具体表现为 CK＞T5＞T3＞T1＞T2＞T4，各处理基本化学指标比 CK 低可能原因是机器施肥导致浅层根系被破坏，降低了植株的光合作用，从而降低了葡萄含糖量。不同处理下黑比诺葡萄可测定酸含量排序具体表现为 T5＞T1＞T3＞T4＞CK＞T2，且 T5、T1、T3、T4 显著提高了黑比诺葡萄果实的总酸含量。不同处理下霞多丽葡萄总糖和还原性糖含量排序均表现为 T3＞T5＞CK＞T4＞T1＞T2，且 T3 和 T5 的这两个指标值显著大于 CK，可滴定酸含量排序具体表现为 T2＞T4＞T5＞T1＞CK＞T3。这说明对于霞多丽葡萄果实来说，50%粉碎葡萄枝条+50%羊粪处理和 100%羊粪处理可以显著提高葡萄含糖量，且 50%粉碎葡萄枝条+50%羊粪处理可显著降低葡萄果实总酸含量。100%羊粪处理不仅提高了葡萄果实的含糖量而且提高了果实总酸含量。

表 4-13　不同处理葡萄采收后果实化学指标

品种	处理	总糖/（g/L）	还原性糖/（g/L）	可溶性固形物/%	可滴定酸/（g/L）	pH
黑比诺	CK	205.15±0.51a	194.93±0.2a	20.08±0.02a	6.65±0.19c	3.51±0.01a
	T1	180.1±0.29d	177.97±1.1c	18.33±0.24c	7.66±0.09a	3.38±0d
	T2	179.51±0.62d	176.65±0.3c	18.12±0.04cd	6.42±0.16c	3.39±0c
	T3	181.28±1.04c	178±0.76c	17.89±0.05d	7.17±0.2b	3.4±0b
	T4	174.69±0.33e	167.9±0.67d	17.4±0.44e	7.04±0.02b	3.38±0.01d
	T5	190.24T±0.5b	189.07±1.17b	18.92±0.07b	7.67±0.27a	3.32±0e
霞多丽	CK	175.84±0.26b	175.04±0.67b	18.36±0.02c	7.69±0.07d	3.67±0.03a
	T1	172.52±0.71d	168.57±0.1d	18.82±0.08b	7.96±0.14cd	3.62±0.01ab
	T2	159.63±0.61e	159.23±0.05e	17.3±0.06f	9.49±0.07a	3.62±0.03b
	T3	179.35±0.59a	176.88±0.23a	19.17±0.06a	7.14±0.05e	3.62±0.03ab
	T4	174.46±1c	172.22±1.26c	17.71±0.07e	9.02±0.2b	3.64±0.02ab
	T5	178.68±0.77a	176.33±0.71a	18.17±0.09d	8.17±0.2c	3.64±0.02ab

②堆肥处理对酚类物质的影响。由图 4-75 可知，T1 处理与 CK 相比显著降低了葡萄皮中的总酚含量，T2、T3、T4、T5 与 CK 相比提高了葡萄皮中总酚含量，但无显著性差异。不同堆肥处理都会降低黑比诺葡萄皮中花色苷的含量，但可以显著提高葡萄皮中总类黄酮含量。T1、T2、T3、T5 与 CK 相比显著提高了黑比诺葡萄皮中总单宁含量，T4 显著降低了黑比诺葡萄皮中总单宁含量，各处理总单宁含量排序具体表现为 T3＞T2＞T5＞T1＞CK＞T4。由图 4-76 可知，与 CK 相比，不同堆肥处理均可提高黑比诺葡萄籽中总酚含量，且 T4 与 CK 相比达到了显著水平。T1 与 CK 相比显著提高了黑比诺葡萄籽中总黄烷-3-醇的含量，其他处理与 CK 无显著性差异。T4 与 CK 相比显著提高了黑比诺葡萄籽中总类黄酮含量，T1 和 T5 显著降低了黑比诺葡萄籽中总类黄酮含量，其他处理与 CK 的总类黄酮含量无显著性差异。与 CK 相比，不同堆肥处理均降低了黑比诺葡萄籽中总单宁含量，且 CK 与 T2、T4、T5 有显著性差异。

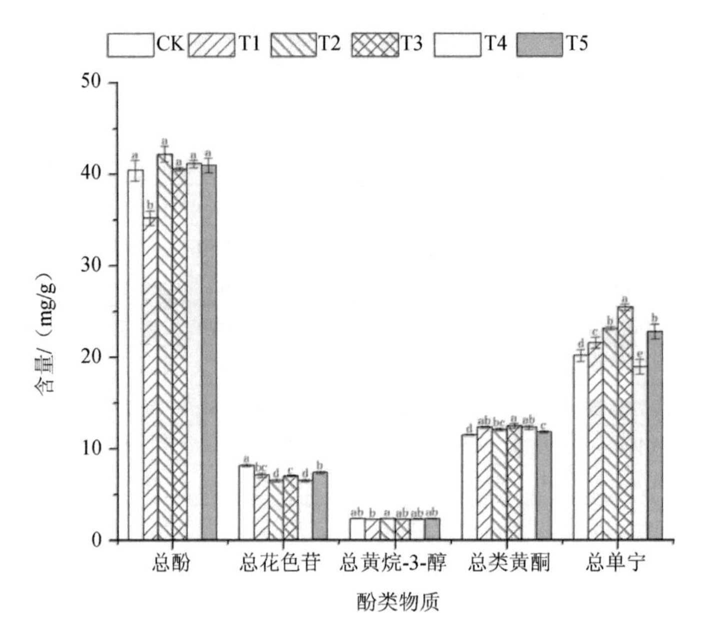

图 4-75 不同堆肥处理黑比诺葡萄皮中酚类物质的含量

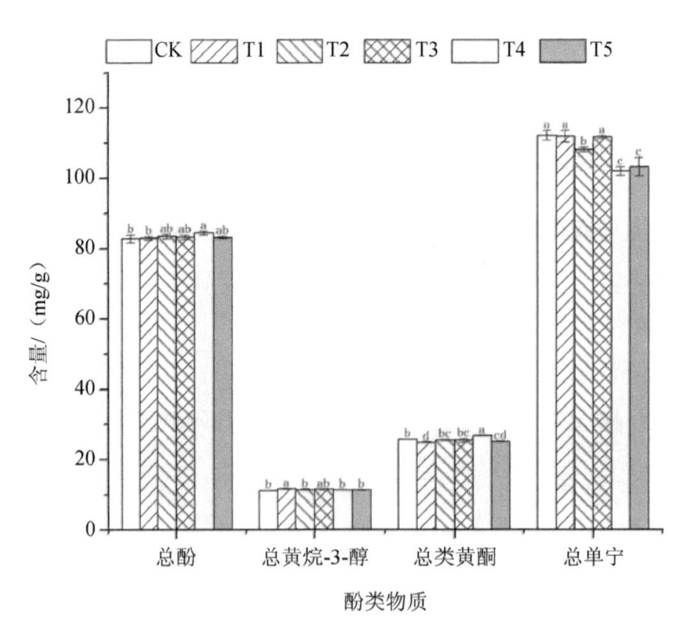

图 4-76 不同堆肥处理黑比诺葡萄籽中酚类物质的含量

由图 4-77 可知，与 CK 相比，不同堆肥处理均提高了霞多丽葡萄皮中的总酚含量，且 T1 和 T4 与 CK 差异显著，说明不同堆肥处理可以提高霞多丽葡萄皮中的总酚含量。与 CK 相比，除 T2 外，其他堆肥处理均显著提高了霞多丽葡萄皮中总黄烷-3-醇的含量，各处理总黄烷-3-醇的含量排序具体表现为 T4＞T3＞T1＞T5＞CK＞T2。与 CK 相比，不同堆肥处理均提高了霞多丽葡萄皮中的总类黄酮含量，且 T1 和 T2 与 CK 差异显著。与 CK 相比，不同堆肥处理均显著提高霞多丽葡萄皮中总单宁含量，各处理总单宁含量排序具体表现为 T2＞T4＞T5＞T3＞T1＞CK。由图 4-78 可知，与 CK 相比，不同堆肥处理均可提高霞多丽葡萄籽中总酚含量，除 T3 外，其他堆肥处理与 CK 差异性显著。不同堆肥处理与 CK 相比总黄烷-3-醇含量均增加，且 CK 与 T1 和 T2 差异显著。与 CK 相比，T2 和 T5 显著提高了霞多丽葡萄籽中的总类黄酮含量，T3 显著降低了霞多丽葡萄籽中的总类黄酮含量，其他堆肥处理与 CK 差异不显著。与 CK 相比，不同堆肥处理均可显著提高霞多丽葡萄籽中的总单宁含量，各处理总单宁含量排序具体表现为 T4＞T2＞T1＞T5＞T3＞CK。

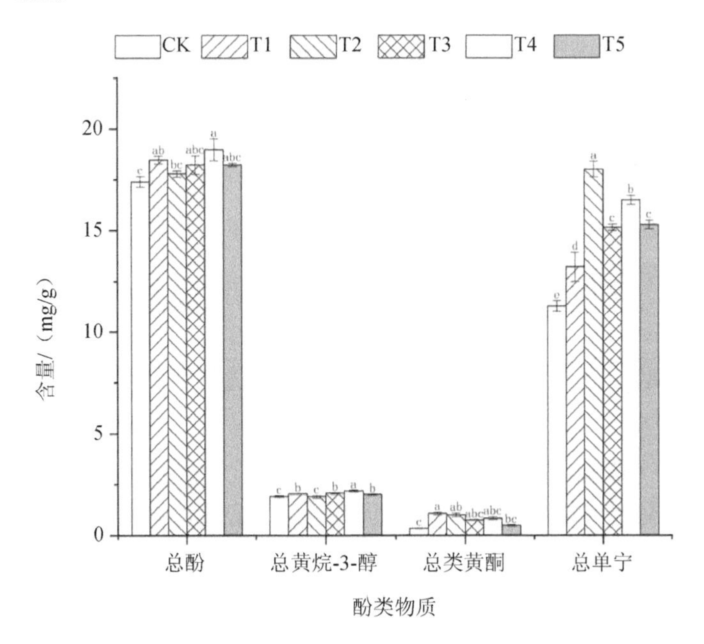

图 4-77　不同堆肥处理霞多丽葡萄皮中酚类物质的含量

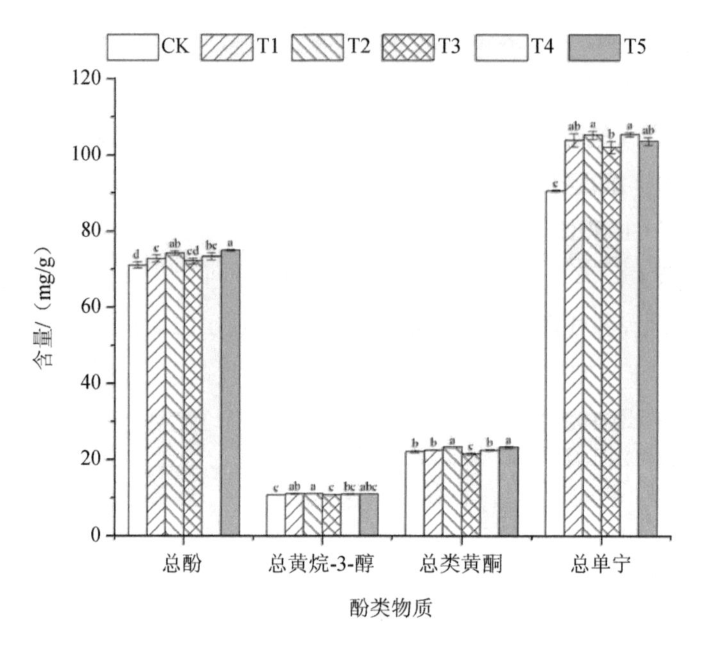

图 4-78 不同堆肥处理霞多丽葡萄籽中酚类物质的含量

4.3.3.3 小结

在施用堆肥当年，堆肥处理显著影响叶片百叶鲜重、叶片干重，在一定程度上能够提高葡萄产量、改善葡萄含糖量和总酸含量，提高黑比诺葡萄皮中总类黄酮含量，降低黑比诺葡萄籽中总单宁含量。

4.4 葡萄酒泥中活性成分的提取以及液晶面膜的制备工艺研究

酒泥是葡萄酒发酵结束后，贮存期间及过滤或离心后得到的沉淀物或残渣。酒泥主要由微生物（主要是酵母菌）、蛋白质、脂类、糖类、酚类物质和有机酸组成。据统计，葡萄酒生产的废弃物重量平均约占葡萄酒生产所用葡萄重量的 30%，而每生产 100 t 的葡萄酒，就会产生 2.5～4 t 的葡萄酒泥。酒泥作为酒厂的酿酒废弃物之一，通常与其他葡萄园副产物一起用于堆肥或者制成动物饲料等。

酒泥中含有多种天然抗氧化剂，这些抗氧化剂来源于葡萄，在酿酒过程中只有一部分转移到葡萄酒中，其余仍然保留在葡萄酒泥中。酒泥抗氧化活性的一个主要物质来源是酚类物质，如花青素、白藜芦醇、单宁和槲皮素等，这些生物活性成分具有多种功效，如抗氧化、抗炎抗菌等作用。此外，葡萄酒泥中还含有大量的酵母细胞。存在于酿酒酵母细胞壁上的多糖（主要是 β-葡聚糖和甘露聚糖），具有抗氧化、抗病毒和降低胆固醇等方面的生理功能。

近些年来，对葡萄酒泥中功能性成分的研究和利用程度日益增加，但是酒泥中活性成分的研究主要集中在单一活性成分的分离纯化上，而葡萄酒泥中的活性成分含量丰富、组成复杂，对其进行综合利用的研究较少。

4.4.1　研究区概况与试验设计

本节选取宁夏青铜峡市西鸽酒庄在赤霞珠葡萄酒生产过程中产出的酒泥为原料。以超声波辅助有机溶剂，萃取酒泥中的活性成分。通过正交试验分别考察 1 500 W 超声波功率条件下不同乙醇浓度（20%～80%）、蛋白酶量（0.1%～0.5%）、超声波作用时间（20～120 min）、提取温度（20～80℃）对酒泥中活性成分提取的影响。在此基础上对酒泥提取物的抗氧化性能和活性成分进行分析鉴定。

面膜基质的配方是通过查阅有关外观、pH、黏度、保湿强度和其他指标的文献数据确定的。本节测定面膜的 pH、稳定性以及安全性指标。

4.4.2　结果与分析

4.4.2.1　葡萄酒泥中总酚和多糖提取的单因素试验结果

（1）乙醇溶液浓度对总酚和多糖的影响

由图 4-79 可知，随着乙醇溶液浓度增加，提取物中总酚和多糖的含量都出现了较为明显的波动，在 40%乙醇溶液中，提取物中的多糖含量显著高于其他乙醇溶液浓度时的多糖含量。而提取物中的总酚含量，在 40%乙醇溶液中达到峰值（$P<0.05$）。综合乙醇溶液浓度对多糖和总酚的影响，适宜选择浓度为 40%的乙醇。

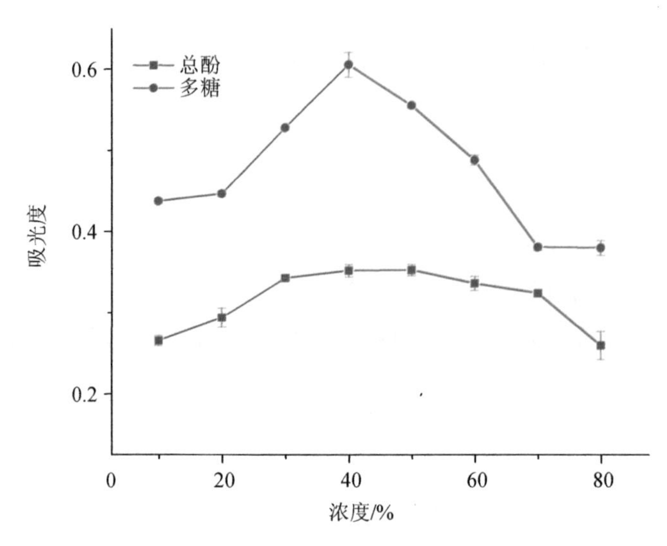

图 4-79　乙醇-水溶液浓度对提取物中多糖和总酚的影响

（2）提取时间对总酚和多糖的影响

随着提取时间的延长，赤霞珠酒泥提取物中总酚和多糖的含量出现了截然相反的变化趋势，总酚含量随着提取时间的延长而逐渐减少，多糖含量却随着时间的延长而增加（图 4-80）。因此，综合考虑提取时间的影响，50 min 的提取时间较为适宜。

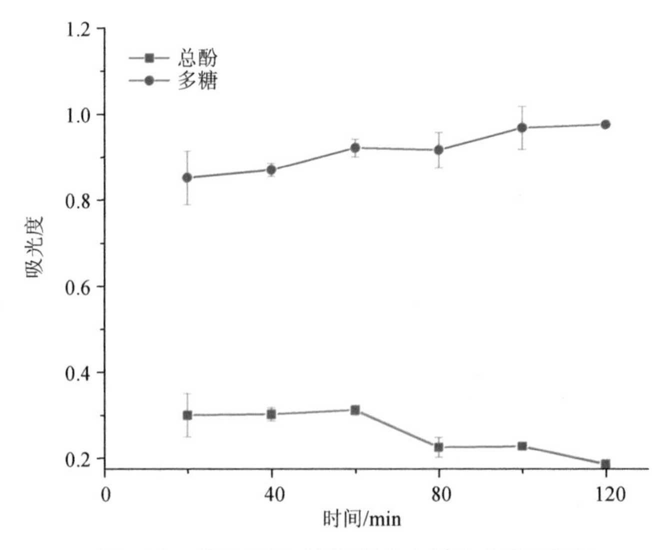

图 4-80　提取时间对提取物中多糖和总酚的影响

（3）提取温度对总酚和多糖的影响

提取温度和提取时间对酒泥中活性成分提取率的影响类似，总酚和多糖的含量都在 50℃左右时达到最大值（图 4-81）。因此，综合提取温度对总酚和多糖提取量的影响，50℃的提取温度为最佳。

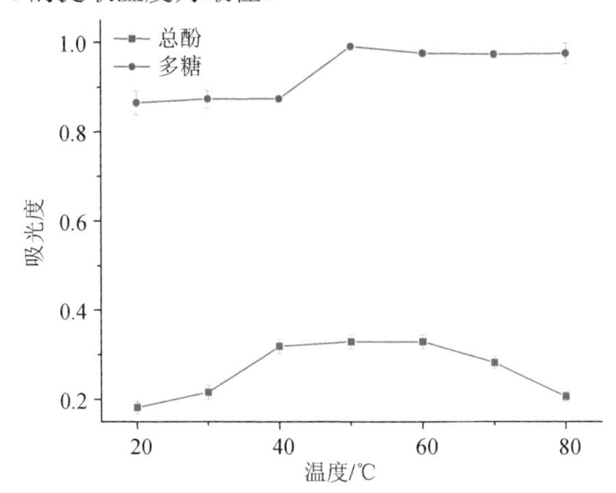

图 4-81 提取温度对提取物中多糖和总酚的影响

（4）蛋白酶含量对总酚和多糖的影响

如 4-82 所示，蛋白酶含量的变化对总酚提取量无显著影响，而随着蛋白酶用量的增加，提取物中的多糖含量表现出先增加后减少的趋势。因此，将酶添加量设置成 0.4%为最佳。

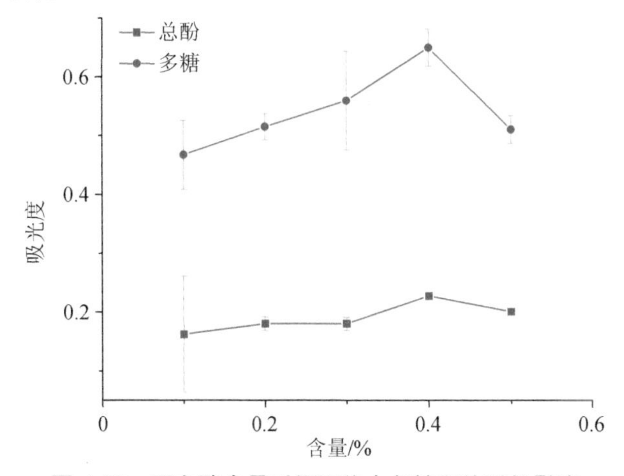

图 4-82 蛋白酶含量对提取物中多糖和总酚的影响

乙醇溶液浓度和提取温度对酒泥总酚提取率的影响较为明显，显著大于另外两种影响因素。乙醇溶液浓度、蛋白酶用量是影响提取物中多糖含量的主要因素。

4.4.2.2 正交试验结果分析及验证

从表4-14中可以看出，4种因素对提取物中多糖和总酚含量的影响是不同的。以多糖提取量为指标，其影响因子作用效果从大到小排列是蛋白酶量＞超声温度＞乙醇-水溶液浓度＞超声时间，其最优提取参数从大到小排序为 30%乙醇-水溶液浓度＞超声时间 50 min＞超声温度 50℃＞蛋白酶量 0.3%。而以总酚为指标，其影响因素作用效果从大到小排序为乙醇-水溶液浓度＞超声温度＞蛋白酶量＞超声时间，其最佳提取参数从大到小排序为 50%乙醇-水溶液浓度＞超声时间 50 min＞超声温度 40℃＞蛋白酶量 0.3/%。

表 4-14 正交试验结果分析

序号		（A）乙醇-水溶液浓度/%	（B）超声时间/min	（C）超声温度/℃	（D）蛋白酶量/%	多糖/（μg/g）	总酚/（μg GAE/g）
1		50	60	40	0.4	956.48	219.97
2		30	50	60	0.4	1 407.88	77.10
3		50	40	60	0.5	1 147.43	166.18
4		40	40	50	0.4	1 450.15	186.96
5		40	60	60	0.3	1 883.93	188.48
6		30	40	40	0.3	1 708.56	127.77
7		30	60	50	0.5	1 605.03	57.65
8		40	50	40	0.5	1 238.30	220.48
9		50	50	50	0.3	2 060.64	211.10
多糖	K1	1 573.82	1 435.38	1 301.11	1 884.38	排序：D＞C＞A＞B 最优组合：$A_1B_2C_2D_1$	
	K2	1 524.13	1 568.94	1 705.27	1 271.50		
	K3	1 388.18	1 481.81	1 479.75	1 330.25		
	R	185.64	133.56	404.16	612.87		
总酚	K′1	141.78	160.30	189.41	175.78	排序：A＞C＞D＞B 最优组合：$A_3B_2C_1D_1$	
	K′2	198.64	169.56	151.90	161.34		
	K′3	199.08	155.36	143.92	148.10		
	R′	57.30	14.20	45.49	27.68		

根据总酚指标和多糖指标得到的提取方案存在着一些差异，获得的最佳参数除超声时间和蛋白酶量相同外，其余两个因素之间存在差异。总酚对高温的耐受较低，需要低一些的超声温度，而对于多糖而言，超声温度为 50℃时其提取量较大。提取温度对总酚和多糖影响较小，因此将提取温度可设置为 50℃。较高的乙醇溶液浓度对提取总酚有益，却抑制了多糖的提取。因此，无法通过简单地比较来判断哪个条件最佳，需要对正交试验的结果进行验证试验。引入二苯代苦味酰自由基（DPPH）清除率指标，验证组合 $A_1B_2C_2D_1$、$A_2B_2C_2D_1$ 和 $A_3B_2C_2D_1$ 的结果。

提取参数为 $A_1B_2C_2D_1$ 时，总酚含量为 152.04±5.39 μg GAE/g，多糖含量为 912.60±40.93 μg/g，其 DPPH 清除率为（74.14±0.4）%；提取参数为 $A_2B_2C_2D_1$，测得总酚含量为 140.66±4.98 μg GAE/g，多糖含量为 607.68±9.62 μg/g，其 DPPH 清除率为（61.13±2.87）%；提取参数为 $A_3B_2C_2D_1$ 时，总酚含量为 202.35±5.29 μg GAE/g，多糖含量为 845.98±12.91 μg/g，DPPH 清除率为（86.86±0.78）%；与前两种方式相比，第三种提取方法的 DPPH 清除率更高，在多糖和总酚的提取量相差不大的条件下，这种提取方法的抗氧化效果更好。综上所述，最终确定联合提取的工艺参数为 50%乙醇-水溶液浓度，超声时间 50 min，超声温度 40℃，蛋白酶量 0.3%。

4.4.2.3　酒泥提取物的液相色谱-质谱联用（LC-MS）分离鉴定结果

按照氨基酸、类黄酮类化合物和非类黄酮类化合物分类，表 4-15 列出了初步鉴定的 47 种化合物［表中包括关于理论和试验 *m/z*（质荷比）的值以及二级碎片离子的信息等］。

许多文献都证实了酒泥中一级氨基酸的作用，这些氨基酸来源于破碎的酵母细胞。氨基酸具有保湿、预防和改善皮肤干燥、延缓皮肤衰老等功能。本试验初步鉴定出提取物中的 12 种主要氨基酸及其衍生物。

葡萄酒和葡萄中的多酚是它们产生抗氧化作用的主要来源物质。类黄酮类化合物主要包括花青素、黄烷醇、黄酮醇等。在酒泥中，黄酮醇是鉴定出来的一类主要化合物，包括槲皮素、杨梅素、山柰酚和异鼠李素等。非类黄酮类化合物种类繁多，主要包括酚醛类、芪类和酚酸类等。

除前面讨论的氨基酸、类黄酮类化合物外，试验还分离鉴定出了许多重要的化合物，如维生素、糖的衍生物等也具有良好的抗氧化效果。

表 4-15 酒泥提取物中活性成分鉴定表

保留时间/min	质荷比	化合物	分子式
氨基酸			
0.74	114.056	脯氨酸 Proline	$C_5H_9NO_2$
0.71	146.046	谷氨酸 Glutamic acid	$C_5H_9NO_4$
0.7	104.036	丝氨酸 Serine	$C_3H_7NO_3$
0.71	118.051	苏氨酸（D-苏氨酸）Threonine	$C_4H_9NO_3$
0.67	154.062	组氨酸 Histidine	$C_6H_9N_3O_2$
0.78	130.087	异亮氨酸（L-异亮氨酸）Isoleucine	$C_6H_{13}NO_2$
1.02	116.071	缬氨酸 L-Valine	$C_5H_{11}NO_2$
0.71	132.031	天冬氨酸 Aspartic acid	$C_4H_7NO_4$
5.51	203.083	色氨酸 L-Tryptophan	$C_{11}H_{12}N_2O_2$
0.78	130.087	亮氨酸 Leucine	$C_6H_{13}NO_2$
0.67	173.104	精氨酸 L（+）-Arginine	$C_6H_{14}N_4O_2$
2.58	164.072	苯丙氨酸 Phenprobamate	$C_9H_{11}NO_2$
类黄酮类化合物			
22.51	285.040	山萘酚 Kaempferol	$C_{15}H_{10}O_6$
5.06	305.067	没食子儿茶素（-）-Gallocatechin	$C_{15}H_{14}O_7$
10.27	577.134	原花青素 B_2 Procyanidin B_2	$C_{30}H_{26}O_{12}$
	177.020	7,8-二羟基香豆素 Daphnetin	$C_9H_6O_4$
0.95	319.046	二氢杨梅素 Dihydromyricetin	$C_{15}H_{12}O_8$
14.41	463.087	槲皮素-3-O-葡萄糖苷 Isoquercitrin	$C_{21}H_{20}O_{12}$
15.68	447.093	矢车菊素-3-O-葡萄糖苷 Cyanidin-3-O-glucoside	$C_{21}H_{20}O_{11}$
19.73	301.035	二水槲皮素 Quercetin dihydrate	$C_{15}H_{10}O_7$
	289.072	儿茶素 Catechin	$C_{15}H_{14}O_6$
15.68	447.092	Luteolin-7-O-glucoside	$C_{21}H_{20}O_{11}$
8.92	289.072	表儿茶素 Epicatechin	$C_{15}H_{14}O_6$

保留时间/min	质荷比	化合物	分子式
非类黄酮类化合物			
2.35	169.014	没食子酸 Gallic acid	$C_7H_6O_5$
13.4	193.051	阿魏酸 Ferulic acid	$C_{10}H_{10}O_4$
10.64	221.046	阿魏酸乙酯 Ethyl ferulate	$C_{11}H_{10}O_5$
12.04	515.120	1,4-二咖啡酰奎宁酸 1,4-Dicaffeoylquinic acid（Cynarin）	$C_{25}H_{24}O_{12}$
0.79	179.056	D-半乳糖 D-Galactose	$C_6H_{12}O_6$
0.79	179.056	D-甘露糖 D-（+）-Mannose	$C_6H_{12}O_6$
15.1	243.066	白皮杉醇 Piceatannol	$C_{14}H_{12}O_4$
26.04	193.087	对羟基苯甲酸丁酯 Butylparaben	$C_{11}H_{14}O_3$
12.04	165.056	对羟基苯甲酸乙酯 Ethyl-4-hydroxybenzoate	$C_9H_{10}O_3$
35.56	503.338	羟基积雪草酸 Madecassic acid	$C_{30}H_{48}O_6$
4.81	153.056	羟基酪醇 Hydroxytyrosol	$C_8H_{10}O_3$
14.13	300.999	鞣花酸 Ellagic acid	$C_{14}H_6O_8$
1.02	116.071	甜菜碱 Betaine	$C_5H_{11}NO_2$
46.83	455.353	熊果酸 Ursolic acid	$C_{30}H_{48}O_3$
49.82	279.234	亚油酸 Linoleic acid	$C_{18}H_{32}O_2$
12.89	122.024	烟酸 Nicotinic acid	$C_6H_5NO_2$
45.79	455.354	白桦脂酸 Betulinic acid	$C_{30}H_{48}O_3$
34.61	383.329	维生素 D_3 Vitamin D_3	$C_{27}H_{44}O$
0.93	175.025	维生素 C Vitamin C	$C_6H_8O_6$
7.78	153.019	原儿茶酸 Protocatechuic acid	$C_7H_6O_4$
0.73	134.048	腺嘌呤 Adenine	$C_5H_5N_5$
0.76	243.063	尿苷 Uridine	$C_9H_{12}N_2O_6$
0.72	242.078	胞苷 Cytidine	$C_9H_{13}N_3O_5$
1.69	282.085	鸟苷 Guanosine	$C_{10}H_{13}N_5O_5$

4.4.2.4　酒泥提取物的抗氧化试验结果

如图 4-83 所示，酒泥提取物浓度与抗氧化能力呈正相关的关系，随着酒泥提取物浓度的增加，酒泥提取物表现出较强的 DPPH 清除力，当酒泥提取物浓度为 5 mg/mL 时，DPPH 清除率达到（73.33±1.93）%，低于抗坏血酸（阳性对照）组的 25%，这表明酒泥抗氧化性能良好。

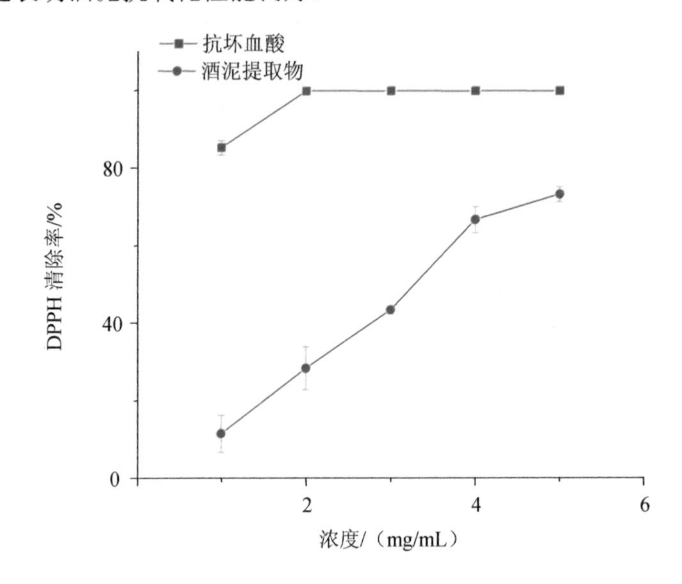

图 4-83　酒泥提取物浓度与 DPPH 的清除率

与 DPPH 分析方法一样，2,2-联氮-二（3-乙基-苯并噻唑-6-磺酸）二铵盐自由基（ABTS·⁺）也被用于抗氧化活性的测量。如图 4-84 所示，比较抗坏血酸（阳性对照）和酒泥提取物的抗氧化活性。ABTS·⁺试验结果与 DPPH 试验结果相似，随着样品浓度增加，酒泥提取物表现出更高的抗氧化活性。酒泥提取物浓度为 5% 时，ABTS·⁺清除率为（47.57±3.84）%，其抗氧化活性低于 DPPH 的试验结果。

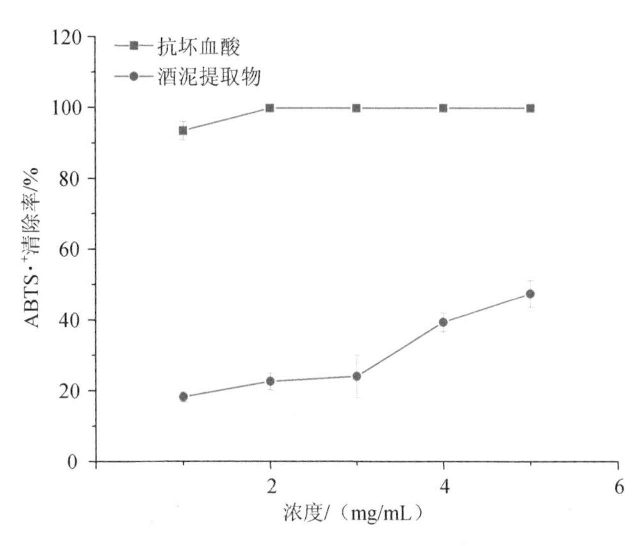

图 4-84 酒泥提取物浓度与 ABTS·$^+$的清除率

·OH 积累是造成人体表皮细胞损伤的重要原因之一，因此检测酒泥提取物浓度对·OH 清除率的影响具有应用意义。·OH 试验结果与 DPPH 检测结果相似，酒泥提取物的浓度为 5%时，其抗氧化活性达（89.77±2.37）%（图 4-85）。

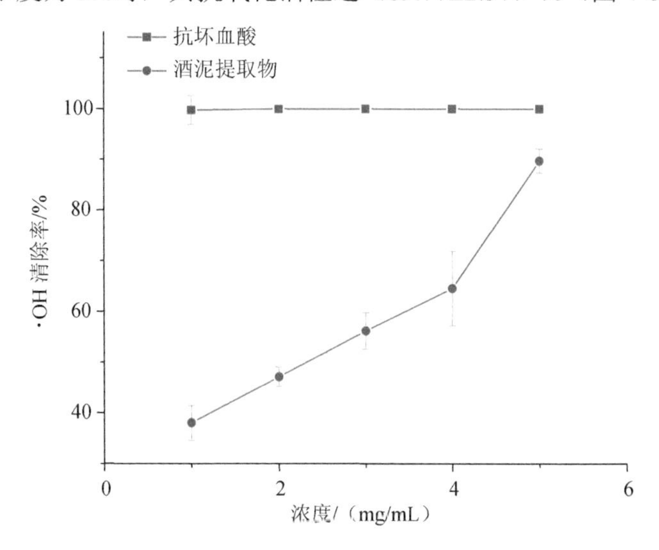

图 4-85 酒泥提取物浓度与·OH 的清除率

4.4.2.5 酒泥面膜的制备及基本理化指标

按配方量称取改性卵磷脂、胆固醇、肉豆蔻酸异丙酯、十八醇、甘油、丙二醇、吐温-80、海藻酸钠、卡波姆 930、酒泥提取物等原料制得面膜。测得面膜 pH 为 5.24±0.71，符合国标对乳霜状面膜 pH 的要求。通过稳定性试验，面膜在高温、冷冻、冷热交替以及高速离心状态下均未出现分层的现象（表 4-16）。

表 4-16 酒泥面膜安全学评价

序号	检测项目	检测依据	规范要求	检测结果	单项评价
1	菌落总数/（CFU/g）	《化妆品安全技术规范》（2015 年版）	≤1 000	<10	符合要求
2	霉菌和酵母菌总数/（CFU/g）		≤100	<10	符合要求
3	耐热大肠菌群量/g		不得检出	未检出	符合要求
4	金黄色葡萄球菌量/g		不得检出	未检出	符合要求
5	铜绿假单胞菌量/g		不得检出	未检出	符合要求
6	汞含量/（mg/kg）		≤1	<0.002	符合要求
7	铅含量/（mg/kg）		≤10	<1.5	符合要求
8	砷含量/（mg/kg）		≤2	<0.01	符合要求
9	镉含量/（mg/kg）		≤5	<0.18	符合要求

酒泥面膜的安全性评价结果符合《化妆品安全性评价程序和方法》（GB 7919—1987）规定的要求。

4.4.2.6 酒泥面膜动物安全评价试验

参考《化妆品卫生规范》，对酒泥面膜进行了单次皮肤刺激性试验、多次皮肤刺激性试验，以此考察乳液对皮肤的刺激性；进行了单次眼刺激性试验、多次眼刺激性试验，以此考察乳液不慎进入眼内，对眼的刺激性；试验动物选择健康家兔，雌雄各半数，1 月龄，共 16 只，体重为 1 kg 左右。图 4-86 显示了家兔试验方法。

图 4-86　家兔试验方法

家兔的眼刺激试验结果表明，试验家兔角膜未出现混浊现象，角膜的受损范围＜1/4；虹膜完好，未出现损伤；睑结膜、球结膜部位的结膜也没有出现充血和水肿；在长期眼刺激试验中，部分家兔眼角有少量分泌物，这属于正常现象。家兔的皮肤刺激试验结果表明，家兔皮肤均未出现红斑和水肿，皮肤刺激强度评价结果均为无刺激性。动物试验结果表明改性酒泥面膜对皮肤和眼睛均为无刺激性，符合《化妆品安全性评价程序和方法》（GB 7919—1987）以及《化妆品安全技术规范》（2015 年版）规定的要求。

4.4.2.7　酒泥面膜感官评价

根据《面膜》（QB/T 2872—2017）的试验方法取面膜试样在室温和非阳光直射下目测观察外观，取试样用嗅觉鉴定香气。

选择女性试验者 18 名，需符合以下要求：志愿者经过培训，能准确地表达自己的使用感受，在测试前 6 h 内不使用化妆品。取适量的面膜液涂抹在试验者小臂内侧 15 min，试验结束后，用温水拭净手臂，根据试验者手臂内侧皮肤状态填写问卷（表 4-17）。

表 4-17 面膜感官评分标准

感官指标		评判标准	感官评分/分
使用前	外观（满分 12 分）	表面有光泽感，淡紫色，无色差	9～12
		有略微光泽，有色彩	5～8
		颜色过深或过浅，表面无光泽，色差明显	0～4
	香气（满分 12 分）	无异味，有淡淡的葡萄酒泥味	9～12
		有些许异味	5～8
		有较重异味	0～4
	肤感 A：挑起性（满分 8 分）	料体容易被挑起，质感轻盈	5～8
		料体难以被挑起，黏连性强	0～4
	肤感 B：质感（满分 8 分）	料体质地厚重	5～8
		料体质地轻薄	0～4
使用中	均匀性（满分 12 分）	干净均一、无异物，无肉眼可见结块	9～12
		干净，有少许结块	5～8
		有较多不溶性结块	0～4
	细腻感（满分 12 分）	质地细腻柔软，无可见颗粒、纹理清晰	9～12
		质地柔软、内部有少量气泡，纹理基本清晰	5～8
		颗粒感明显，内部有较多气泡且不均匀，纹理结构较差	0～4
	延展性（满分 12 分）	质地细腻柔软、疏松度好，无可见颗粒、纹理清晰，容易在皮肤上推开	9～12
		弹性较好，基本能够涂抹	5～8
		弹性弱，不利于涂抹	0～4
使用后	残留感（满分 8 分）	未干燥的面膜残留量较少	5～8
		难以洗净，未干燥的面膜残留量较多	0～4
	滋润感（满分 12 分）	水洗后皮肤感觉湿润、清爽、光滑	9～12
		水洗后皮肤感觉些许湿润、光滑	5～8
		水洗感觉油腻或干燥	0～4
	皮肤光泽度（满分 12 分）	使用 15 min 后皮肤光泽度明显	9～12
		使用 15 min 后皮肤光泽度略有提升	5～8
		使用前后皮肤光泽度无明显差异	0～4

根据 18 名志愿者的评分，两组样品（CK 和液晶面膜/霞多丽）的感官评分雷达示意如图 4-87 所示。在 10 个评价指标中，两组面膜的肤感、均匀性、细腻感、延展性和残留感指标评分相近。但是酒泥面膜（液晶面膜）的质感指标评分远高于市售面膜（CK），有 0.4 分的分差。外观指标略有差异，市售面膜呈现红褐色，而酒泥面膜拥有纯正的紫色外观。在滋润感和皮肤光泽度上，市售面膜评分略逊一筹，因为在体外试验中，其保湿率不如酒泥面膜。

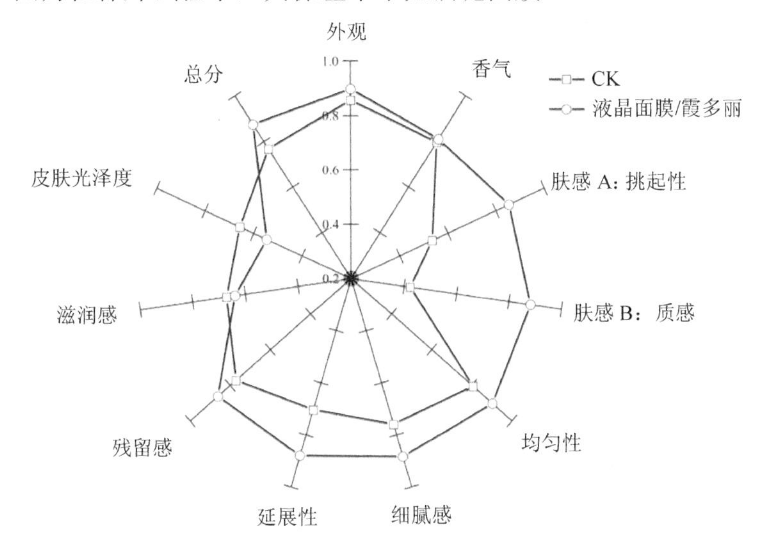

图 4-87　面膜肤感评价情况（单位：分）

4.4.3　小结

以赤霞珠葡萄酒泥为原材料，通过正交试验设计及验证，得到了酒泥中总酚和多糖的联合提取工艺参数。对酒泥提取物中的化合物进行鉴定和分类，测试其抗氧化指标。在此基础上，制备具有抗氧化能力的富含天然酒泥提取物的乳霜类面膜。为了验证酒泥面膜是否符合国家标准，分析了酒泥面膜的基本理化指标（pH、稳定性）和安全性指标：

①正交试验结果表明，面膜的基本理化指标表明，酒泥中总酚和多糖联合提取的最佳工艺参数为 50%乙醇-水溶液浓度，超声时间 50 min，超声温度 40℃，蛋白酶量 0.3%。在此条件下，DPPH 清除率为（86.86±0.78）%。

②通过液相色谱-离子淌度-四级杆飞行时间串联质谱仪（LC-IM-Q TOF MS）从酒泥提取物中共鉴定出 47 种化合物，包括一级氨基酸及其衍生物、多酚、多糖及糖的衍生物、维生素、有机酸及其他化合物。其中，大多数化合物具有良好的抗氧化效果。酒泥提取物的抗氧化试验证明，酒泥具有较强的抗氧化能力。

③将酒泥提取物应用于面膜的制备中，其 pH、稳定性试验（高温、冷冻、冷热交替以及高速离心）结果均符合国家标准，微生物指标和重金属残留符合要求。酒泥面膜在动物试验和人体肤感测试中也表现良好。因此，综合各项测试结果，赤霞珠葡萄酒泥提取物面膜具有生产和继续研究的可能性，同时为后续试生产提供了理论和技术支持。

第 5 章 贺兰山东麓葡萄酒生产废水废物管控与对策

可持续发展包括 3 个层面，即环境、经济和社会层面。葡萄与葡萄酒产业的可持续发展一直是贺兰山东麓产区的一个重要课题。OIV 也非常重视葡萄酒行业的可持续发展，颁布的多项指导方针均涉及固体废物和废水的处理。剖析贺兰山东麓葡萄酒生产废水废物管控存在的问题，并提出对策措施，将为贺兰山东麓葡萄与葡萄酒产业的绿色、可持续发展提供保障。

5.1 贺兰山东麓葡萄酒生产废水废物管控现状

近年来，在国家生态文明建设的框架下，贺兰山东麓产区逐渐加强了产区酒庄的废水废物管理，酒庄废水废物处理与资源化的相关工作取得了长足的进步。

2018 年和 2020 年，分别对 72 家和 79 家酒庄进行调研。对比酒庄废水处理设施的建设情况可知，2018 年采用三级沉淀处理设施的酒庄数量占酒庄总数的 27.8%，建设生化处理设施的酒庄数量占酒庄总数的 72.2%；2020 年产区调研的所有酒庄均采用生化处理设施（表 5-1）。

表 5-1 2018 年和 2020 年各产区酒庄废水处理设施建设情况 单位：家

地区	2018 年		2020 年	
	三级沉淀处理	生化处理	三级沉淀处理	生化处理
银川市	6	38	0	44
吴忠市	12	13	0	32
石嘴山市	1	1	0	2
中卫市	1	0	0	1
总计	20	52	0	79

葡萄酒产业作为资源密集型产业，其资源禀赋和配置方式对产区的经济发展起到至关重要的作用。如果将葡萄固体废物资源化应用视为一条单独的产业链，分析该链条基础资源、二阶资源和高阶资源的缺失状况，将会找到固体废物管控存在的问题。对于葡萄固体废物来说，基础资源是指葡萄园、酒庄等能够产生葡萄固体废物的资源；二阶资源是指法规政策、配套设施、技术支持、竞合关系这四方面；高阶资源是指能够带来收益的声誉、文化和品牌等无形的资源。而现阶段的问题主要集中在二阶资源和高阶资源方面（李焕梅等，2018）。

在法规政策上，自2003年以来，贺兰山东麓葡萄酒产区颁布实施的法规政策主要集中在产区建设、葡萄酒质量管理和营销策略建设方面（表5-2）。2017年葡萄酒生产废水废物的处理问题与美丽乡村建设一起被提上日程。近年来，按照国家对生态环境提出的要求，在产区建设已初具规模的情况下，葡萄固体废物资源化利用体系的建设和发展已经到了合适的时机。考虑到环境退化可能会产生经济问题进而造成社会性后果的情况，处理可持续性问题是所有社会部门面临的一项必要挑战，这是一种相对的共识。因此，促进以生态环境为基础的可持续发展，完善葡萄酒生产废水废物的相关法规和政策，是政府推动产业发展的必要举措。

表5-2　宁夏贺兰山东麓葡萄酒产区法规与政策

年份	法规、标准、著作或政策	内　容
2008	制定了《地理标志产品　贺兰山东麓葡萄酒》（GB/T 19504—2008）	—
2012	《宁夏回族自治区贺兰山东麓葡萄酒产区保护条例》会议通过	共39条，例明确了产区的范围、保护原则和自治区政府各部门的职责，加强了产品与质量、专用标志和证明商标使用管理
2013	《宁夏贺兰山东麓葡萄酒产区列级酒庄评定管理暂行办法》印发	逐步实现了酒庄列级管理
2016	《关于创新财政支农方式加快葡萄产业发展的扶持政策暨实施办法》	重点抓好质量与效益提升、科技创新与人才培养、操作规程与质量标准、执法与监督、品牌宣传与市场营销、社会化服务体系6项工作
2017	“加快贺兰山东麓葡萄酒庄建设项目”列为“自治区地方统筹预算内资金支持方向”的首位	并首次提到开展葡萄酒产业的环保设施建设及污水和固体废物处理等项目建设

年份	法规、标准、著作或政策	内　容
2017	《宁夏回族自治区人民政府办公厅关于完善支持政策促进农民持续增收的意见》印发	提出鼓励并支持休闲农业、酒庄和乡村旅游重点村改善道路、信息、垃圾废水处理设施等条件，加快推进美丽乡村和产业融合示范村镇建设
2019	编制《葡萄苗木生产技术》《葡萄园建园技术》《有机酿酒生产技术》《干红酿造技术》《干白酿造技术》《成品葡萄酒贮运管理》《葡萄酒质量安全追溯指标》	完善并撰写技术规程
2020	《贺兰山东麓葡萄酒标准汇编》正式出版	

在配套设施上，贺兰山东麓产区发展至今，重点资金投在帮扶企业和农民葡萄种植和葡萄酒生产配套上。例如，2011—2016年，政府共投入29.01亿元，建设节水灌溉项目并实现85%的葡萄园引黄灌溉，建造产区道路335.5 km，架设和改造供电线路79.07 km，建设配套防护林两万多亩，形成了旱能灌、涝能排、田成方、林成网、路相连的葡萄园灌溉体系（宋新欣，2016）。从目前来看，葡萄酒生产废水废物处理主要依赖企业和个体的投入。制度比较完善的大型葡萄酒企业和外资葡萄酒企业，能够投入一定的资金在废弃物处理上，特别是废水处理上。对于固体废物处理，一些企业采用粉碎加简单处理后还田的方式，但多数企业还是采用填埋或者焚烧的传统方式。产生这类情况的原因之一是企业和个人没有剩余精力和动力去承担相关压力，原因之二是产区缺少能够独立高效利用固体废物的企业，无法同时期回收如此大量的“二次资源”。

目前，葡萄酒生产废水废物的处理和资源化技术已经比较成熟，这得益于科研工作者的不断探索，大部分固体废物已经被较好地利用。但是精深加工技术的壁垒还未突破，特别是在固体废物功能性成分的工业化提取和营养的基础性研究方面仍需要探索。另外，已有的加工技术需要拥有技术人员和建设技术推广的配套措施，同时又需要专门的企业或职能部门的生产和营销，这就涉及产区内外竞合关系的建立。国内进行废弃物的肥料加工、饲料加工、葡萄籽食用油生产和功能性成分提取的企业多集中在工业发达的地区，而这类企业在原料供给充足的产区内不多。相比酒庄间的竞争和协作，固体废物资源化利用的竞合关系几乎没有得到良好的发展。

受产业发展的一般性规律和资本配置的制约，固体废物资源化利用方面的声誉、文化和品牌等无形的高阶资源几乎为零。客观而言，在这一点上，因为原料的种类和产品的可替代性，所以很难实现强有力的突破。值得注意的是贺兰山东麓葡萄酒品牌价值能够为产区内外合作提供良好基础，并且高质量、可持续发展的绿色农业模式累加产区声誉，可使生态效益、经济效益和社会效益最大化。

5.2 贺兰山东麓葡萄酒生产废水废物管控存在的问题

根据前述章节的分析及实际调研的结果，当前贺兰山东麓酒庄生产废水废物管控主要存在以下问题：

①各酒庄用水量差异较大，缺少葡萄酒产业用水标准。调研的酒庄中，生产季单位单品的废水产生量为 0.1～36.9 t/kL，酒庄葡萄酒加工过程的用水量差异较大。各酒庄的用水水平主要与酒庄的规模、生产管理水平相关。总体上呈现银川的酒庄比吴忠的酒庄用水量大，小酒庄的单位产品用水量大于大酒庄的趋势。现场调研发现，车间工人用水随意，缺乏节水意识。例如，每天的地面冲洗，可以在倒完当日所有的罐之后进行，但工人却每倒完一个罐就冲一次，导致水资源浪费。

②酒庄废水处理设施处理规模的设计依据不明确。葡萄酒生产具有明显的季节性特征，通常生产季的废水总量大于非生产季，且污染负荷高，对污水处理系统的冲击较大。在实际的建设中，环评单位或建设单位未考虑实际生产的季节性差异，通常按最大产能核算废水处理量，在非生产季由于废水量少处理设施难以正常运行。另外，受葡萄产量、生产习惯、市场需求等多方面因素的影响，目前宁夏贺兰山东麓葡萄酒产区绝大部分酒庄的实际产能低于审批产能，多数酒庄实际产能仅为设计产能的 1/5～1/2，造成配套设施特别是废水处理设施的设计处理能力偏大，设备浪费、运行成本高等问题突出。由于没有规范统一的废水排放系数，酒庄在进行污水处理规模设计时也存在较大差异。在实际调研中发现，设计产能为 500 t/a 的酒庄，其设施处理能力为 5 m^3/d；而设计产能为 200 t/a 的酒庄，其设施处理能力为 10 m^3/d，存在明显的不合理现象。

③葡萄酒庄废水处理工艺针对性不强。酒庄废水主要为压榨设备和发酵设备

的清洗水、地面冲洗水及部分生活污水，属于易降解的有机废水。产区要求废水处理出水水质达到《农田灌溉水质标准》（GB 5084—2021）的要求，目前产区酒庄主要采用的 SBR、SBBR、A/O 和 A^2/O 等工艺基本能达到排放要求。但在部分酒庄的工艺流程中，出现气浮池、MBR 等不必要的污水处理工序，虽然这些工艺对污水处理具有一定的作用，但是建设、运营费用高昂不经济。

④污水处理构筑物设计依据不规范。污水处理构筑物未设计合理的有机负荷、HRT 和曝气强度等主要工艺参数，并且调查中发现大多数酒庄的调节池建设较为随意，同样是处理能力为 10 m^3/d 的废水处理设施，各酒庄调节池有效池容为 20～96 m^3，差异较大。

⑤车间管理粗放，酿酒固体废物排入污水处理系统造成污水处理结果不达标。由于环保意识不到位，发酵车间的皮渣残留冲入下水道，部分酒庄的酒泥处理较随意，直接排入废水处理设施。皮渣进入污水处理系统，经发酵后增加系统的有机物浓度和色度。酒泥在酿酒固体废物体系中的占比较小，仅为 0.39%～0.5%，但却属于高 COD 污染物，在调研中多数企业将酒泥冲入废水处理设施，虽然表面处理了一种少量的固体废物，但是酒泥产生的时间本为葡萄酒的酿酒季，污水处理系统中的污水量和污染物浓度较大，直接排入的酒泥会对系统稳定运行产生巨大冲击，从而导致系统运行异常、出水水质不达标。

⑥废水处理设施运行管理欠佳。目前，贺兰山东麓酒庄废水处理设施主要采用第三方运行维护和酒庄自行管理两种运行管理模式。酒庄自行管理比较粗放，由于非专业管理，运行过程中一旦出现问题无法自行解决。而第三方运行维护的水平也是参差不齐，总体而言，银川的酒庄运行维护水平较专业，青铜峡和红寺堡的专业性相对较弱。产能较大的酒庄比产能较小的酒庄运行维护效果总体更好。在调研中发现，有的酒庄投加大量氢氧化钠调节 pH，有的酒庄在非生产季投加面粉、尿素、磷肥进行曝气养菌，甚至有的酒庄在生产季采取投加营养物等诸多非专业运行方式。另外，酒庄废水处理设施运行维护记录不完善、不合理的问题也较为普遍。

⑦酒庄固体废物处理处置体系不完善。酒庄葡萄酒生产中，除酿酒过程中会产生葡萄梗、皮渣、酒泥等固体废物外，还会产生葡萄藤、硅藻土等用于种植或进行加工的副产物。目前产区未建立相关处理处置体系，缺乏有关废物处理处置

方面的指导，在处理上无章可循，过程较为混乱和随意。

⑧未形成具有本地特色的酿酒固体废物处理产业链。目前，贺兰山东麓葡萄酒产区的酿酒固体废物处理手段总体较为简单、粗放。调研中产区酿酒固体废物通常由各酒庄自行处理，受技术水平、周边配套产业等因素的影响，处理方式多采用较为简单的喂牲口、还田方式。多数酒庄未与上下游企业形成紧密的产业链接，或无相关产业对接。葡萄籽等一些具有深加工价值的固体废物，未被充分利用，造成资源浪费、产品附加值不高，葡萄酒产业总体产品单一，绿色化程度不高。

⑨未制定产区葡萄与葡萄酒产业生态发展规划。2021 年 1 月宁夏制定葡萄酒产业高质量发展实施方案，其内容主要偏重于放大产区优势，提升品牌价值，打造领军企业，把贺兰山东麓打造成“葡萄酒之地”。方案涉及固体废物资源化和废水处理的部分内容，但对产区的生态发展未做详细规划。作为九大优势特色产业之一，贺兰山东麓的葡萄与葡萄酒产业承担着生态保护和高质量发展的重任。制定产区葡萄与葡萄酒产业生态发展规划是贯彻落实宁夏生态立区战略的必然要求，也是宁夏建设黄河流域生态保护和高质量发展先行区的重要保障之一。

⑩缺少葡萄与葡萄酒产业生态环保和资源利用专项人才。产区酿酒葡萄种植面积大、葡萄酒产量高。葡萄种植产生的剪枝枝条、冬季葡萄种植区的扬尘扬沙，以及酿酒过程产生的果梗、皮渣、酒泥、废水等的处理处置问题依然存在，由于缺乏过硬技术和人才队伍，目前尚无明确的关于产区生态环境以及废水废物资源化利用方案或统一规划。产区地域涉及多个市县，范围广，把葡萄与葡萄酒产业建成生态型产业，实现产业绿色发展，尚缺一批技术水平高、能力好的生态环境保护和资源利用专项人才队伍。

5.3 贺兰山东麓葡萄酒生产废水废物管控对策

贺兰山东麓葡萄酒产业的可持续发展需要一整套完善的体系，包括种植、酿造、销售、文化和旅游，每个环节都必须坚持高质量、可持续的发展理念，同时也必须将绿色生态的基本要求贯彻下去。因此，葡萄酒生产废水废物管控是可持续发展的重要内容，应针对其中存在的问题对症下药，循序渐进地完善产区体系建设。

5.3.1 加强地方标准和技术规范的制定

①开展酒庄清洁生产评估，量化用水标准：深入葡萄酒加工过程分析，对不同葡萄酒加工工艺进行清洁生产水平评估，并根据各市县产区的水资源实际情况，制定产区不同葡萄酒加工的分级分类用水标准。

②制定具有地区性的葡萄酒庄废水处理设计规范或指南：根据葡萄酒生产废水产生排放的特点，规范葡萄酒庄废水处理从工艺选择、设计、施工到运行维护的各项工作。制定设计规范或指南时应充分考虑秋冬气温偏低和水质水量波动较大的实际情况，提出可供选择的指导方案。葡萄酒庄废水处理工艺的选择应该因地制宜，设计和施工全程应有相关技术人员把关。

③完善废弃物处理和应用的法规制度：将绿色生态和可持续发展视为产业红线，利用法律制度规范从业者是一项必要举措。政府需要充分发挥职能作用，快速建立并完善葡萄酒产业废弃物处理和再利用的相关制度，包括建立废弃物排放行业标准，废弃物回收行业标准等，并建立赏罚机制和监测机制。

5.3.2 创新葡萄酒生产废水废物处理与资源化技术，突破技术壁垒

①采用分级分质的方式处理高浓度污染酒泥：针对皮渣、酒泥等产生量小，污染浓度高的废物，应避免与主体处理设施一同处理，影响主体处理设施（工艺）的稳定性和处理效果。生产车间要严格控制皮渣残留，尽量避免其进入下水。对于初期高浓度洗罐废水和酒泥，建议采用“分质处理，清污分流”的方式，采取单独处理（如制成有机肥）等方法，提高废水处理设施的稳定性和运行效率。

②深化酒庄污水处理技术研究，形成技术指导：针对目前酒庄废水处理设施运行管理中存在的投加碳源、营养物以及非生产季污泥难以维持活性等问题，开展技术研究，阐明工艺参数对处理效果的影响。为维持非生产季污泥活性，对于废水量充足的中大型酒庄，非生产季应根据水质水量的减幅调整曝气方式。例如，降低曝气量或进行间歇曝气；延长HRT，使微生物处于内源呼吸期，维持基本活性。对于非生产季水量较小的中小型酒庄，应设计大的调节池，遵循“大调解，小流量”处理技术思路。在非生产季通过调节池中贮存的废水量，采用“小流量，低曝气”的原则，维持非生产季的污泥活性。

③开展酒庄废水资源化利用研究：葡萄酒废水呈酸性且有机物含量高，在盐碱地区具有较大的还田潜力。污水灌溉还田可开展灌溉方式、灌溉量、灌溉后土壤理化和微生物特性变化特征及对作物品质和产量的影响等方面的研究，为酒庄废水的资源化利用提供基础。

④开展固体废物综合利用及生态效应专项研究：结合葡萄酒产业种植和生产固体废物，开展葡萄梗、皮渣、酒泥、硅藻土、葡萄剪枝等固体废物制有机肥、沤肥还田等综合土地利用措施对产区土壤及生态效应的影响研究，明确固体废物还田对土壤理化、生化特性及葡萄产量、品质的短期和长期影响，为酿酒废物的综合土地利用和产区生态环境保护提供科学依据和指导。

⑤开展固体废物资源化利用研究：深化葡萄籽油、葡萄原花青素提取物对心血管疾病、肥胖和糖尿病等的预防和治疗方面的基础理论研究；加强葡萄原花青素在食品、保健品和化妆品方面的产业化和市场推广；进一步开展葡萄枝条功能饲料的开发、功能性成分的提取纯化、木质枝条无害化还田技术等关键技术的研究与示范工作；设立相关科研项目，通过科技助理生产，将废弃物资源利用效益最大化。

5.3.3 强化管理和引进合作，促进人才培养

①建立针对废弃物的联盟发展机制：产业联盟机制通常在发展面临威胁和机遇并存的情况下产生，在产区发展早期，地方政府带领贺兰山东麓产区内酒庄建立联盟发展机制，使产区声誉得到快速积累。说明该机制能够在短期内快速团结从业人员，并通过联盟信念和要旨，在内动力、经济获益和声誉累积的三重催动下，将从业人员变被动实施为主动接收。美国、新西兰等国家在葡萄酒产业的可持续发展中都采用了该策略，特别是新西兰的可持续葡萄酒种植（SWNZ）联盟在该国葡萄枝条的废弃物利用上起到了举足轻重的作用。

②加强配套设施建设：对于生产废弃物的配套设施建设主要还是由企业和个体执行，特别是废水净化和排放，需要完善配套净水设施。其他固体废物的处理仅靠酒庄特别是一些小酒庄很难转换成经济产品，必须更多地依赖专业的公司和技术去实现。对于大型酒企，政府应给予相应的支撑，积极鼓励其建立自己的固体废物技术公司。

③深化产区内外合作，推动招商引资：竞争与合作是发展的规律，国内许多企业具有加工葡萄固体废物的能力，能够通过现有的技术将其加工成肥料、饲料、食用油、功能性食品等经济产品。而产区内原材料丰富，运输成本低，适合建厂。因此，加强产区内外合作，招商引资，是快速发展废弃物资源化应用的有利途径。

④引进、扶持部分下游企业，延长产业链：葡萄籽、皮渣等固体废物具有丰富的油脂、原花青素，目前贺兰山东麓葡萄酒产区的相关生产量占比较小，调查的 59 家酒庄中，仅有 11 家酒庄将酿酒产生的皮渣用于提取花青素和榨油，总量不足 1 000 t，不到皮渣产生总量的 10%，大量的皮渣都被用于喂牲畜等，资源浪费严重。根据产区葡萄酒产业分区发展特点，建议以青铜峡、红寺堡和永宁 3 个酒庄集中的产区为重点，灵活采用政府和社会资本合作、BOT① 以及企业自主建设等模式，引进、扶持 2～3 个进行提取原花青素、加工葡萄籽油等生产活动下游生产企业，延长葡萄酒产业链，增加葡萄酒产业的产品种类，提高资源的综合利用率和附加值。

⑤建立自主品牌、打造产区文化：高阶资源决定了行业发展的高度，固体废物资源化应用的发展离不开品牌的打造和文化的传承。自主品牌是提高产区竞争力的“武器”，也是寻求高阶合作的机会。不过，目前产区废弃物资源化应用仍处于起步阶段，品牌的建立和打造仍需一定时间的积累。政府应积极呼吁并帮助从业者大胆创业，建立并实施惠民政策、创业政策，共同助力产区发展。

⑥进行贺兰山东麓葡萄酒产业生态化规划，创建本地产业特色发展路径：以“山水林田湖草沙冰”统筹发展为原则，开展基于产业发展和生态环境保护的贺兰山东麓葡萄酒产业生态化规划，重点解决废水、固体废物等的处理处置规范化、标准化建设问题，通过制定一批废水、固体废物处理技术规范、建设标准等规范标准提高贺兰山东麓葡萄酒产业废弃物处理水平；开展贺兰山东麓葡萄酒产区生态修复与建设，提高生物丰度和生物多样性，提高产区生态承载能力；引入“零排放”“碳中和”“循环酒庄”“绿色发展”等理念，开展生态特色酒庄建设，打造贺兰山东麓葡萄酒产区绿色生态名牌。

⑦加强人员培训和技术指导，做好污水排放和处理设施的监管：通过聘请专

---

① BOT 为 Build-Operate-Transfer 的缩写，即建设—经营—转让。

业的专家或技术人员，对在岗在职的管理人员、职工进行再培训，提升管理人员的管理水平和专业技术能力，打造一支酒庄废水废物处理专属的管理人才队伍，全面提升贺兰山东麓酒庄废水废物处理的管理水平。当地行业主管部门或生态环境主管部门也要在建设运营的过程中充分发挥好监督管理的作用，保证酒庄废水废物处理设施的顺利建设和正常运营。

⑧联合高校进行攻关，进行人才培养和储备：当地已经与国内外葡萄酒行业及相关领域的专家开展了一系列合作研究工作，引进、吸收了一批先进的相关技术和理念，但消化、转化还需联合本地科技人才进行攻关；开展如酒庄废水处理工艺优选与优化工作，对葡萄剪枝、皮渣、酿酒葡萄等开展如生物质材料、生物炭、葡萄酵素等新产品研发和生产工艺优化工作，通过联合攻关和聘请区外专家进行指导的方式，培养本地葡萄酒及相关行业专业人才，为贺兰山东麓葡萄酒产业的持续健康、高质量发展提供人才储备和支撑。

参考文献

Al-Lahham O，Assi N M，Fayyad M. 2007. Translocation of heavy metals to tomato（*Solanum lycopersicom* L）fruit irrigated with treated waste water[J]. Scientia Horticulturae，113（3）：250-254.

Appels L，Baeyens J，Degreve J，et al. 2008. Principles and potential of the anaerobic digestion of waste-activated sludge[J]. Progress in Energy and Combustion Science，34（6）：755-781.

Arvanitoyannis I S，Ladas D，Mavromatis A. 2010. Potential uses and applications of treated wine waste：a review[J]. International Journal of Food Science and Technology，41（5）：475-487.

Barton P K，Atwater J W. 2002. Nitrous oxide emissions and the anthropogenic nitrogen in wastewater and solid waste[J]. Journal of Environmental Engineering，128（2）：137-150.

Basso D，Patuzzi F，Castello D，et al. 2016. Agro-industrial waste to solid biofuel through hydrothermal carbonization[J]. Waste Management，47：114-121.

Benitez F J，Real F J，Acero J L，et al. 2003. Kinetics of the ozonation and aerobic biodegradation of wine vinasses in discontinuous and continuous processes[J]. Journal of Hazardous Materials，101（2）：203-218.

Beres C，Costa G N S，Cabezudo I，et al. 2017. Towards integral utilization of grape pomace from winemaking process：A review[J]. Waste Management，68：581-594.

Bolzonella D，Fatone F，Pavan P，et al. 2010. Application of a membrane bioreactor for winery wastewater treatment[J]. Water Science and Technology，62（12）：2754-2759.

Bustamante M A，Moral R，Paredes C，et al. 2008. Agrochemical characterisation of the solid by-products and residues from the winery and distillery industry[J]. Waste Management，28（2）：372-380.

Bustamante M A，Paredes C，Moral R，et al. 2005. Uses of winery and distillery effluents in agriculture：characterisation of nutrient and hazardous components[J]. Water Science and Technology，51（1）：145-151.

Chen Z，Ngo H H，Guo W. 2013. A critical review on the end uses of recycled water[J]. Critical Reviews in Environmental Science and Technology，43（14）：1446-1516.

Díez A M，Rosales E，Sanromán M A，et al. 2016. Assessment of LED-assisted electro-Fenton reactor for the treatment of winery wastewater[J]. Chemical Engineering Journal，310：399-406.

Duba K S，Fiori L. 2015. Supercritical CO_2 extraction of grape seed oil：Effect of process parameters on the extraction kinetics[J]. The Journal of Supercritical Fluids，98：33-43.

Faria-Silva A，Ascenso A，Costa A M，et al. 2020. Feeding the skin：A new trend in food and cosmetics convergence[J]. Trends in Food Science & Technology，95：21-32.

Ferrari V，Taffarel S R，Espinosa-Fuentes B，et al. 2019. Chemical evaluation of by-products of the grape industry as potential agricultural fertilizers[J]. Journal of Cleaner Production，208：297-306.

Ferrer J，Páez G，Mármol Z，et al. 2001. Agronomic use of biotechnologically processed grape wastes[J]. Bioresource Technology，76（1）：39-44.

Frenkel V S，Cummings G，Scannell D E，et al. 2009. Food-Processing Wastes[J]. Water Environment Research，81（10）：1593-1605.

Gregg A，Kumar A，Gonzago D，et al. 2014. Sustainable recycled winery water irrigation based on treatment fit for purpose approach[J]. Report CSL1002. Grape and Wine Research Development Corporation/CSIRO Land and Water Science，Adelaide，Australia.

Kalavrouziotis I K，Robolas P，Koukoulakis P H，et al. 2008. Effects of municipal reclaimed wastewater on the macro-and micro-elements status of soil and of Brassica oleracea var. Italica，and B. oleracea var. Gemmifera[J]. Agricultural Water Management，95（4）：419-426.

Kiziloglu F M，Turan M，Sahin U，et al. 2008. Effects of untreated and treated wastewater irrigation on some chemical properties of cauliflower（*Brassica olerecea* L. var. botrytis）and red cabbage（*Brassica olerecea* L. var. *rubra*）grown on calcareous soil in Turkey[J]. Agricultural Water Management，95（6）：716-724.

Laurenson S，Bolan N S，Smith E，et al. 2012. Review：Use of recycled wastewater for irrigating grapevines[J]. Australian Journal of Grape & Wine Research，18（1）：1-10.

Li Y B，Bardají I. 2017. A new wine superpower? An analysis of the Chinese wine industry[J]. Cahiers Agricultures，26（6）：1-9.

Lucas M S，Peres J A，Lan B Y，et al. 2009. Ozonation kinetics of winery wastewater in a pilot-scale bubble column reactor[J]. Water Research，43（6）：1523-1532.

Makris D P，Boskou G，Andrikopoulos N K. 2007. Polyphenolic content and in vitro antioxidant characteristics of wine industry and other agri-food solid waste extracts[J]. Journal of Food Composition and Analysis，20（2）：125-132.

Mancino C F，Pepper I L. 1992. Irrigation of turfgrass with secondary sewage effluent：soil quality[J]. Agronomy Journal，84（4）：650-654.

Monteagudo J M，Durán A，Corral J M，et al. 2012. Ferrioxalate-induced solar photo-Fenton system for the treatment of winery wastewaters[J]. Chemical Engineering Journal，181：281-288.

Mosse K P M，Patti A F，Smernik R J，et al. 2012. Physicochemical and microbiological effects of long-and short-term winery wastewater application to soils[J]. Journal of Hazardous Materials，201：219-228.

Mosteo R，Ormad P，Mozas E，et al. 2006. Factorial experimental design of winery wastewaters treatment by heterogeneous photo-Fenton process[J]. Water Research，40（8）：1561-1568.

Mosteo R，Sarasa J，Ormad M P，et al. 2008. Sequential solar photo-Fenton-biological system for the treatment of winery wastewaters[J]. Journal of Agricultural and Food Chemistry，56（16）：7333-7338.

Muhlack R A，Potumarthi R，Jeffery D W. 2017. Sustainable wineries through waste valorisation：A review of grape marc utilisation for value-added products[J]. Waste management，72：99-118.

Rattan R K，Datta S P，Chhonkar P K，et al. 2005. Long-term impact of irrigation with sewage effluents on heavy metal content in soils，crops and groundwater—a case study[J]. Agriculture，Ecosystems and Environment，109（3-4）：310-322.

Rončević Z，Grahovac J，Dodić S，et al. 2019. Utilisation of winery wastewater for xanthan production in stirred tank bioreactor：Bioprocess modelling and optimisation[J]. Food and Bioproducts Processing，117：113-125.

Ruggieri L，Cadena E，Martínez-Bianco J，et al. 2009. Recovery of organic wastes in the Spanish wine industry. Technical，economic and environmental analyses of the composting process[J].

Journal of Cleaner Production，17（9）：830-838.

Segal E，Dag A，Ben-Gal A，et al. 2011. Olive orchard irrigation with reclaimed wastewater：agronomic and environmental considerations[J]. Agriculture，Ecosystems and Environment，140（3-4）：454-461.

Shang F，Ren S，Yang P，et al. 2015. Effects of different fertilizer and irrigation water types，and dissolved organic matter on soil C and N mineralization in crop rotation farmland[J]. Water，Air，and Soil Pollution，226（12）：1-25.

Shrikhande A J. 2000. Wine by-products with health benefits[J]. Food Research International，33（6）：469-474.

Soceanu A，Dobrinas S，Sirbu A，et al. 2020. Economic aspects of waste recovery in the wine industry. A multidisciplinary approach[J]. Science of The Total Environment，759：143543.

Spigno G，Faveri D M D. 2007. Antioxidants from grape stalks and marc：Influence of extraction procedure on yield，purity and antioxidant power of the extracts[J]. Journal of Food Engineering，78（3）：793-801.

Sun R，Zhang X X，Guo X，et al. 2015. Bacterial diversity in soils subjected to long-term chemical fertilization can be more stably maintained with the addition of livestock manure than wheat straw[J]. Soil Biology and Biochemistry，88：9-18.

Toze S. 2006. Reuse of effluent water-benefits and risks[J]. Agricultural Water Management，80（1-3）：147-159.

Travis M J，Wiel-Shafran A，Weisbrod N，et al. 2010. Greywater reuse for irrigation：effect on soil properties[J]. Science of the Total Environment，408（12）：2501-2508.

Vymazal J. 2014. Constructed wetlands for treatment of industrial wastewaters：A review[J]. Ecological Engineering，73：724-751.

Zacharof M P. 2017. Science and technology of fruit wine production-biorefinery concept applied to fruit wine wastes[J]. America：Academic Press，12：599-615.

产业信息网. 2022—2028 年中国葡萄酒行业市场全经调查及投资潜力研究报告[EB/OL]. [2022-01-12]. https：//www.chyxx.com.

陈香，李卫民，刘勤. 2020. 基于文献计量的近 30 年国内外土壤微生物研究分析[J]. 土壤学报，57（6）：1458-1470.

崔守奎，邓若伊. 2020. 回顾与展望：国内范长江相关研究 40 年——基于 CiteSpace 的知识图谱及文献可视化分析[J]. 重庆邮电大学学报（社会科学版），32（5）：137-144.

樊贵莲，庞紫云，郭淑芬. 2017. 国际产业集群研究的演进脉络及空间分布——基于 SSCI 数据库 1988—2015 年数据的科学计量分析[J]. 科技管理研究，37（12）：172-181.

龚雪，王继华，关健飞，等. 2014. 再生水灌溉对土壤化学性质及可培养微生物的影响[J]. 环境科学，35（9）：3572-3579.

韩永奇. 2020. 中国葡萄酒产业发展现状，问题及对策研究[J]. 新疆农垦经济，（11）：70-77.

黄忠泉. 2010. 利用 SBR 法处理酿酒废水[J]. 中国资源综合利用，28（7）：4.

景若瑶. 2019.不同钾肥对再生水灌溉重金属在土壤—作物系统迁移转化的影响[D]. 北京：中国农业科学院.

兰惠晶，李帅，郭少鹏，等. 2022. 低温浸渍发酵工艺对“媚丽”桃红葡萄酒品质的影响[J]. 食品与发酵工业，48（3）：163-169.

李发东，赵广帅，李运生，等. 2012. 灌溉对农田土壤有机碳影响研究进展[J]. 生态环境学报，21（11）：1905-1910.

李华，王华，袁春龙，等. 2019.葡萄酒工艺学[M]. 北京：科学出版社.

李换梅，杨和财，李甲贵. 2018. 基于资源多元视角的宁夏贺兰山东麓葡萄酒产区发展对策[J]. 北方园艺，（7）：168-173.

李佳利，王高攀. 2019. UV-Fenton 氧化法对贺兰山东麓葡萄酒产业废水 COD 降解率的研究[J]. 环境与发展，31（10）：107-108，111.

李金成，刘立志，郭海丽，等. 2016. 葡萄酒废水的成分组成及其处理技术综述[J]. 环境工程，34（3）：27-31.

李金成，张旭，张慧英，等. 2014. Fenton 预氧化—SBR 处理葡萄酒废水试验研究[J]. 工业水处理，34（4）：47-50.

李述成，刘俭，李晓瑞. 2021. 基于专利分析的宁夏葡萄酒产业技术发展现状及对策研究[J]. 宁夏农林科技，62（8）：75-78，82，95.

李伟，李金成，李杰，等. 2012. 接触氧化法处理葡萄酒生产废水的研究[J]. 青岛理工大学学报，33（2）：104-107.

刘爱国，刘世秋，焦红茹，等. 2021. 传统法起泡红葡萄酒的关键酿造工艺研究[J]. 保鲜与加工，21（6）：45-50.

刘雅各，张茂亮，关德新，等. 2019. 长白山地区自然科学研究综述：1956—2018[J]. 应用生态学报，30（5）：1783-1796.

陆雅海，张福锁. 2006. 根际微生物研究进展[J]. 土壤，38（2）：113-121.

梅军霞，亓桂梅. 2015. 2015 全球葡萄酒产业经济数据公布[J]. 中外葡萄与葡萄酒，（6）：64-65.

宁夏葡萄产业发展局. 宁夏产区风土条件[EB/OL].[2022-1-8]. http：//www.nxputao.org.cn/cqgk/hlsdl/201803/t20180316_4474355.html.

秦红，李昌晓，任庆水. 2017. 不同土地利用方式对三峡库区消落带土壤细菌和真菌多样性的影响[J]. 生态学报，37（10）：3494-3504.

宋新欣. 2016. 宁夏贺兰山东麓葡萄产业品牌建设探讨[J]. 商业经济研究，（16）：216-217.

孙永波. 2018. 葡萄酒酿造的新技术和新工艺[J]. 南方农机，49（4）：73.

王倩，楚昊. 2011. UASB+缺氧+二级接触氧化组合工艺处理酿酒废水[J]. 贵州化工，36（5）：40-41.

王燕华. 2021. 从地理视角看宁夏贺兰山东麓葡萄种植区[J]. 中学地理教学参考，（8）：95-96.

肖静. 2020. 基于 CiteSpace 的国内农业企业研究现状与热点分析[J]. 信阳师范学院学报（哲学社会科学版），40（5）：27-33.

于基隆. 2013. 一串让人疯狂的法国葡萄——CAUDALIE 的品牌故事[J]. 北京农业，（26）：28-33.

张红梅，曹晶晶. 2014. 中国葡萄酒产业的现状和趋势及可持续发展对策[J]. 农业现代化研究，35（2）：183-187.

张楠. 2005. 再生水灌溉绿地水质指标限值的试验研究[D]. 天津：天津大学.

张晓. 2015. 葡萄酒废水 Fenton 氧化及生物处理实践研究[D]. 青岛：青岛理工大学.

张旭. 2013. 葡萄酒生产废水处理工艺研究[D]. 青岛：青岛理工大学.

赵珊珊，李敏敏，肖欧丽，等. 2020. 葡萄及其制品中农药残留现状及检测方法的研究进展[J]. 食品安全质量检测学报，11（18）：6639-6655.

周坤. 2020. 葡萄酒酿制方法探寻[J]. 现代食品，（13）：54-55，58.

朱翠霞，吕建伟. 2008. 葡萄酒生产废水处理工程[J]. 给水排水，34（3）：66-67.

朱翠霞，潘辉. 2008. 葡萄酒工业固体废物的综合利用[J]. 环境科学与管理，33（5）：160-162.